W0261334

ISBN 978-3-662-27710-2   ISBN 978-3-662-29200-6 (eBook)
DOI 10.1007/978-3-662-29200-6

Inhalt.

                                                                       Seite

Literatur 53

I. Einleitung 74

II. Bakteriologie 78
    a) Stellung im bakteriologischen System. Biochemische Differenzierung der Coli-
       bakterien 78
    b) Die Serologie der Colibakterien 79
    c) Variabilität der Colibakterien 83
    d) Toxicität der Colibakterien 87
    e) Die normale Coliflora des Menschen 91

III. Die Bakteriologie der pathogenen Colitypen 94
    a) Pathogene Colitypen innerhalb des Genus Escherichia 94
    b) Pathogene Colitypen innerhalb der Paracolonbaktrum-Gruppe 112
    c) Pathogenität einiger weiterer, der Coligruppe eng verwandter Bakterien . . . 114

IV. Methodischer Teil 115
    a) Die Züchtung der Dyspepsiecolibakterien aus dem Stuhl 116
    b) Biochemische Untersuchung 117
    c) Serologische Methoden 118
    d) Herstellung der Seren 120

V. Zur Klinik der Dyspepsiecoliinfektion 120
    a) Das klinische Bild 120
    b) Immunität 125
    c) Pathologische Anatomie 128

VI. Die Epidemiologie der infektiösen Colienteritis 131
    a) Das Vorkommen der infektiösen Colienteritis 131
    b) Die Ausbreitungsweise der Coliinfektionen 137
    c) Übertragungsmodus der Coliinfektionen 142
    d) Prophylaxe 146
       1. Expositionsprophylaxe 147
       2. Dispositionsprophylaxe 152
    e) Die Beziehungen der epidemischen Neugeborenendiarrhoen und der epidem.
       Säuglingsenteritiden zu der infektiösen Colienteritis 152

VII. Pathogenetische Probleme der Coliinfektion 163
    a) Endogene — exogene Infektion 163
    b) Die Bactericidie des Magen- und Darmsaftes 166
    c) Antagonismus der Colibakterien 168
    d) Die Tierpathogenität der Dyspepsiecolibakterien 170
    e) Die Menschenpathogenität der Dyspepsiecolibakterien 172
    f) Infektbahnung 176

VIII. Therapeutische Probleme 178
    a) Chemotherapie 178
    b) Die antibiotische Therapie 180
        1. Wirkungen in vitro 180
        2. Die klinische Wirkung 185
            Streptomycin, Aureomycin, Chloromycetin, Terramycin. Andere Antibiotika.
        3. Nebenwirkungen der antibiotischen Therapie 189
        4. Sonstige therapeutische Maßnahmen 190
    IX. Schlußfolgerungen und Ausblick 192

Literatur.

ABDEL-KALEK, GHOLMY and HANNA: Comperative Study of sulfonamids in the treatment of infantile dyspepsie. J. Roy. Egypt. Med. Assoc. **33**, 481 (1950).

ABRAHAM: [1] Coli und Colostrum. Jb. Kinderheilk. **125**, 160 (1929).

— [2] Atypische Coli und Milchinfektion. Jb. Kinderheilk. **123**, 80 (1929).

ABRAMSON and FUERST: Outbreak of nausea, vomiting and diarrhea on maternity seriel transmitted to child caring institution and to private homes. Pediatrics **2**, 677 (1948).

ACKLIN: Zur Bakteriologie und Biologie der Gallendesinfektion unter besonderer Berücksichtigung des Pyridin-3-Carbonsäure-oxymethylamids (Bilamid). Praxis (Bern) **38**, (1948).

ADAM: [1] Endogene Infektion und Immunität. Jb. Kinderheilk. **99**, 86 (1922).

— [2] Über die Biologie des Dyspepsiecoli und ihre Beziehung zur Pathogenese der Dyspepsie und Intoxikation. Jb. Kinderheilk. **101**, 295 (1923).

— [3] Dyspepsiecoli. Zur Frage der bakteriellen Ätiologie der sog. alimentären Intoxikation. Jb. Kinderheilk. **116**, 8 (1927).

— [4] Untersuchungen zur Pathologie der Durchfallserkrankungen des Säuglings. Acta paediatr. (Stockh.) **11**, 145 u. 160 (1930).

— [5] Bacterielle Ätiologie und antibacterielle Diät bei Ernährungsstörungen des Säuglings. VI. Internat. Kongreß für Pädiatrie, Zürich 1950.

— [6] Fortschritte in der Pathogenese und Therapie der Ernährungsstörungen. Ärztl. Forsch. **6**, 59 (1952).

— [7] Zur Pathogenese der schweren Durchfallserkrankungen des Säuglings. Mschr. Kinderheilk. **34**, 467 (1926).

— [8] Persönliche Mitteilung.

— u. AUST: Dyspepsiecoli. Mschr. Kinderheilk. **98**, 356 (1950).

— u. CHEN HUNG TA: Dyspepsiecoliserum. Experimentelle Grundlagen einer Serumprophylaxe und Serumtherapie der Dyspepsiecoliinfektion. Jb. Kinderheilk. **119**, 82 (1928).

— u. FROBOESE: Untersuchungen zur Pathologie der Durchfallserkrankungen des Säuglings.

— Z. Kinderheilk. **39**, 267 (1925).

— Anatomie und Bakteriologie des Darmes bei Durchfallserkrankungen des Säuglings. Mschr. Kinderheilk. **29**, 562 (1925).

ADAMEK u. STENGER: Tierexperimentelle Untersuchungen zur Bedeutung der Darmflora in der Pathogenese der parenteral bedingten Dyspepsie und Intoxikation. Mschr. Kinderheilk. **97**, 401 (1950).

ALEXANDER: Zit. nach THALHAMMER. Österr. Z. Kinderheilk. **5**, 331 (1950).

ALLEN, MORRISON and RUTHERFORD: Penicillintherapy in infectious diarrhea. Arch. Dis. Childh. **21**, 19 (1946).

ANDERSEN: Acute ma'ignant gastroenteritis. Nord. Med. **36**, 2433 (1947).

ANDERSON: The chemotherapy of infectious diarrhea with sulfathiazol. J. of Pediatr. **18**, 732 (1941).

— and NELSON: Clinical observations in the treatment of epidemic diarrhea of the newborn. J. of Pediatr. **25**, 319 (1944).

ANDREWES: Dysenteriebacilli: The differentiation of the true dysenteriebacilli from allied species. Lancet **96**, 560 (1918).

ARLOING, THÉVENOT et VIALLIER: Action de divers sulfamides sur le développement du colibacill. C. r. Soc. Biol. (Paris) **136**, 601 (1942).

DE ASSIS: A propos de la position systématique de Sh. guanabara. O' Hospital **39**, 1 (1951).

— e LEITE RIBEIRO: Estudios sobre Shigelloses na infância do Rio de Janeiro. O'Hospital **32**, 149 (1947).

ASCHENHEIM u. HOLSTEIN: Coliagglutinine bei ernährungsgestörten Säuglingen. Mschr. Kinderheilk. **23**, 370 (1922).

AUENMÜLLER u. HUNGERLAND: Über die Behandlung der Säuglingsdyspepsie mit dem Sulfonamidderivat Formocibazol. Dtsch. med. Wschr. **1949**, 1141.

Berichtigung zu dem Beitrag „BRAUN, Das Problem der Pathogenität von Escherichia coli im Säuglingsalter".

Die Angaben auf Seite 127 (2. Abschnitt) bezüglich der Untersuchungen von GILES und SANGSTER sind insofern irrtümlich zitiert worden, als es sich bei den genannten Untersuchungen nicht um menschliche Rekonvaleszentenseren, sondern um Kaninchenseren handelte; damit kann diese Arbeit nicht als Stütze des Vorkommens humoraler Antikörper gegen Dyspepsiecoli beim Menschen herangezogen werden. Die Frage des Auftretens von Präcipitinen ist von uns inzwischen einer Prüfung unterzogen worden. Dabei konnten wir bei Kaninchen, ähnlich wie GILES und SANGSTER, positive Resultate erzielen, die bisher untersuchten menschlichen Rekonvaleszentenseren enthielten jedoch keine Präcipitine. Als Antigen diente eine nach WESTPHAL hergestellte Polysaccharidrohfraktion (Phenol-Wasserverfahren).

II. Das Problem der Pathogenität von Escherichia coli im Säuglingsalter[1].

Von

O. H. Braun-Heidelberg.

Mit 5 Abbildungen.

Anonym: Epidemiology of infantile enteritis. Brit. Med. J. No. 4700, 233 (1951).

Anonym: Aetiology of infantile Gastroenteritis. Summary of Proceedings. Lancet 2, 131 1951). International Congress of clinical Pathology.

Bach: Mécanisme de l'action antiseptique de l'acide lactique pour le b. coli. C. r. Acad. Sci. (Paris) 192, 1680 (1931).

Bader, R.-E.: [1] Die Typhus-Paratyphus-Enteritisgruppe (Die Salmonellagruppe). Erg. Hyg. 26, 235 (1949).

— [2] Vergleichende Untersuchungen mit einigen neueren Nährböden zur Isolierung von Salmonellen und Shigellen. Z. Hyg. 131, 157 (1950).

— [3] Die Epidemiologie des Paratyphus C. Nicht veröffentlicht; zit. in Bader, Erg. Hyg. 26, 233 (1949).

Bader u. Kleinmaier: [1] Über ein neuartiges thermolabiles Körperantigen bei gramnegativen Darmbakterien. Z. Hyg. 133, 434 (1952).

— — [2] Über den Nachweis eines thermolabilen Antigens bei Ruhrbakterien (Shigella flexneri Typ 6). Z. Hyg. 135, 27 (1952).

Bader, W.: Über die Konservierung von Seren in silberverspiegelten Flaschen. Med. Inaug.-Diss. Heidelberg 1950.

Bahr u. Thomsen: Untersuchungen über die Ätiologie der Cholera infantum. Zbl. Bakter. I. Orig. 66, 335 u. 365 (1912).

Baker, Ch.: Epidemic diarrhea of the newborn. A report of three outbreaks. J. of Pediatr. 14, 183 (1939).

Baker, H. J. and Pulaski: Effects of terramycin on fecal flora. Ann. N. Y. Acad. Sci. 53, 324 (1950).

Balaban u. Chochol: Die klinisch-ätiologische Charakteristik der toxischen Durchfälle des frühen Kindesalters. Sovet. Pediatr. 4, 57 (1934) (russ.).

Ballowitz: Untersuchungen über die Einwirkung von Virusinfektionen auf den Verlauf bakterieller Magen-Darmerkrankungen beim Auftreten der Roskildekrankheit in Dänemark. Z. Hyg. 125, 175 (1944).

Bannurah: Zur Behandlung von Ernährungsstörungen bei Säuglingen und Kindern. Med. Klin. 46, 1013 (1951).

Barenberg, Lewy and Grand: An epidemic of infectious diarrhea in the newborn. J. Amer. Med. Assoc. 106, 1256 (1936).

Baumgärtel: [1] Neue Ergebnisse der Coliforschung. Erg. inn. Med. 65, 445 (1945).

— [2] Über den Einfluß der Darmflora auf das Vitamin C. Med. Klin. 47, 205 (1952).

Beavan: Lancet 1, 568 (1944); zit. bei Bray, J. of Path. 57, 239 (1945).

Beck: Über den Befund einer dem Paratyphus A-Bacillus ähnlichen Colivariante im Urin eines Kindes. Zbl. Bakter. I. Orig. 122, 537 (1931).

Béco: Zit. von E. Opitz, Z. Hyg. 29, 505 (1898).

Beeuwkes, Gijsberti Hodenpijl en Ten Seldam: Onderzoigingen naar de betekenis van een bijzonder colitype bij de epidemische gastroenteritis de zuigeling. Mschr. Kindergeneesk. 17, 195 (1949).

Bergey: Manual of determinative bacteriology. 6. Edition. Baltimore 1948.

Bergmann: Zur Pathogenese der akuten Dyspepsie im Säuglingsalter. Coliagglutinine. Jb. Kinderheilk. 125, 339 (1929).

Bernheim-Karrer: Experimentelle Beiträge zur Coliinfektion des Dünndarms. Mschr. Kinderheilk. 25, 6 (1923).

Bessau: [1] Sommerhitze, Nahrung und Sommerbrechdurchfall. Münch. med. Wschr. 37, 1542 (1926).

— [2] Zur Pathogenese der Intoxikation. Mschr. Kinderheilk. 38, 141 (1928).

— u. Bossert: Zur Pathogenese der akuten Ernährungsstörungen. Jb. Kinderheilk. 89, 213, 269 (1919).

— u. Rosenbaum: Zur Pathogenese der Intoxikation. Mschr. Kinderheilk. 38, 141 (1928).

— — u. Leichtentritt: Beiträge zur Säuglingsintoxikation. Mschr. Kinderheilk. 22, 641 (1922).

Best: Epidemic diarrhea of the newborn. J. Amer. Med. Assoc. 110, 1155 (1938).

Beyer, Lutz et Hatt: Le traitement de la dyspepsie du nourrisson par la streptomycine. Pédiatrie 6, 549 (1951).

Bieling: Erkrankungen durch Paratyphus-Bacillen. Erfahrungen aus der Ukraine, aus Serbien und Kroatien. Militärarzt 9, 371 (1944).

Blacklock, Guthrie and McPherson: Über die Darmflora beim Kinde mit besonderer Berücksichtigung des Auftretens von Colistämmen bei Gesundheit und primärer Gastroenteritis. J. of Path. 44, 297 (1937).

Blatt, Plattner, Levine and Melzer: Phthalylsulfathiazole in the treatment of diarrhea in children. J. of Pediatr. 31, 548 (1947).

Bleckmann: Über Versuche mit Colifiltraten. Z. Kinderheilk. 66, 195 (1949).

BIERING-SØRENSEN: Studies on the epidemiology of nosocomial gastroenteritis among infants. VI. Internation. Kongreß für Pädiatrie, Zürich 1950.
— KNIPSCHILDT, V. MAGNUS and TULINIUS: Etiological studies on malignant epidemic gastro-enteritis in infants. Acta paediatr. (Stockh.) 34, 203 (1947).
BIERMANN and JAWETZ: J. Labor. a. Clin. Med. 37, 394 (1951).
BINDEWALD: Rohkonservierung der Frauenmilch mit Streptomycin oder Citronensäure? Dtsch. med. Wschr. 77, 1015 (1952).
BINGEL: [1] Eine tierexperimentelle Methode zum Studium der Infektion mit gramnegativen Darmbakterien, insbesondere der Ruhr. Z. Hyg. 125, 110 (1943).
— [2] Neue Untersuchungen zur Scharlachätiologie. Dtsch. med. Wschr. 1949, 703.
BOCCIA e CHIEFFI: Ricerche sulle diarrea estive dei bambini a Napoli. 1. Osservazioni batteriologiche. Pediatria Riv. 48, 751 (1940).
— — [2] Pediatria (Napoli) 1940 ; zit. von GATTO, Giorn. Batter. 36, 221 (1947).
BOCK u. BINDER: Die Beeinflussung von Bacillus Coli und Bacillus lactis aerogenes durch den Säuregrad der Milch. Mschr. Kinderheilk. 65, 285 (1936).
BOEHM-AUST: Persönliche Mitteilung (1952).
BOGENDÖRFER: Über die Darmflora des menschlichen Dünndarmes. Dtsch. Arch. klin. Med. 140, 257 (1922).
— u. BUCHHOLZ: Untersuchungen über die Bakterienmenge im menschlichen Dünndarm. Dtsch. Arch. klin. Med. 142, 318 (1923).
BOIVIN: Les variations antigéniques des bactéries et leur déterminue possible. Z. Hyg. 128, 125 (1948).
— CORRE et LEHOULT: C. r. Soc. Biol. (Paris) 136, 257 (1942); zit. von KAUFFMANN u. PERCH. Acta path. scand. (Copenh.) 20, 202 (1943).
— J. MESROBEANU, L. MESROBEANU et NESTORESCU: [1] Extraction d'un complexe polysaccharidique toxique et antigénique, à partir de diverses bactéries autres que le Bacille d'laertrycke. C. r. Soc. Biol. (Paris) 115, 306 (1933).
— et L. MESROBEANU: [2] Sur la stabilité des complexes polysaccharidiques toxiques et antigéniques renfermés dans les Bactéries. C. r. Soc. Biol. (Paris) 115, 308 (1933).
— — G. MAGHERU et A. MAGHERU: [3] Recherches biologiques et chimiques sur l'antigène somatique „complex" renfermé dans quelques colibacilles. C. r. Soc. Biol. (Paris) 120, 1276 (1935).
BOKHARI and ØRSKOV: O-grouping of E. coli strains isolated from cases of withe scours. Acta path. scand. (Copenh.) 30, 87 (1952).
BONELL: Beitrag zur Kenntnis der sog. enteralen Säuglings-Grippe. Arch. Kinderheilk. 124, 145 (1941).
BORDET et BEUMER: Antibiotiques colibacillaires à recepteurs appropriés. Rev. belge Path. 21, 245 (1951).
— — Antibiotiques et Bactériophages. Bull. Acad. roy. Méd. Belg. 14, Nr. 3 (1951).
BORGNO: [1] The haemolytic activity of Escherichia coli in relation to the presence of the K-antigen. Giorn. Batter. 37, 421 (1947).
— [2] The necrotizing power of Escherichia coli in relation to the presence of the K-antigen. Giorn. Batter. 37, 425 (1947).
— [3] The serological factors of Escherichia coli in conection with pathogenicity. Giorn. Batter. 37, 409 (1947).
BORNSCHEIN, DITTRICH u. HÖHNE: Zur Entstehung der Chemoresistenz bei Bakterien. Naturwiss. 38, 383 (1951).
BOSSERT u. LEICHTENTRITT: Die Bedeutung der bakteriologischen Blutuntersuchung für die Pathologie des Säuglings. Jb. Kinderheilk. 92, 152 (1920).
BOUCHARD: Zit. von E. OPITZ, Z. Hyg. 29, 505 (1898).
BRAUN: [1] Die Bedeutung der Besiedlung des Magens und des Duodenums mit Keimen der Coligruppe für die Pathogenese der Dyspepsie. Mschr. Kinderheilk. 98, 166 (1950).
— [2] Neuere Untersuchungen zur Frage der Bedeutung des Bacterium Coli für die Pathogenese der Ernährungsstörungen der Säuglinge. Z. Kinderheilk. 69, 1 (1951).
— [3] Über die Bedeutung serologisch einheitlicher Colistämme für das Entstehen epidemischer Durchfallserkrankungen im Säuglingsalter. Mschr. Kinderheilk. 99, 86 (1951).
— [4] Über die Bedeutung serologisch einheitlicher Colistämme für die Entstehung epidemischer Enteritis im Säuglingsalter. Z. Hyg. 132, 548 (1951).
— u. BOEHM-AUST: Bakterielle Ätiologie der akuten Ernährungsstörungen der Säuglinge. 52. Tgg. dtsch. Ges. Kinderheilk. Bayreuth 1952.
— u. HENCKEL: [1] Über epidemische Säuglingsenteritis. Z. Kinderheilk. 70, 33 (1951).
— — [2] Säuglingsenteritis durch pathogene Colitypen, insbesondere E. coli 55/B5. Z. Kinderheilk. 71, 273 (1952).
— u. HESSIG: Tierexperimentelle Untersuchungen zur Frage der sog. Coliascension bei der Dyspepsie. Z. Kinderheilk. 69, 17 (1951).

Braun u. Krebs: Untersuchungen zur Spezifität und Pathogenität der Dyspepsiecolibakterien. Z. Kinderheilk. (im Druck).
— u. Lehnert: Vergleichende Untersuchungen über die Bakterizidie des Magen- und Duodenalsaftes gegenüber Colibacillen beim darmgesunden und darmkranken Säugling.
Z. Kinderheilk. **68**, 57 (1950).
— u. Resemann: Über das Vorkommen von E. coli O 26/B6 und O 86 bei der Säuglingsenteritis. Klin. Wschr. **30**, 853 (1952); Helvet. paediatr. Acta **7**, 597 (1952).
— — u. Stöckle: Untersuchungen zur Tierpathogenität der Dyspepsiecolibakterien. In
Vorbereitung (für Z. Hyg.).
Bray: Isolation of antigenically homogeneous strains of bact. coli neapolitanum from summer
diarrhoea of infants. J. of Path. **57**, 239 (1945).
— and Beavan: Slide agglutination of Bact. coli var. neapolitanum in summer diarrhoea.
J. of Path. **60**, 395 (1948).
Bredenbröker: Untersuchungen über die Möglichkeit einer Gruppenbildung bei den Coli-
bacillen. Arch. f. Hyg. **119**, 189 (1938).
Brehme: Über epidemisches Massensterben von Säuglingen, bes. von Neugeborenen. Arch.
Kinderheilk. **134**, 92 (1947).
Brendle: Infektiosität der Säuglingsdiarrhoen und die Säuglingsstation. Kinderärztl. Prax.
20, 15 (1952).
Brenner u. Harpe: Gelbe Stühle. Z. Kinderheilk. **61**, 434 (1940).
Brockmann: Etiologie des diarrhées; les formes infectieuses. VI. Internation. Kongreß für
Pädiatrie, Zürich 1950.
Bron et Beloglasov: Valeur diagnostique de la réaction intradermique (d'après le type de
rection de Mantoux) avec l'autolysat des bacilles dysentériques dans les diarrhées diverses
chez les enfants jusqu'à l'âge de deux ans. Pediatr. Nr. 4/43 (1939) (russ.); ref. Zbl. Kinder-
heilk. **37**, 195 (1940).
Brugsch: Über gehäuftes Auftreten schwerer Säuglingsdurchfälle unklarer Ätiologie. Arch.
Kinderheilk. **108**, 177 (1936).
Bruner and Edwards: [1] Changes induced in the 1,2,3 antigens of Salmonella. J. Bacter.
55, 137 (1948).
— — [2] Changes induced in the nonspecific antigens of Salmonella. J. Bacter. **53**, 359 (1947).
Bruynoghe: L'Auréomycine dans le traitement des entérites graves des nourrissons. Rev.
méd. **1950**, 251.
Bubnova and Korshakova: Clinical and immunological parallelism in dysentery in children.
Pediatr. (russ.) **1950**, 68.
Budding: Virus stomatitis and virus diarrhea of infants and children. South. Med. J. **39**, 382
(1946).
— and Dodd: Stomatitis and diarrhea in infants caused by a hitherto unrecognized virus.
J. of Pediatr. **25**, 105 (1944).
Buggs, Bronstein, Hirshfeld and Pilling: The in vitro action of streptomycin on bacteria.
J. Amer. Med. Assoc. **130**, 64 (1946).
Busse u. Spiess: Tierexperimentelle Untersuchungen über hemmende Wirkungen des Chlor-
amphenicol (Chloromycetin) auf die Dünndarmtätigkeit. Klin. Wschr. **30**, 333 (1952).
Buttiaux, Christiaens, Breton et Lefebvre: [1] Gastroentérites infantiles à E. coli.
Considérations étiologiques, cliniques et thérapeutiques. Presse méd. **59**, 1000 (1951).
— Devambez et Tacquet: [2] Escherichia coli des gastro-entérites infantiles dans une
diarrhée grave de l'adulte. Arch. des Mal. Appar. digest. **40**, 1343 (1951).
— Tacquet et Kesteloot: [3] Sur l'action pathogène pour l'homme des bacilles paracoli.
Arch. des Mal. Appar. digest. **38**, 1016 (1949).
Campbell: Report on an outbreak of epidemic diarrhea of the newborn. Med. J. Austral. **1**.
79 (1945).
v. Canon: Epidemic gastro-intestinal intoxication. Arch. of Pediatr. **54**, 360 (1937).
Cass: Bacillus lactis aerogenes. Infection in the newborn. Lancet **1**, 346 (1941).
Castellani: [1] Notes on cases of fever frequently confounded with typhoid and malaria in
the tropics. J. of Hyg. **7**, 1 (1907).
— [2] Dysentery and the metadysenterie-bacilli. Lancet **1**, 461 (1938).
— [3] In Klimmer, Technik und Methodik der Bakteriologie und Serologie.
Castellanos, Valdés Díaz, Sosa Bens y Díaz Rousselot: Diarreas agudas en la infancia.
Tratamiento por estreptomicina. Rev. Cubana Pediatr. **21**, 1 (1949).
Catel: [1] Über die Bedeutung exogener Colibesiedlung des Magens für die Entstehung
akuter Ernährungsstörungen. Mschr. Kinderheilk. **35**, 96 (1927).
— [2] Erhitzung der Frauenmilch und Ernährungserfolg. Bemerkungen zu der Einrichtung
von Frauenmilchsammelstellen. Dtsch. med. Wschr. **1935** I, 985.
— [3] Bemerkungen über die Pathogenese des Säuglingsdurchfalles. Mschr. Kinderheilk.
98, 233 (1950).

CATEL u. PALLASKE: Über experimentelle Erzeugung einer Enteritis durch Colibazillen. Jb. Kinderheilk. 139, 165 (1933).

CATHIE and McFARLANE: Incidence of Bact. Coli O Group 111 in sporadic infantile gastroenteritis. Brit. Med. J. No. 4737, 1002 (1951).

CERUTTI e SCARZELLA: Chloromycetin bei Ernährungsstörungen. Minerva pediatr. 2, 220 (1950).

CERVELLATO: Boll. Ist. Sieroter. 1940; zit. nach GATTO, Giorn. Batter. 36, 221 (1947).

CHASSEL u. ROSENBAUM: Die Erzeugung der tierexperimentellen Intoxikation auf enteralem Wege. Mschr. Kinderheilk. 53, 399 (1932).

CHASTRUSSE: An epidemic of diarrhea of the newborn. Pédiatrie 36, 299 (1947).

CHEDID, TABET, AWAYDA et SAFA: Résultats thérapeutiques de l'auréomycine dans les infections diarrhéiques graves et neurotoxiques. Nourisson 39, 88 (1951).

CHEWNING: Colitis following oral administration of Aureomycin an Terramycin. Virginia Med. Monthly 79, 136 (1952).

CHOREMIS, CONSTANTINIDES, PANTASIS, MARKIDON et PAPAZYMOURI: Traitement des dyspepsies graves et des toxicoses du nourrissons par les nouveaux antibiotiques. Arch. franc. Pédiatr. 9, 492 (1952).

CHRISTENSEN and BIERING-SØRENSEN: Meningitis- and encephalitis-like changes in the brain of infants with severe gastro-enteritis. Acta path. scand. (Copenh.) 23, 395 (1946).

CHRISTIANSEN: [1] Bakterien der Typhus-Coligruppe im Darm von gesunden Spankälbern und bei deren Darminfektionen. Zbl. Bakter. I Orig. 79, 196 (1917).

— [2] Isocolibacillose hos Kalve. Mskr. Dyrlaeg. 29, 272 (1917).

CHVOSTEK u. EGGER: Zit. nach E. OPITZ, Z. Hyg. 29, 505 (1898).

CLARK and LUBS: The differentation of bacteria of the colon-aerogenes family by the use of indicators. J. Inf. Dis. 17, 160 (1915).

CLAUDON and HOLBROOK: Fatal aplastic anemia following Chloramphenicol (Chloromycetin) therapy. J. Amer. Med. Assoc. 149, 912 (1952).

CLÉMENT et al.: Rôle de quelques «Escherichia coli» dans les diarrhées du nourrison. Bull. Acad. Nat. Méd. (Paris) 136, 324 (1952).

CLÉMENT, GERBEAUX, COMBES-HAMELLE, MASSE et TÉTU: Arch. franç. Pédiatr. 6, 657 (1950); zit. nach MARTISCHNIG, Österr. Kinderheilk. 7, 120 (1952).

— — et SATGÉ: [2] Salmonelloses et colibacilloses du nourrisson. Pédiatrie 4, 107 (1949).

CLIFFORD: Diarrhea of the newborn. New England J. Med. 237, 969 (1947).

COCHLOVIUS: Bakteriologische Befunde bei oraler Streptomycinbehandlung akuter Durchfallserkrankungen im Säuglingsalter. Zbl. Bakter. I Orig. 150, 62 (1950).

COCOZZA e FEROLA: Medical treatment of gastroenteritis in infants. Pediatria (Napoli) 59, 90 (1951).

COLOMBO: Oral treatment of gastroenteritis with sulfonamids and antibiotics. Minerva pediatr. 3, 159 (1951).

CONRADI u. BIERAST: Kolle-Wassermanns Handbuch der pathogenen Microorganismen Bd. 6, S. 501. 1913.

COOK and MARMION: Gastroenteritis of unknown aetiology: An outbreak in a maternity unit. Brit. Med. J. No. 4524, 446 (1947).

COOPER, ZUCKER and WAGNER: Sulfathiazole for acute diarrhea and dysentery of infants and children. J. Amer. Med. Assoc. 117, 1520 (1941).

CORBO: The infant mortality rate from intestinal disease in relation to the areas sprayed with DDT and Octa-Klor. Arch. ital. Pediatr. 13, 261 (1949).

COSTELLO and LIND: Epidemic of nusery diarrhoea. South. Med. J. 32, 620 (1939).

CRAIG: Acute alimentary catarrh in the newborn. Lancet 1936, 68.

CRON, SHUTTER and LAHMANN: Epidemic infectious diarrhea of the newborn infant. Amer. J. Obstetr. 40, 88 (1940).

CROWLEY, FULTON, DOWNIE and WILSON: Epidemic neonatal diarrhoea in maternity hospital II. Bacteriological aspect. Lancet 2, 590 (1941).

CRUICKSHANK: Med. Res. Council Spec. Rep. Ser. Nr. 145, London 1930; zit. nach BRAY, J. of Path. 57, 239 (1945).

CUMMING, J. G.: Epidemic diarrhea of the newborn infant. J. of Pediatr. 34, 711 (1949).

CUMMINGS, G.: Epidemic diarrhea from the view of an epidemiologist and bacteriologist. J. of Pediatr. 30, 706 (1947).

CZERNY: Pädiatrie meiner Zeit.

CZIGLÁNY: Dyspepsiecoli im Stuhl der gesunden und kranken Säuglinge. Arch. Kinderheilk. 122, 147 (1941).

D'ALESSANDRO e BURGIO: Sulla Dissenteria Bacillare.— Recerche sul Problema epidemiologico della Dissenteria infantile. Giorn. Med. 2, 284 (1945).

DEÁK: Coli und Paracolibefunde im Magen und Stuhl bei darmkranken und darmgesunden Säuglingen. Z. Kinderheilk. 55, 196 (1933).

Dearing, Needham and Voege: The effect of Terramycin on the intestinal, bacterial flora of patients being prepared for intestinal surgery. Proc. Staff Meet. Mayo Clin. **26**, 49 (1951).
Debré, Boulard et Meyer: La streptomycine dans les infections non tuberculeuses de nourrisson. Arch. franç. Pédiatr. **5**, 421 (1948).
— and Mozziconacci: [1] Streptomycin treatment of septicaemia and meningitis due to intestinal organisms in infants. Brit. Med. J. **1949**, 451.
— — [2] Traitement par la streptomycine des infections à germes gramnégatifs du nourrisson. Arch. franç. Pédiatr. **8**, 789 (1951).
Demuth: Magenfunktionsprüfungen beim gesunden Säugling. Z. Kinderheilk. **33**, 276 (1922).
Denecke: Experimentelle Versuche über verschiedene Giftigkeit von normalen und anormalen Colistämmen nach der Methode Catel und Pallaske. Zbl. Bakter. I Orig. **132**, 163 (1934).
Denkelwater, Cook and Tishler: Science (Lancaster, Pa.) **102**, 12 (1945); zit. nach Graffar, Acta med. belg. **1950**.
Dianzani: Mutazioni indotte dagli acidi nucleinici batterici. Boll. Ist. Sieroter. **29**, 161 (1950).
Di Caprio and Rantz: Effects of terramycin on the bacterial flora of the bowell in man. Arch. Int. Med. **86**, 649 (1950).
Dick, G. F., H. G. Dick and Williams: The etiology of an epidemic of enteritis associated with mastoiditis in infants. Amer. J. Dis. Childr. **35**, 955 (1928).
Dieckhoff: Zur Pathogenese und Therapie der alimentären Säuglingsintoxikation. Mschr. Kinderheilk. **86**, 223 (1941).
Diwany, Abdin and Omar: Oral streptomycin therapy in acute and chronic gastroenteritis. J. Roy. Egypt. Med. Assoc. **33**, 593 (1950).
Dobrochotowa u. Worotynzewaa: Behandlung der Dysenterie bei Kindern mit dem neuen Antibioticum Syntomycin. Sowjet. Med. **15**, 4, 6 (1951). (Russ.)
Doerks: Klinisch-experimentelle Untersuchungen über die Streptomycinwirkung bei den Durchfallsstörungen der Säuglinge. Mschr. Kinderheilk. **98**, 182 (1950).
— Körnlein, Lembke u. Rominger: Klinisch experimentelle Untersuchungen über perorale Streptomycinanwendung bei Durchfallserkrankungen des Säuglings. Z. Kinderheilk. **68**, 454 (1950).
Dolman and Wilson: Canad. Publ. Health J. **31**, 68 (1940); zit. nach McClure, J. of Pediatr. **22**, 60 (1943).
Drake and Long: Summer diarrhea in the San Joaquin Valley. Calif. Med. **73**, 500 (1950).
Drimmer-Herrnheiser and Olitzki: The association of Escherichia coli (Serotypes O 111:B4 and O 55:B5) with cases of acute infantile gastroenteritis in Jerusalem. Acta med. orient. (Jerus.) **10**, 219 (1951).
Dudley, Rosenheim and Starling: The chemical constitution of spermine. Biochemic. J. **20**, 1082 (1926).
Dulaney and Michelson: Amer. J. Publ. Health **25**, 1241 (1935); South. Med. J. **29**, 611 (1936); zit. nach McClure, J. of Pediatr. **22**, 60 (1943).
Duken: Formen der enteralen Grippe im frühen Kindesalter. Kinderärztl. Prax. **10**, 449 (1939).
Dupont: [1] On the occurrence of Escherichia coli 55:B5:6 and E. coli 111:B4 in faecal samples from infants with diarrhoeal disease, and in a control material. Acta paediatr. scand. (Stockh.) Suppl. **83** (1951).
— [2] Gastroenteritis hos spaedbørn med fund af Escherichia coli 55:B5:6. Nord. Med. **46**, 1194 (1951).
— [3] Forsøg med anrendelse af en kvaternaer ammonium-forbindelse. (Rodalon). Ugeskr. Laeg. **1952**, 429.
— og Eskelund: Forsøg med Bleimpraegniering over for Escherichia coli 55. Ugeskr. Laeg. **1952**, 432.
— and Keiser-Nielsen: Escherichia coli 55:B5:6 in Intestinal Canal of Infants Treated with Lactobacillin Milk („Lacto-Y-48").
Durham: Brit. Med. J. **1898**, 387.
Dvorak, Kott u. Vaclavek: Malign epidemicky prujem novorozencu. Pediatr. Listy **6**, 213 (1951).
Eckstein u. Dogramaci: Über die Behandlung der Sommerdurchfälle mit Bakteriophagen. Ann. paediatr. (Basel) **156**, 65 (1941).
Eddy: The frog test for Staphylococcal enterotoxin. Proc. Soc. Exper. Biol. a. Med. **78**, 131 (1951).
Edwards: A paracolon like bacillus isolated from colitis in a infant. J. Bacter. **49**, 513 (1945).
— West and Bruner: [1] The Arizonagroup of paracolonbacteria. Kentucky Agric. Exper. Sta. Bull. 499, (1947).
— — — [2] Antigenic studies of a group of paracolon bacteria (Bethseda-group). J. Bacter. **55**, 711 (1948).
Eisenberg: Untersuchungen über die Variabilität der Bakterien: VI. Mitteilung: Variabilität in der Typhus-Coligruppe. Zbl. Bakter. I Orig. **80**, 385 (1918).

ENDERS: Die Wirkung von Sulfonamiden auf die Darmperistaltik. Dtsch. med. Wschr. **76**, 1405 (1951).

ENSIGN and HUNTER: An epidemic of diarrhoea in the newborn nursery caused by a milkborne epidemic in the community. J. of Pediatr. **29**, 620 (1946).

EPSTEIN, HOCHWALD and ASHE: Salmonella infections of the newborn infant. J. of Pediatr. **38**, 723 (1951).

ESCHERICH: [1] Die Darmbakterien des Säuglings. Stuttgart 1886.

— [2] Handbuch der Kinderheilkunde. Bd. **3**,, S. 1, 1900; Wien. klin. Wschr. **1897**, 917.

— [3] Epidemisch auftretende Brechdurchfälle in Säuglingsspitälern. Jb. Kinderheilk. **2**, 1 (1900).

EWERTSEN: Dyre experimentelle undersøgelser over colibacillernes Pathogenitet og Effekten af coliserum. Kopenhagen: Nyt Nordisk Forlag 1946.

EWING and KAUFFMANN: A new coli-O-antigen group. Publ. Health Rep. **65**, 1341 (1950).

FAUCETT and MILLER: Stomatitis in infants caused by b. mucosus capsulatus. Pediatrics **1**, 458 (1948).

FEEMSTER: Epidemiology of infectious diarrhea of the newborn. Massachusetts Dept. Publ. Health **1949**.

FELDMANN and ANDERSON: Epidemic diarrhea of the newborn.— Review of the Literature. Arch. of Pediatr. **64**, 341 (1947).

FELSEN: Infectious diarrhea of the newborn. Arch. of Pediatr. **56**, 133 (1939).

— and WOLARSKY: Epidemic diarrhea of the newborn. Arch. of Pediatr. **59**, 495 (1942).

FERGUSON, JENNINGS and GOTTSCHALL: In vitro sensitivity tests with eight antibiotics against Escherichia coli 111/B4, a special type of coliform bacillus associated with infant diarrhea. Amer. J. Hyg. **53**, 237 (1951).

— and JUNE: Experiments on feeding adult volunters with Escherichia coli 111:B4, a coliform organism associated with infant diarrhea. Amer. J. Hyg. **55**, 155 (1952).

FEY: [1] Isolierung eines Colistammes vom Typ 55: B5 aus boviner Mastitis. Schweiz. Z. Path. **15**, 444 (1952).

— [2] Persönliche Mitteilung. Erscheint in Schweiz. med. Wschr. (im Druck).

FINKELSTEIN: Zur Ätiologie der folliculären Darmentzündungen der Kinder. Dtsch. med. Wschr. **1896**, 608 u. 627.

FINLAND, COLLINS and PAINE: Aureomycin, a new antibiotic. J. Amer. Med. Assoc. **138**, 946 (1948).

FISCHER: Studien über die normale Entwicklung der Transmigrationskultur von Bacterium coli. Acta path. scand. (Copenh.) Suppl. **9** (1932).

FISON and SINGER: Treatment of gastro-enteritis in infants with chloromycetin. Med. J. Austral. **2**, 957 (1951).

FLORMANN and SHIFRIN: Observations on a small outbreak of infantile diarrhea associated with pseudomonas aeruginosa. J. of Pediatr. **36**, 758 (1950).

FLÜGGE: Die Aufgaben und Leistungen der Milchsterilisierung gegenüber den Darmerkrankungen des Säuglings. Z. Hyg. **17**, 272 (1894).

FOMENIUS: Serologische Studien an Coligruppen. Sv. Läkartidn. **1942**, 3017; ref. Zbl. Kinderheilk. **42**, 26 (1943).

FORBES and OLSEN: Epidemic diarrhea of the newborn. Arch. of Pediatr. **56**, 250 (1939).

FORNARA: Clin. nuova (Roma) **1**, 2 (1947).

FOSTER: Administrative control of epidemic diarrhea. Massachusetts Dept. Publ. Health **1949**.

FOTHERGILL: Unusual types of non-lactose-fermenting gramnegative bacilli from acute diarrhea in infants. J. Inf. Dis. **45**, 393 (1929).

FRANT and ABRAMSON: [1] Epidemic diarrhea of the newborn. J. of Pediatr. **11**, 772 (1937).

— — [2] Epidemic diarrhea of the newborn: New disease. N. Y. State J. Med. **38**, 784 (1939).

— — [3] Epidemic diarrhea of the newborn. Brennemanns Practice of Pediatrics. Vol. 1/Chapter 28, 1948.

FRANTZEN: [1]Biochemical and serological stud ieson alcalescence and dispar strains. Acta path. scand. (Copenh.) **27**, 236 (1950). — [2] Acta path. scand. (Copenh.) **27**, 647 (1950); zit. nach KAUFFMANN, Enterobacteriaceae.

FRICK: Zur Frage der Darmgrippe. Mschr. Kinderheilk. **89**, 70 (1941).

FÜLLING u. ERNST: Zur Klinik, Epidemiologie und Therapie der Salmonella typhimurium Infektion im Säuglingsalter. Z. Kinderheilk. **69**, 412 (1951).

GATTO: Ricerche sui bacterium coli isolati dalle feci di lattanti affetti da gastroenterite non tossica et tossica. Giorn. Batter. **36**, 221 (1947).

GEIGER: Interference by streptomycin with metabolic system of Escherichia coli. Arch. of Biochem. **15**, 277 (1947).

— GREEN and WAKSMANN: Proc. Soc. Exper. Biol. a. Med. **61**, 187 (1946); zit. von GRAFFAR, Acta med. belg. **1950**.

GEIGER and SAPPINGTON: Epidemic diarrhea of the newborn in San Francisco 1943. Arch. of Pediatr. **61**, 134 (1944).

GIANNICO e PRONINI: Wirkung des Streptomycins auf den Prothrombinspiegel. Clin. nuova (Roma) **7**, 232 (1949).

GILES and SANGSTER: An outbreak of infantile gastroenteritis in Aberdeen. The association of a special type of b. coli with the infection. J. of Hyg. **46**, 1 (1948).

— — and J. SMITH: Epidemic gastroenteritis of infants in Aberdeen during 1947. Arch. Dis. Childh. **24**, 45 (1949).

GINDERS et BELOGLASOV: Sur l'étude de l'intradermoréaction dans la dysenterie bacillaire chez les enfants et sa valeur diagnostique. Pediatr. (russ.) **12**, 76 (1938).

GIOVANARDI: Untersuchungen über ein besonderes, bei einigen mit Vi-Antigen versehenen B. typhi-Stämmen beobachtetes Dissoziationsphänomen. Zbl. Bakter. 1 Orig. **141**, 341 (1938).

GOEBEL: [1] Über Antikörperbildung beim Säugling. Z. Kinderheilk. **53**, 358 (1932).

— [2] Die Zunahme der Sterblichkeit der jungen Säuglinge in den Jahren 1937—1940. Nicht veröffentlicht; zit. nach GOETERS, Ärztl. Wschr. **2**, 782 (1947).

GÖBELL: Über eine infektiöse Durchfallserkrankung im Säuglingsalter. Mschr. Kinderheilk. **89**, 73 (1941).

GOETERS: Das Krankheitsbild der gelben Stühle. Ärztl. Wschr. **2**, 782 (1947).

GOETTSCH, COBLEY and MULLOY: Pediatrics **2** (1948).

GOLDSCHMIDT: [1] Coliendotoxinversuche. Jb. Kinderheilk. **133**, 346 (1931).

— [2] Untersuchungen zur Ätiologie der Durchfallserkrankungen des Säuglings. Jb. Kinderheilk. **139**, 318 (1933).

GORDON and RUBENSTEIN: Epidemic diarrhea of the newborn. Amer. J. Med. Sci. **220**, 339 (1950).

GORDONOFF: Postoperative Gefäßkollapse und moderne Antibiotica. Therap. Umschau **9**, 6 (1952).

GOSTOF, GALLIA and SVABENSKA: Epidemic diarrhea of the newborn. Paediatr. danub. **6**, 187 (1949).

GOTSCHLICH: Allgemeine Morphologie u. Biologie der pathogenen Mikroorganismen. Handbuch der pathogenen Mikroorganismen, Bd. 1, 33, 1929.

GRAFFAR: [1] Contribution à l'étude de la pathologie digestive du nourrisson. Acta med. belg. **1950**.

— [2] L'étiologie des diarrhées et des dystrophies; les formes infectieuses. VI. Internat. Kongreß für Pädiatrie, Zürich 1950.

GRÄVINGHOFF: Welche Schlüsse erlaubt der Nachweis von Coli im Säuglingsmagen? Mschr. Kinderheilk. **24**, 784 (1923).

GRATIA et FRÉDÉRICQ: Pluralité et complexité des colicins. Bull. Soc. Chim. biol. **29**, 354 (1947).

GREENBERG and WRONKER: An outbreak of epidemic diarrhea in the newborn. J. Amer. Med. Assoc. **110**, 563 (1938).

GREENTHAL: Epidemic vomiting and diarrhea. J. of Pediatr. **9**, 87 (1936).

GREIF u. STEIN: Klinisches und Bakteriologisches zur Pyuriefrage des Säuglings. Zbl. Bakter. I Orig. **119**, 103 (1930).

GRISLAIN et AUDINEAU: Effets de la streptomycine sur certaines gastro-entérites sévères du nourrisson. Bull. méd. **63**, 149 (1949).

GRÖNROOS: On the Occurrence of E. coli D 433 at Turku. A preliminary Report. Acta path. scand. (Copenh.) **1951**, Suppl. 91; Diskussionsbemerkung Acta paediatr. (Stockh.) **1951**, Suppl. 83.

GROSS: Über Colitoxine. Zbl. Bakter. I Orig. **111**, 317 (1929).

GRÜNHOLZ: Hospitalismus der Gegenwart. Z. Kinderheilk. **68**, 135 (1950).

GRUNKE: Coli-Infekt (Colibacillose) des Duodenums. Klin. Wschr. **1938**, 1362.

GUNDEL: Über den Receptorenapparat der Gruppe der Colibakterien. Z. Immunitätsforsch. **69**, 99 (1930).

GUTHEIL: Resistenz von Dyspepsicoli (Typ O 111:B4) gegenüber Antibioticis und Sulfonamiden. Mschr. Kinderheilk. **99**, 225 (1951).

GUTSCHER: Über experimentelle Coliascension im Dünndarm des Meerschweinchens. Zbl. Bakter. I Orig. **123**, 948 (1932).

GWAN: Recherches sur l'immunité anticolibacillaire. Z. Immunitätsforsch. **93**, 278 (1938).

GYÖRGY: Über paracolibacilläre Infektionen. Wien. klin. Wschr. **1917** I, 233.

HABS: Bakteriologisches Taschenbuch, Leipzig 1948.

HALBERT and MAGNUSON: Studies with antibiotic-producing strains of Escherichia coli. J. of Immun. **58**, 397 (1948).

— and SWICK: Invivo antibiotic production by Escherichia coli. J. of Immun. **65**, 675 (1950).

HALLMANN and AHVENAINEN: Fatal gastroenteritis with toxic symptoms in young infants. Clinical studies and postmortem examinations. Ann. med. int. fenn. **39**, Suppl. 7 (1950).

HAHN, KLOCMANN u. MORO: Experimentelle Untersuchungen zur endogenen Infektion des Dünndarms. Jb. Kinderheilk. 84, 10 (1916).
HAIKE: Bull. Acad. roy. méd. Belg. 25, 348 (1911); zit. nach LODENKÄMPER, Klin. Wschr. 18, 238 (1939).
HALLOCK: Epidemic diarrhea of the newborn. Arch. of Pediatr. 68, 488 (1951).
HAMBURGER: Die Behandlung der Toxikosen des Säuglings mit Coliserum. Jb. Kinderheilk. 93, 25 (1920).
HARADA: Über typenspezifische Agglutination bei Colibacillen. Z. Immunitätsforsch. 61, 197 (1930).
HARHOFF: Zit. von R. E. BADER, Erg. Hyg. 26, 233 (1949).
HARTIG: Nekrotisierende Enteritis beim Säugling und Kleinkind. Z. Kinderheilk. 68, 32 (1950).
HARTUNG: Über die Chloromycetinbehandlung ernährungsgestörter Säuglinge. Tgg. südwestdeutscher Kinderärzte, München 1951; ref. Kinderärztl. Prax. 19, 493 (1951).
HARVEY, MIRIK and SCHAUB: Clinical experience with aureomycin. J. Clin. Invest. 28, 987 (1949).
HASSMANN: [1] Die Colikrankheiten im Kindesalter. Erg. inn. Med. 55, 66 (1938).
— [2] Die Pathogenität der Colibakterien im Kindesalter. Arch. Kinderheilk. 117, 32 (1939).
— u. HERZMANN: Über die Bedeutung der Paracolibacillen bei enteralen Erkrankungen im Säuglings- und späteren Kindesalter. Z. Kinderheilk. 56, 486 (1934).
— u. SCHARFETTER: Über die Wirkung von Coli- und Paracolikulturfiltraten auf den überlebenden Kaninchendarm. Z. Kinderheilk. 56, 609 (1934).
HAUSCHILD: Zur Bakteriologie initialer Diarrhoen beim Neugeborenen. Z. Kinderheilk. 22, 399 (1922).
HAYASHI: Über die agglutinatorische Einteilung der Colibacillen. Z. Immunitätsforsch. 92, 118 (1938).
HENCKEL u. RENZ: Erkrankung durch Salmonella panama bei Säuglingen und Kindern. Dtsch. med. Wschr. 77, 326 (1952).
HENDERSON: Sulphaguanidine in neonatal epidemic gastro-enteritis. Brit. Med. J. 1943, 410.
HERELL, HEILMANN u. WELLMANN: Ann. N. Y. Acad. Sci. 53, 448 (1950); zit. nach KREUZIGER u. HILDEBRANDT, Dtsch. med. Wschr. 77, 210 (1952).
— and NICHOLS: The clinical use of streptomycin. Proc. Staff Meet. Mayo Clin. 20, 449 (1945).
HESS: Katheterismus des Duodenums von Säuglingen. Erg. inn. Med. 13, 530 (1914).
HESSELBERG och OEDING: Forekomsten av Esch. coli D 433 i vest-Norge. Nord. Med. 46/48, 1791 (1951).
HESSIG: Vergleichende Untersuchungen über den Colibacillengehalt des Magen- und Duodenalsaftes bei darmkranken und darmgesunden Säuglingen. Med. Inaug.-Diss. Heidelberg 1950.
HIGH, ANDERSON and NELSON: Further observations of epidemic diarrhea of the newborn. J. of Pediatr. 28, 407 (1946).
HILTON and TAYLOR: Antigenic variation in certain strains of Bact. coli type I. Nature (Lond.) 167, 4244 (359) (1951).
HINDEN: Etiological aspects of gastroenteritis. Arch. Dis. Childh. 23, 27 u. 113 (1948).
HOEFERT: Über Bakterienbefunde im Duodenalsaft bei Gesunden und Kranken. Z. klin. Med. 92, 221 (1921).
HOLZEL, MARTYN and APTER: Streptomycintreatment of infantile diarrhoe and vomiting. Brit. Med. J. 1949, 454.
HONERLA u. H. ADAM,: Schadet die bakterielle Verunreinigung roher Obstsäfte? Münch. med. Wschr. 94, Nr. 11 (1952).
HORMAECHE, PELUFFO u. ALEPPO: Zur Ätiologie der Sommerdiarrhoe bei Kindern mit besonderer Berücksichtigung der Salmonellainfektion. Z. Hyg. 119, 453 (1937).
HORMANN: Epidemiologische Untersuchungen zur Ätiologie der atypischen Enteritis (sog. nekrotisierende Enteritis bzw. Jejunitis). Ärztl. Wschr. 1947, 998.
HOTTINGER: Zur Behandlung der akuten Dyspepsien und der „gelben Stühle" mit Sulfonamiden. Schweiz. med. Wschr. 1945, Nr. 47.
HOTZ: Über akute infektiöse Ernährungsstörungen bei Neugeborenen und jungen Säuglingen. Jb. Kinderheilk. 135, 129 (1932).
HOUNIE: Influencia del cloranfenicol sobre la resistencia in bacteriana a los anticuerpos. Arch. Farm. Bioquim. Tucuman 5, 241 (1950).
HUGHES: Proc. Roy. Soc. Med. 36, 477 (1942—1943).
HUNT, KELLY, WHITLOCK and TASHMAN: Studies on absorption, distribution and excretion of aureomycin, chloramphenicol and terramycin. Amer. J. Dis. Childr. 80, 871 (1950).
HUPFER: Med. Inaug.-Diss. Erlangen 1952.
HUSLER: Über Anstaltsschäden bei Kindern. II. Exogenes. Tgg. dtsch. Ges. Kinderheilk. Innsbruck 1924.
ILGNER: Zur patholog. Anatomie der Ernährungsstörungen. 51. Tgg. dtsch. Ges. Kinderheilk. Heidelberg 1951.

ILGNER: Patholog. Anatomie der akuten Ernährungsstörungen des Säuglings. 52. Tgg. dtsch. Ges. Kinderheilk. Bayreuth 1952.

INGLESSI: Ricerche sulle coliagglutinine nei neonati e lattanti. Riv. Clin. pediatr. 29, 713 (1931).

IRVINE and GALVIN: A small outbreak of paratyphoid fever. Lancet No. 6585, 904 (1949).

JAMES and KRAMER: Infantile gastroenteritis treated with streptomycin by mouth. Lancet No. 6528, 555 (1948).

JAMPOLIS, HOWELL, CALVIN and LEVENTHAL: Bacillus mucosus infection. Amer. J. Dis. Childr. 43, 70 (1932.)

JASCHKE: Über den Gehalt der Säuglingsmilch an b. coli mit besonderer Berücksichtigung des sog. Dyspepsiecoli. Med. Inaug.-Diss. Köln 1934.

JELINÉ et ROSENBLATT: Sur la variation des microbes du groupe coli-typhus dans leur passage par l'organisme des animaux. Comm. I: Sur la variation du Bact. coli dans son passage par l'organisme des animaux. Giorn. Batter. 18, 77 (1937); ref. Zbl. Hyg. 39, 112 (1937).

JENSEN: [1] Über die Kälberruhr und deren Ätiologie. Mh. prakt. Tierheilk. 4, 97 (1893).

— [2] Om Sygdome hos spaedkalve. Mskr. Dyrlaeg. 12, 297 (1901).

— [3] Kälberruhr. Handbuch der pathogenen Mikroorganismen von Kolle-Wassermann. 1. Aufl. Bd. III, S. 761, 1903.

JÓO: Die Sommerdiarrhoe der Säuglinge in bakteriologischer und epidemiologischer Beleuchtung an Hand von 256 untersuchten Fällen. Wien. med. Wschr. 1944, 248.

JORDAN and BURROWS: The production of enterotoxic substance by bacteria. J. Inf. Dis. 57, 121 (1935).

JÜRGENSSEN u. BERGER: Beitrag zu den Epidemien infektiöser Enterocolitiden im frühen Säuglingsalter. Österr. Z. Kinderheilk. 3, 296 (1949).

KADISON and BOROVSKY: The treatment of infantile diarrhoe with a new combination of antibiotics. J. of Pediatr. 38, 576 (1951).

KAEHLER: Ein Beitrag zur serologischen Differenzierung des Dyspepsiecoli (Adam). Jb. Kinderheilk. 151, 70 (1938).

KAIPAINEN: [1] Does induced resistance of bacteria to one antibiotic result in simultaneous sensitivity changes to other antibiotics? Ann. med. exper. et biol. fenn. 29 (1951) Suppl. I

— [2] Effect of Terramycin on the resistance of E. coli. Ann. med. exper. et biol. fenn. 29, 247 (1951).

— [3] Resistance of E. coli to Aureomycin in vitro. Ann. med. exper. et biol. fenn. 28, 222 (1950).

KANE and FOLEY: Effect of oral streptomycin on the intestinal-flora. Proc. Soc. Exper. Biol. a. Med. 66, 201 (1947).

KATHE: Lebensmittelinfektionen durch besondere Erreger. Zbl. Bakter. I Orig. 140,71 (1937).

KATO: Studien über die Coli-Gruppe der Dyspepsiestühle. Hauptsächlich über die Zustände der künstlich genährten Säuglinge. Mitt. Ges. Ciba 16, 3 (1938); ref. Zbl. Kinderheilk. 35, 177 (1939).

KAUFFMANN: [1] Über neue thermolabile Körperantigene der Colibakterien. Acta path. scand. (Copenh.) 20, 21 (1943).

— [2] The serology of the coligroup. J. of Immun. 57, 71 (1947).

— [3] Die Colitherapie der Appendizitis. Schweiz. Z. Path. 11, 553 (1948).

— [4] Über die Coli-Enteritis der Säuglinge. Wien. med. Wschr. 101, 286 (1951).

— [5] Enterobacteriaceae. Copenhagen: Ejnar Munksgaard 1951.

— [6] On antigenic relationships between Escherichia strains from infantile enteritis and Salmonella or Arizona strains. Acta path. scand. (Copenh.) 1952, 1199.

— u. DUPONT: Escherichia strains from infantile epidemic gastrodemic gastro-enteritis. Acta path. scand. (Copenh.) 27, 552 (1950).

— u. PERCH: Über die Coliflora des gesunden Menschen. Acta path. scand. (Copenh.) 20, 202 (1943).

— u. SCHMITT: Über die Wirkung von Sulfonamidpräparaten auf Salmonella-, Dysenterie- und Colibakterien. Acta path. scand. (Copenh.) 20, 1 (1943).

KAWATA: On Ekiri, an epidemic infantile diarrhoe. Trans. 6. Congr. Far-East. Assoc. Trop. Med. Tokyo 1925, 2, 723 (1926). Ref. Zbl. Kinderheilk. 21, 68 (1928).

KAYSER: Die Coliinfektionen des Duodenum. Dtsch. med. Wschr. 1938, 1768.

—, M. E.: Erhitzung der Frauenmilch und Ernährungserfolg. Dtsch. med. Wschr. 1935 II, 1698.

KAZUO OGASAWARA, SANESHIGE ATA, MINOSU UWATA, AYAKO YONEDA and NOBUO ASANO: Some epidemiological notes on Ekiri at Nagoya. First report: Etiological studies on Ekiri. Nagoya J. Med. 14, 21 (1951). Excerpta Medica Sect. IV, 5, No. 2911 (1952).

KEITEL: Occurrence of cold and streptococcus MG-Agglutinins in infants with gastroenteritis. J. Inf. Dis. 86, 219 (1950).

KELLER: [1] Untersuchungen über die baktericide Wirkung des Duodenalsaftes von Säuglingen. Z. Kinderheilk. 52, 210 (1932).

Keller: [2] Zur Amintheorie der Säuglingsintoxikation. Z. Kinderheilk. **53**, 253 (1932).
Kendall, Day, Walker and Haner: The bacteriology and chemistry of adult duodenal contents. J. Inf. Dis. **40**, 677 (1927).
Kirby, Hall and Coackley: Neonatal diarrhoea and vomiting. Outbreaks in the same maternity unit. Lancet **1950**, 201.
Kiss: L'étiologie des diarrées et des dystrophies: Les formes infectieuses. VI. Internat. Kongreß für Pädiatrie, Zürich 1950.
— Die Rolle der Infektion bei der Entwicklung der atrophischen Krankheitsbilder im Säuglingsalter. Schweiz. med. Wschr. **82**, 387 (1952).
Klein: Bakterielle Beeinflussung der Darmflora. Therap. Halbmschr. **34**, 696 (1920).
Kleinschmidt: [1] Die Bakterienbesiedlung des Darmes beim neugeborenen Kind. Mschr. Kinderheilk. **62**, 14 (1934).
— [2] Die Darmbakterienflora des Säuglings in gesunden und kranken Tagen. Klin. Wschr. **1935**, 257.
— [3] Das Krankheitsbild der sog. alimentären Intoxikation. Dtsch. med. Wschr. **72**, 241 (1947).
— [4] Therapie der akuten Ernährungsstörungen des Säuglings. 52. Tgg. dtsch. Ges. Kinderheilk. Bayreuth 1952.
Klieneberger: Die Erzeugung von Modifikationen durch ‚spezifischen‘ Reiz als Mittel der Artcharakterisierung. Zbl. Bakter. I Orig. **104**, 456 (1927).
Klose: Zur Frage der Sulfapyridinbehandlung der Säuglingsdyspepsie. Arch. Kinderheilk. **133**, 175 (1947).
Knapp: In vitro Versuche über die synergische Wirkung von Streptomycin und Sulfonamiden. Z. Hyg. **131**, 259 (1950).
Knipschildt: Undersøgelser over Coli-Gruppens Serologi. Copenhagen: Nyt Nordisk Forlag, Arnold Busck 1945.
Koch: Über Resistenzsteigerung während der Aureomycintherapie. Dtsch. Gesundheitswesen **7**, 475 (1952).
Kohlbrugge: Der Darm und seine Bakterien. Zbl. Bakter. I Orig. **29**, 571 (1901); **30**, 10 (1901).
Köbe u. Heinig: Die Bedeutung der Bakterien aus der Paratyphus-Enteritisgruppe als Sekundärerreger der Maul- und Klauenseuche. Z. Inf.-Krkh. Haustiere **55**, 189 (1939).
Költzsch: Zur Frage der Dyspepsiecoli. Med. Inaug.-Diss. Leipzig 1925.
Köttgen: Säuglingsdyspepsien auf Grund von Virusinfektionen. Pro medico **19**, 1 (1950).
Konsek: Über Proteusinfektionen bei akuten Darmerkrankungen und Ernährungsstörungen der Säuglinge. Mschr. Kinderheilk. **88**, 69 (1941).
Koser: Utilisation of the salts of organic acids by the colon-aerogenes group. J. Bacter. **8**, 493 (1923).
Koutscher, Gotowskaja u. Trachtenberg: Zur Frage der pathogenetischen und epidemiologischen Bedeutung der Mikroflora beim Sommerdurchfall. Pediatr. **4**, 9 (1938) (russ.).
Kramár: [1] Zur Frage der Coliascension bei den Ernährungsstörungen der Säuglinge. Mschr. Kinderheilk. **23**, 373 (1922).
— [2] Über Coliagglutinine. Mschr. Kinderheilk. **24**, 799 (1923).
Krebs: Über das Vorkommen von Saccharosevergärern aus der Gruppe Escherichia Coli bei darmgesunden und darmkranken Säuglingen. Med. Inaug.-Diss. Heidelberg 1952.
Krepler: Zur klinischen Bedeutung bestimmter Coliserotypen bei der Säuglingsenteritis. 52. Tgg. dtsch. Ges. Kinderheilk. Bayreuth 1952.
— u. Zischka: Zur Frage der ätiologischen Bedeutung des Bacterium coli 111/B4 bei Säuglingsenteritiden. Österr. Z. Kinderheilk. **7**, 89 (1952).
Kreuziger u. Hildebrandt: Über die Wirkungsbreite von Terramycin. Dtsch. med. Wschr. **77**, 210 (1952).
Kristensen, Bojlén u. Faarup: Bacteriologisk-epidemiologiske erfaringer om infektioner med gastroenteritis baciller af paratyphusgruppen. Bibl. Laeg. **129**, 310 u. 341 (1947).
— — u. Kjaer: Systematische Untersuchungen über coliähnliche Bakterien. Zbl. Bakter. I Orig. **134**, 318 (1935).
Kröger u. Gillesen: Zur Differenzierungsmöglichkeit pathogener Colibakterien. Zbl. Bakter. I Orig. **155**, 115 (1950).
Kundratitz: Diskussionsbemerkung. Wien. klin. Wschr. **63**, 515 (1951).
Kunitake: Studien über die Coligruppe im Kindesalter. I. Die Coligruppe bei Diarrhoen. Nagoya J. Med. Sci. **9**, 109 (1935). II. Variabilität der Coligruppe. Nagoya J. Med. Sci. **9**, 185 (1935); ref. Zbl. Kinderheilk. **32**, 58 u. 267 (1937).
Küpper: Über gehäuftes Auftreten von Toxikosen. Arch. Kinderheilk. **106**, 167 (1935).
Kyrki: Studien über Bakterien der Coligruppe bei Dyspepsie u. Intoxikation. Acta Soc. Medic. fenn. Duodecim P 19, 1936/1; ref. Zbl. Kinderheilk. **33**, 138 (1937).
Laffon, S. F. Martínez, S. J. Martínez y Manzanete: Bacterial enteritis in children. Acta pediátr. españ. **7**, 77, 743 (1949).

Langer: Die Bedeutung der initialen Frauenmilchernährung für den Schutz vor Ernährungsstörungen. Z. Kinderheilk. 26, 163 (1920).

Larregia, Legura-Corrochano y Belmonte: New experiments with regard to the effect of streptomycin on coli bacilli. Siglo méd. 115, 4749, 499 (1947).

Laurell: [1] Airborne infections: the importance of oiled floors and textils in childrens hospitals with special attention to dangerous carriers. Acta paediatr. (Stockh.) 35, 182 (1948).
— [2] Epidemisk spädbarndiarré. Hygienisk Rev. 40, 65 (1951).
— [3] Coliforma Bakterier Hos Barn Vårdade På Sjukhus. Stockholm 1952.
— [4] Ny Serotyp av B. coli vid epidemisk diarré hos spädbarn. Nord. Med. 47, 204 (1952).
— Airborne infections. Acta path. scand. (Copenh.) 1952.
    [5] VII. Coliforme organisms in the upper respiratory tract of children, with particular reference to hospital-infections.
    [6] VIII. Coliforme organisms in the upper respiratiory tract of children: results of serological and biochemical investigations.
    [7] IX. Coliform organisms in the upper respiratory tract of children, with particular reference to their mode of spreading in a childrens hospital.
— u. Lyke: Bact. coli neapolitanum (B.C.N.) vid en diarré-epidemi på ett barnhem. Sv. Läkartidn. 1952, 1.
— Magnusson, Frisell and Werner: Epidemic Diarrhoea and vomiting. Acta paediatr. (Stockh.) 40, 302 (1951).

Lederberg and Tatum: Gene recombinations in Escherichia coli. Nature (Lond.) 158, 558 (1946).

Leff: Sulfathiazole in control of epidemic diarrhea of newborn. Amer. J. Obstetr. 51, 87 (1946).

Leinbrock: [1] Über den Kohlenhydratstoffwechsel der Colibazillen. V. Mitteilung: Über die Stärke der Säurespaltung von Glucose, Saccharose und Lactose durch Colibazillen, die in bestimmten Zeitabständen aus den Stühlen von a) gesunden, b) an Dyspepsie erkrankten Säuglingen isoliert wurden. Zbl. Bakter. I Orig. 148, 193 (1942).
— [2] Über den Stickstoff und Kohlenstoff-Stoffwechsel der Bakterien der Coli-, Typhus-, Paratyphus-, Enteritis- und Ruhrgruppe. Erg. Hyg. 25, 26 (1943).

Leisti: Ann. med. int. fenn. 36, 575 (1947); zit. nach James and Kramer: Lancet 1948, 555.

Lembcke: Imperfect sterilisation of nursing nipples and formula as a possible factor in transmission of epidemic diarrhea of the newborn. Amer. J. Hyg. 33, Sect. A, 42 (1941).
— Quinlivan and Orchard: Epidemic diarrhoea of the newborn. A report of two outbreaks. Amer. J. Publ. Health 33, 1451 (1943).

Le Minor: Zit. von Buttiaux u. a., Presse méd. 59, 1000 (1951); persönl. Mitteilung an die Autoren.

Lepper, Wolfe, Zimmermann, Caldwell, Spies and Dowling: Effect of large doses of aureomycin on human liver. Arch. int. Med. 88, 271 (1951).

Levy: The use of formol cibazol in the treatment of the gastro-intestinal disturbances in infants. Rev. portug. Pediatr. e Puericult. 12, 99 (1949).

Lewis and Hitschner: Slow Lactose-fermenting Bacteria pathogenic for young chikes. J. Inf. Dis. 59, 225 (1936).

Light and Hodes: Studies on epidemic diarrhoea of the newborn: Isolation of a filtrable agent causing diarrhoea in calves. Amer. J. Publ. Health 33, 1451 (1943).
— — Isolation from cases of infantile diarrhoea of a filtrable agent causing diarrhoea in calves. J. of Exper. Med. 90, 113 (1949).

Lind and Allan: The diagnosis of Klebsiella pneumoniae (Friedländers Bacillus) from the gastrointestinal tract of normal healthy adults. J. Bacter. 57, 159 (1949).

Linneweh [1]: Über die Pathogenese und die Grundlagen zur Therapie der Säuglingsintoxikation. Mschr. Kinderheilk. 85, 215 (1941).
— [2] Über die Konservierung roher Frauenmilch. Med. Klin. 1948, 166.

Linsell and Fletscher: Laboratory and clinical experience with Terramycin-Hydrochlorid. Brit. Med. J. No. 4690, 1190 (1950).

Lipska: Les colibacilles et les coliphages chez les nourrissons. Lait 16, 235 (1936).

Lockwood, Young, Bouchelle, Bryant and Stojarski: Der Wert von oral verabreichtem Streptomycin als intestinales Antisepticum mit Beobachtungen über die rasche Resistenzzunahme bei Colibakterien gegenüber Streptomycin. Ann. Surg. 129, 14 (1949).

Lodenkämper: [1] Über Colitoxine. Klin. Wschr. 18, 238 (1939).
— [2] Über Colitoxine. Zbl. Bakter. I Orig. 145, 1, 306 (1939).
— [3] Lassen sich giftige oder pathogene Colibacillen differenzieren? Z. Kinderheilk. 62, 564 (1941).
— [4] Zum Problem des Ruhrerregernachweises usw. Zbl. Bakter. I. Orig. 158, 73 (1952).
— u. Ballies: Über Lebensmittelvergiftungen, besonders durch Proteus. Arch. Hyg. 126, 43 (1941).

Löschke: [1] Über Streptomycinwirkung bei der Säuglingsdyspepsie. Klin. Wschr. 1948, 375.

Löschke: [2] Diskussionsbemerkung. 52. Tgg. dtsch. Ges. Kinderheilk. Bayreuth 1952.
— u. Cochlovius: Über die Wirkung von Streptomycin bei Dyspepsien und Toxikosen. Arch. Kinderheilk. **136**, 154 (1949).
Löwenberg: Über die pathologische Bakterienansiedelung im Duodenum und ihre ursächlichen Faktoren. Klin. Wschr. **1926**, 548.
van Loghem: Eine vergleichende Untersuchung von Bakterien der Typhus Coli-Gruppe. Zbl. Bakter. I Orig. **83**, 401 (1919).
Lorenz, E.: Wandlungen im Bilde der Ernährungsstörungen beim Säugling. Österr. Kinderheilk. **1**, 3 (1947).
Lorenz, W. u. Kupelwieser: Untersuchungen über die gramnegative Bakterienflora der Säuglingsstühle. Österr. Z. Kinderheilk. **1**, 44 (1948).
Lotze: Studie zur Epidemiologie. Zbl. Bakter. I Orig. **121**, 169 (1931); Probleme der Epidemiologie. Z. Hyg. **116**, 576 u. 586 (1935).
Lovell: [1] Classification of bact. coli from diseased calves. J. of Path. **44**, 125 (1937).
— [2] Infection and resistance in young animals. Lancet **2**, 1097 (1951).
Luise: Influenza de cloromicetina e della penicillina sulla produzione di anticorpi agglutinanti l'Eberthella typhi. Boll. 1st. sieroter. milan. **30**, 492 (1951).
Lyon and Folsom: Epidemic diarrhea of the newborn. Amer. J. Dis. Childr. **61**, 427 (1941).
Maassen u. Behm: Über das Vorkommen von Esch. coli, aerobacter aerogenes und Intermediärformen im Blut. Z. Hyg. **131**, 302 (1950).
Mackerras, M. J., and J. M. Mackerras: [1] The prevention of gastroenteritis in infants. Med. J. Austral. **1**, 477 (1949).
— — [2] An epidemic of infantile gastroenteritis in Queensland caused by Salmonella bovismorbificans. J. of Hyg. **47**, 166 (1949).
— and Pask: Infant Salmonella carriers. Lancet **2**, 940 (1949).
Magheru, G., A. Magheru, Boivin et Mesrobeanu: Recherches sur l'antigène „résiduel" des colibacilles. C. r. Soc. Biol. (Paris) **120**, 1279 (1935).
Magnusson, Laurell, Frisell and Werner: Aureomycin treatment of infantile diarrhoea and vomiting. Brit. Med. J. No. **4667**, 1398 (1950).
— — — — Epidemisk dyspepsi hos spädbarn. Sv. Läkartidn. **46/47**, 2533 (1949).
— — — — Aureomycinbehandlung der epidemischen Dyspepsie bei Säuglingen. Berl. med. Z. **1**, Nr. 11/12 (1950).
Makowsky, Wundt, Knoblauch u. Kootz: Die temporäre Unterdrückung der Dickdarmflora und ihre Bedeutung für die Darmchirurgie. Med. Klin. **45**, 133 (1950).
Mancke u. Siede: Die Bedeutung der Autoagglutination der Duodenalsaftcoli für die Diagnose der Cholangitis. Dtsch. Z. Verdgs.- usw. Krkh. **2**, 65 (1939).
Manterola, Undurraga y Meneghello: Estreptomicina en el tratamiento de las diarreas del lactante y de prematuro en el medio hospitalario. Rev. chil. Pediatr. **22**, 15 (1951).
Marget: Über die Bedeutung pathogener Keime der Escherichiagruppe für die Entstehung sporadischer und endemischer Säuglingsenteritis. 52. Tgg. dtsch. Ges. Kinderheilk. Bayreuth 1952.
Martin: De l'action des sulfamides et antibiotiques sur la flore bactérienne intestinale. Paris méd. **4**, 3. Suppl. (73—77) (1951).
Martin du Pan et Rens: De l'emploi de la streptomycine dans la dyspepsie de l'enfant et du nourrisson. Rev. méd. Suisse rom. **71**, 599 (1951).
Marshall et al: Sulfanilylguanidine: A chemotherapeutic agent of intestinal infections. Bull. Hopkins Hosp. **67**, 163 (1940).
Martischnig: [1] Erfahrungen mit oraler Streptomycinbehandlung bei Enteritiden und Intoxikationen im Säuglingsalter. Österr. Z. Kinderheilk. **5**, 272 (1950).
— [2] Zur Therapie der Intoxikationen und Gastroenteritiden im Säuglingsalter. Wien. klin. Wschr. **63**, 515 (1951).
— [3] Zur Aureomycinbehandlung der Intoxikation und Gastroenteritiden im Säuglingsalter. Klin. Med. (Wien) **6**, 428 (1951).
— [4] Die Therapie schwerer Ernährungsstörungen mit Antibioticis bei Säuglingen. Ann. paediatr. (Basel) **179**, 168 (1952).
— u. Krejci: Über die Wirkung verschiedener Antibiotica auf die Darmflora bei Durchfallserkrankungen des Säuglingsalters. Österrr. Z. Kinderheilk. **7**, 120 (1952).
— u. Orth: Elektronenoptisch dargestellte Wirkung moderner Medikamente auf B. coli. Österr. Z. Kinderheilk. **5**, 321 (1950).
Marx: Über Sommerdurchfälle. Berl. klin. Wschr. **1915**, 1277.
Massenberg: Zur Frage der Colidyspepsie. Ref. Mschr. Kinderheilk. **96**, 372 (1948).
Massini: Über einen in biologischer Beziehung interessanten Colistamm (B. coli mutabile). Ein Beitrag zur Variation der Bakterien. Arch. f. Hyg. **61**, 250 (1907).
Mauer: Untersuchungen über die antagonistische Wirkung von Colibakterien gegenüber Ruhrbakterien. Z. Hyg. **122**, 249 (1939).

Mayes: Relation between bottle and breast feeding and intestinal flora. Amer. J. Obstetr. **53**, 285 (1947).

McCallum: Zit. von Taylor et al. in Brit. Med. J. No. 4619, 117 (1949).

McClelland: Contagious diarrhea of the newborn with special emphasis on treatment. Arch. of Pediatr. **63**, 66 (1946).

McClure: The role of colon organisms and their toxins in epidemic diarrhea of the newborn infant. J. of Pediatr. **22**, 60 (1943).

McCullough: Relative pathogenicity of certain Salmonella strains for man and mice. Publ. Health Rep. (Wash.) **66**, 1538 (1951).

McCullough and Wesley Eisele: Experimental human salmonellosis. J. Inf. Dis. **88**, 278 (1951); **89**, 209, 259 (1951). J. of Immun. **66**, 595 (1951).

McVay: Studies on the Concentration and Bacterial Effect of Aureomycin in Different Portions of the Intestinal Tract. J. Clin. Invest. **31**, 27 (1952).

Meiklejohn: Viral studies on the etiology of epidemic diarrhea of the newborn. California Med. **67**, 238 (1947).

Menger: Cibazol in der Behandlung der alimentären Intoxikation. Arch. Kinderheilk. **136**, 105 (1949).

Mertz: Behandlung ernährungsgestörter Säuglinge durch Verfütterung von Colibakterien. Mschr. Kinderheilk. **18**, 401 (1920).

Meves: Über Variabilitätserscheinungen an Coli-, Paratyphus- und Ruhrbacillen bei Einwirkung tierischer Gewebe. Z. exper. Med. **96**, 221 (1935).

v. Meyenburg: Schweiz. med. Wschr. **1946**, 231.

Meyer u. Löwenberg: Zur Frage der serologischen Einheitlichkeit der Colibazillen. Klin. Wschr. **3**, 836 (1924).

Meyer-Delius: Die Säuglingssterblichkeit in Hamburg in den Jahren 1820—1950. Hamburg 1951.

Meyer zu Hörste: [1] Beitrag zur Chemotherapie der Ernährungsstörungen. Mschr. Kinderheilk. **97**, 334 (1949).

— [2] Tgg. nordwestdeutscher Kinderärzte Wuppertal 1952.

Michaličková: Colibazilläre Infektionen und Säuglingstoxikosen. VI. Internationaler Kongreß für Pädiatrie, Zürich 1950.

Miessner u. Wetzel: Infektiöse Aufzuchtkrankheiten der Tiere. Handbuch der pathogenen Mikroorganismen, Bd. VI, S. 605, 1929.

Mitschell et al.: Neonatal diarrhoea: Report of an epidemic and attempts at isolation of a causal agent. Clin. Proc. **7**, 251 (1948).

Modica, Ferguson and Ducey: Epidemic infantile diarrhea associated with Escherichia coli 111/B4. J. of Labor. a. Clin. Med. **39**, 122 (1952).

Monaci, Andreoni e Schiavini: Reperti batteriologici in 190 casi di gastroenterite infantile. Nuovi Ann. Igiene e Microbiol. 1952 fasc. 1.

Mondolfo y Hounie: Clasificacion serológica de la Escherichia coli. Prensa méd. argent. **34**, 328 (1947).

— — La divisione in tipi sierologici de gruppo dei „coliformi" e le sue applicazioni all'igiene e alla clinica. Igiene e Sanità publ. **4**, 3 (1948).

Montero y Rodriguez: Treatment of infantile diarrheas with mixtures of sulfonamids. Acta pediatr. españ. **92**, 943 (1950).

Mook: Das Vorkommen von Colibakterien im Säuglingsmagen. Med. Inaug.-Diss. Hamburg 1923.

Mores, Jadrníček and Čoudcová: An epidemic of infantile dyspepsie in 1948. Pediatr. Listy **5**, 14 (1950).

Moro: Bemerkungen zur Lehre von der Säuglingsernährung. II. Die endogene Infektion. Jb. Kinderheilk. **84**, 1 (1916).

Müller: Beobachtungen zur sog. Hausdyspepsie. 52. Tgg. dtsch. Ges. Kinderheilk. Bayreuth 1952.

Müller, E.: Die Bildung von Darmindol bei der Streptomycinbehandlung der akuten Ernährungsstörungen und bei den Kostformen zur Erzielung einer acidophilen Dickdarmflora. Mschr. Kinderheilk. **98**, 185 (1950).

Mulé, Garufi e Barcaroli: [1] Azione della tossina dissenterica e del b. coli sulla attività enzimatica della mucosa duodenale. Pediatria (Napoli) **59**, 320 (1951).

— — — [2] Azione della tossina dissenterica e del b. coli sulla ossidazione della cadaverina in substrato di mucosa duodenale. Pediatria (Napoli) **59**, 518 (1951).

Murano: La sulfamido-terapia nelle gastro-enteriti infantili. Pediatria Riv. **50**, 67 (1942).

Murphy and Morris: Two outbreaks of gastroenteritis apparently caused by a paracolon of the arizona group. J. Inf. Dis. **86**, 255 (1950).

Murray, Paine and Finland: Streptomycin: bacteriologic and pharmacologic aspects. New England J. Med. **236**, 701 (1947).

MUSHIN: [1] J. of Hyg. 47, 227 (1945); zit. nach KAUFFMANN: Enterobacteriaceae.
— [2] Outbreak of gastroenteritis due to Salmonella derby. J. of Hyg. 46, 151 (1948) [Correction 46, 465 (1948)].
— [3] Studies on paracolon bacilli. Austral. J. Exper. Biol. a. Med. Sci. 27, 543 (1949).
— [4] Bacteriological aspects of gastroenteritis in infants. Austral. J. Exper. Biol. a. Med. Sci. 28, 493 (1950).
— [5] The bacteriology of infectious diarrhoea. Med. J. Austral. 39, 432 (1952).
NACCARI: Influenza in vitro dei preparati sulfamidici su alcuni caratteri biologici del bacterium coli. Giorn. Batter. 27, 146 (1941).
NASSAU: [1] Über den derzeitigen Stand der Behandlung akuter Ernährungsstörungen im frühen Kindesalter. Ann. paediatr. (Basel) 1945, 129.
— [2] Über toxische Gastroenteritiden. Ann. paediatr. (Basel) 176, 82 (1951).
NASSI: La chloromicetina nelle sindromi enteritiche acute del lattante. Riv. clin. pediatr. 47, 593 (1949).
NETER: Observations on the transmission of Salmonellosis in man. Amer. J. Publ. Health 40, 929 (1950).
— BERTRAM and ARBESMAN: [1] Demonstration of Escherichia coli O 55 an O 111 Antigens by means of hemagglutination test. Proc. Soc. Exper. Biol. a. Med. 79, 255 (1952).
— and SHUMWAY: [2] E. coli Serotype D 433: Occurrence in intestinal and respiratory tracts, cultural characteristics, pathogenicity, sensitivity to antibiotics. Proc. Soc. Exper. Biol. a. Med. 75, 504 (1950).
— and WEBB: [3] Study on the etiological role of certain serotypes of Escherichia coli and the effects of antibiotic therapy in infantile diarrhea. Exper. Med. a. Surg. 9, 385 (1951).
— — SHUMWAY and MURDOCK: [4] Study on etiology, epidemiology and antibiotic therapy of infantile diarrhea with particular reference to certain serotypes of E. coli. Amer. J. Publ. Health 41, Nr. 12 (1951).
— BERTRAM, ZAK, MURDOCK and ARBESMAN: [5] Studies on hemagglutination and hemolysis by Escherichia coli antisera. J. of Exper. Med. 96, 1 (1952).
NEUSTADEL u. STEINER: Über gehäuft auftretende Colibacillosen mit paratyphusähnlichem Krankheitsverlauf. Zbl. Bakter. Ref. 69, 26 (1920).
NEWCOMBE and McGREGOR: On the nonadaptive nature of change to full streptomycin resistance in Escherichia coli. J. Bacter. 62, 539 (1951).
— and NYHOLM: The inheritance of streptomycin resistance and dependence in crosses of Escherichia coli. Genetics 35, 603 (1950); Ref. Except. Med. Sect. IV, 5, 686 (1952).
NICHOLS and HERELL: The clinical use of streptomycin. Proc. Staff Meet. Mayo Clin. 20, 449 (1945).
NICOLLE: Lysotypie des «Echerichia coli», isolés dans les gastroentérites infantiles. I. Schéma des types actuellement individualisés. Bull. Acad. Nat. Méd. (Paris) 136, 480 (1952).
NISSLE: [1] Über die Grundlagen einer ursächlichen Bekämpfung der Darmflora. Dtsch. med. Wschr. 1916, 1181.
— [2] Die Colibakterien und ihre pathogenetische Bedeutung. Kolle-Wassermanns Handbuch der pathogenen Mikroorganismen. Bd. VI, 1, S. 415, 1929.
NITSCH: Zur Ätiologie der Durchfallepidemie im Sommer 1945. Dtsch. med. Wschr. 1947, 244.
— u. ADAMEK: Über die Wirkung von Sulfaguanidin und Streptomycin auf die Ernährungsstörungen der Säuglinge unter besonderer Berücksichtigung der Darmflora. Mschr. Kinderheilk. 98, 21 (1951).
OCKLITZ u. SCHMIDT: [1] Zur Frage einer Frauenmilchkonservierung mit Aureomycin. Arch. Kinderheilk. 142, 21 (1951).
— — [2] Beitrag zum Dyspepsiecoliproblem. Dtsch. Gesundheitswesen 7, H. 25—26 (1952).
OLIVET: Zur Bakteriologie des Duodenums. Klin. Wschr. 1926 I, 307.
OPITZ, E.: Beiträge zur Frage der Durchgängigkeit von Darm und Nieren für Bakterien. I. Durchgängigkeit des Darmes. Z. Hyg. 29, 505 (1898).
—, H.: Die Bedeutung der Colibazillen für die Pathogenese der akuten Ernährungsstörungen. Kinderärztl. Prax. 19, 126 (1951).
— Durch pathogene Colirassen bedingte Enteritisepidemien bei Säuglingen. Helvet. paediatr. Acta 7, 1 (1952).
ORNSTEIN: Zur Bakteriologie des Schmitzbacillus. Z. Hyg. 91, 152 (1921).
ØRSKOV: [1] On the occurrence of E. coli belonging to O-group 26 in cases of infantile diarrhoea and white scours. Acta path. scand. (Copenh.) 29, 373 (1951).
— [2] Antagonism Between Certain Colistrains Isolated from Cases of Infantile Diarrhea and some other Colitypes. Manuskript (im Druck).
PACHECO: C. r. Soc. Biol. (Paris) 128, 220 (1938); zit. nach GATTO: Giorn. Batter. 36, 221 (1947)
PAFFRATH: Untersuchungen über die Permeabilität des Darmes. Berlin: S. Karger 1930.
PAINE and FINLAND: Observations on bacteria sensitive to, resistant to and dependent upon streptomycin. J. Bacter. 56, 207 (1948).

Paltauf: Kolle Wassermanns Handbuch der pathogenen Mikroorganismen 2, 552 (1913).
Panos: Management of Epidemic Diarrhea of the Newborn. Postgrad. Med. 10, 155 (1951).
Pansy, Khan, Pagano and Donovick: The relationsship between aureomycin, chloramphe-
    nicol and terramycin. Proc. Soc. Exper. Biol. a. Med. 75, 618 (1950).
Parr: [1] Viability of coli-aerogenes organisms in culture and in various environments.
    J. Inf. dis. 60, 291 (1937).
— [2] Bacter. Rev. 3, 1—48 (1939).
Patzer: Klinische Beobachtungen über den akuten Darmbrand bei Säuglingen. Dtsch.
    Gesundheitswesen 5, 1450 (1950).
Paul: Aureomycin bei der Behandlung der Frühgeborenendyspepsie. Mschr. Kinderheilk.
    100, 353 (1952).
Payling and Wright: The aetiology of infantile enteritis. Proc. Roy. Soc. Med. 41, 182 (1948).
Payne and Cook: A specific serological type of Bact. coli found in infants home in absence
    of epidemic diarrhoea. Brit. Med. J. 1950, 192.
Penso e Scanga: Studi sue mecanismo di azione della streptomicina. Rc. Ist. super. Sanità
    10, 633 u. 639 (1947).
Perch: Weitere Untersuchungen über die Coliflora des gesunden Menschen. Acta path.
    scand. (Copenh.) 21, 239 (1944).
Peso and Edwards: Changes induced in the flagellar antigens of Salmonella Rostock and
    Salmonella california. Publ. Health Rep. 66, 1694 (1951).
v. Pfaundler: [1] Eine neue Form der Serumreaktion auf Coli- und Proteusbacillosen. Zbl.
    Bakter. I Orig. 23, 9, 71, 131 (1898).
— [2] Über Anstaltsschäden bei Kindern. I. Endogenes. Tgg. dtsch. Ges. Kinderheilk.,
    Innsbruck 1924.
— u. Schübel: Verdauungsversuche am Dünndarm junger Zicklein bei Einverleibung art-
    eigener und artfremder Milch. Z. Kinderheilk. 30, 5 (1921).
Pierret, Breton et Katel: La chloromycétine dans les dyspepsies du premier âge. Pédiatrie
    6, 215 (1951).
— Buttiaux, Breton et Tacquet: Arch. franç. Pédiatr. 8, 58 (1951); zit. nach Buttiaux
    et al.: Presse méd. 59, 1000 (1951).
Piette et Vézina: Rapport sur une épidemie de gastro-entérite chez 60 nourrissons. Emploi
    de la chloromycétin. Un. méd. Can. 80, 26 (1951).
Pipirs: Die Beziehungen des B. coli zur Dyspepsie. Klin. Wschr. 10, 1687 (1931 II).
Pisu: La prova biologica nella rana per la identificazione della enterotossina stafilococcica.
    Boll. lst. sieroter. milan. 30, 622 (1951).
Pisu e Cavallazzi: Tossinfezione da enterotossica stafilococcica con esito letale. Policiinico
    (prat.) 58, 1249 (1951).
Platenga: [1] Ätiologie und Pathogenese der sog. alimentären Intoxikation. Jb. Kinderheilk.
    109, 195 (1925).
— [2] Das Colitoxin. Jb. Kinderheilk. 129, 253 (1930).
Plonsker u. Rosenbaum: Coli im Säuglingsmagen. Jb. Kinderheilk. 109, 96 (1925).
Pötschke: Desinfektion und Konservierung von Frauenmilch durch Streptomycin. Klin.
    Wschr. 1949, 476; Mschr. Kinderheilk. 98, 177 (1950).
Pöls: Rapport over de Kalverziekte in Nederland. S'Gravenhage 1899.
Prausnitz u. van der Reis: Untersuchungen des menschlichen Dünndarminhaltes auf
    Bacteriophagen. Dtsch. med. Wschr. 1925, 9.
Price: Infectious diarrhoea of infancy. Canad. Med. Assoc. J. 62, 351 (1950).
Pulas and Ansbacher: New England J. Med. 237, 419 (1947).
Pulaski and Seeley: Further Experiences with streptomycin therapy in United States army
    hospitals. J. Labor. a. Clin. Med. 33, 1 (1948).
— and Spring: Streptomycin in surg. infections. Ann. Surg. 125, 194 (1947).
Radel: Sind in der Dünndarmschleimhaut bakteriumwachstumhemmende Stoffe („Bacterio-
    stanine") nachweisbar? Z. exper. Med. 48, 658 (1926).
Radinowitsch: Die Rolle der Assoziation der aeroben Bakterien in der Ätiologie der toxischen
    Dyspepsie. Pediatr. 4, 32 (1938) (russ.).
Rave u. Ernst: Vorläufige Erfahrungen mit dem Antibioticum Aureomycin bei Infektionen
    der Harnwege. Med. Welt 23, 816 (1950).
Reichel: Die keimwidrigen Kräfte im Magen-Darmkanal. Jb. Kinderheilk. 129, 127 (1930).
Reimann, Price and Elias: Streptomycin for typhoid. J. Amer. Med. Assoc. 128, 175 (1945).
— — and Hodges: Causes of epidemic diarrhea, nausea and vomiting. (viral dysentery?)
    Proc. Soc. Exper. Biol. a. Med. 59, 8 (1945).
van der Keis u. Schembra: Länge und Lage des Verdauungsrohrs beim Lebenden. Z.
    exper. Med. 43, 94 (1924).
Rice, Best, Frant and Abramson: Epidemic diarrhea of the newborn. J. Amer. Med. Assoc.
    109, 475 (1937).

Ritschel: Über Pasteurisierung und Bakteriologie der Frauenmilch. Österr. Z. Kinderheilk. 1, 299 (1948).

Ritossa: Eziologia infettiva dell diarree del lattante. Lattante 21, 681 (1950).

Rivera and Sborov: The effect of terramycin on the intestinal flora. Gastroenterology 17, 546 (1951).

Robert: Diarrhée épidémique du nouveau-né. Ann. paediatr. (Basel) 174, 121 (1950).

Roberts: The endotoxin of B. coli. J. Comp. Path. a. Ther. 59, 284 (1949).

Robinton: A rapid method for demonstrating the action of staphylococcus enterotoxin upon Rana pipiens. Yale J. Biol. a. Med. 23, 94 (1950).

Roddy, Forrester and Landov: Management of an institutional outbreak of infectious diarrhea of the newborn infant. Amer. J. Obstetr. 37, 1037 (1939).

Rölcke: Über einen Ruhrerreger. Z. Hyg. 124, 356 (1943).

Röthler: Über das Verhalten der Amine bei Dyspepsie und Intoxikation. Jb. Kinderheilk. 120, 162 (1928).

Rogers: The spread of infantile gastroenteritis in a cubicled ward. J. of Hyg. (Camb.) 49, 140 (1951).

— Discussion on infantile gastroenteritis. Proc. Roy. Soc. Med. 44, 519 (1951).

— and Koegler: Inter hospital cross-infection of epidemic infantile gastro-enteritis associated with type strains of bacterium coli. J. of Hyg. (Camb.) 49, 152 (1951).

— — and Gerrard: Chloramphenicol in treatment of infantile gastroenteritis. Brit. Med. J. 1949, 1501.

Rolly u. Liebermeister: Experimentelle Untersuchungen über die Ursache der Abtötung von Bakterien im Dünndarm. Dtsch. Arch. klin. Med. 83, 13 (1905).

Roos u. Kindler: Die Konservierung roher Frauenmilch mit Citronensäure oder Streptomycin. Mschr. Kinderheilk. 97, 494 (1950).

Roost-Pauli, M. u. H. P.: Über Resorption und Abbau von Streptomycin im Colon. Schweiz. med. Wschr. 79, 942 (1949).

Rosenbaum: Das Intoxikationssyndrom im Tierexperiment. Mschr. Kinderheilk. 39, 121 (1928).

Rosenheim: The isolation of spermine phosphate from semen and testis. Biochemic. J. 18, 1253 (1924).

Roske: Über die Bedingungen der Aminbildung durch B. coli. Jb. Kinderheilk. 120, 186 (1928).

Rourke: Hospitals Chicago 21, 67 (1947); zit. nach Wright: Brit. Med. J. 1951, 138.

Rubbo: [1] Cross infection in a hospital due to S. derby. J. of Hyg. (Camb.) 46, 148 (1948).

— [2] Epidemiology of infectious diarrhoea. Med. J. Austral. 39, 425 (1952).

Rubenstein and Britten: Epidemic diarrhea of infancy. J. of Pediatr. 38, 457 (1951).

— and Foley: Epidemic diarrhea of the newborn. Massachusetts. New England J. Med. 236, 87 (1947).

Ruckhoft, Kallas, Chium u. Coulter: Coli-aerogenes differentation in water analysis. J. Bacter. 21, 467 (1931).

Russel: Zur Frage der Bakterizidine des Duodenalsaftes. Z. Kinderheilk. 52, 201 (1932).

Russo: Eine enterocolitische Hausepidemie mit verschiedenen spez. Erregern. Münch. med. Wschr. 1938 I, 747.

Sackreuther: Untersuchungen über die Empfindlichkeit der Dyspepsiecolibakterien gegenüber Penicillin, Streptomycin, Aureomycin und Chloromycetin. Med. Inaug.-Diss. Heidelberg 1952 (in Vorbereitung).

Sacrez: Antibiotiques dans le traitement des dyspepsies. Arch. franç. Pédiatr. 9, 418 (1952).

— Beyer et Lochner: Le traitement des dyspepsies du nourrisson par l'auréomycin. Arch. franç. Pédiatr. 8, 199 (1951).

Sakula: An outbreak of gastroenteritis in the newborn. Lancet 2, 758 (1943).

Sander: Die Darmflora in der Physiologie, Pathologie und Therapie des Menschen. Stuttgart: Hippokratesverlag 1948.

Sandmann: Das Verhalten des Darmes bei Chloromycetinmedikation. Dtsch. med. Wschr. 77, 557 (1952).

Santo: [1] Der Raubbau an der Flora des Menschen. Wien: Hollinek 1950.

— [2] Komplementbindende und flockende Coliantikörper im Serum mit degeneriertem Coliantigen vorbehandelter oder spontan durch chemische Wirkstoffe geschädigter Organismen. Wien. med. Wschr. 100, 764 (1950).

Sauer, L. W.: [1] Enteritis in infants: Prevention of its spread. Dick diet kitchen and aseptic nursery technic. J. of Pediatr. 6, 753 (1935).

— [2] Enteritis: Its control and prevention by the Dick diet kitchen and nursery technic. Amer. J. Dis. Childr. 50, 1159 (1935).

Sauer, W.: Bakteriologische Untersuchungen sterilisierter Frauenmilch. Dtsch. med. Wschr. 1939, 1691.

Scalfi e Brugo: Applicazione dei metodi di Ribinow e della ribonucleasi allo studio delle modificazioni cito-chimico-morfologiche indotte dalla cloromicetina in un ceppo di E. coli. Riv. Ist. sieroter. ital. 25, 222 (1950).

Scott, Brown and Kessler: Diarrhea of the newborn. Report of epidemic and results of treatment with streptomycin. Amer. J. Dis. Childr. **83**, 192 (1952).
— and Kety: Experiences with epidemic diarrhea of the newborn. J. of Pediatr. **33**, 573 (1948)
Sears and Brownlee: Further Observations on the persistence of individual Strains of Escherichia coli in Intestinal Tract of Man. J. Bacter. **63**, 47 (1952).
— — and Uchiyama: J. Bacter. **59**, 293 (1950); zit. nach Kauffmann: Enterobacteriaceae. 1950.
Seeliger: Die Paracolistämme der Bethesdagruppe bei der Diagnostik pathogener Eingeweidebakterien. Z. Hyg. **134**, 383 (1952).
— y Durich: Clasificación de una bacteria aislada de casos de entero-colitis aguda y su significación patógena. Rev. San. Hig. públ. **25**, 395 (1951).
Seiffahrt: Über Colibefunde im Magen und Stuhl frühgeborener Kinder. Mschr. Kinderheilk. **52**, 73 (1932).
Per Selander: Epidemische Diarrhoe bei Neugeborenen. Kinderärztl. Prax. **14**, 137 (1944).
Seligmann and Wassermann: Induced resistance to streptomycin. J. of Immun. **57**, 351 (1947).
Sewitt: Bacteriological investigation into the causation of diarrhoea and enteritis in Dublin in 1942—43. J. of Hyg. **44**, 37 (1945).
Seydel: Sur certaines souches de b. coli ayant perdu la propriété de faire fermenter le lactose. C. r. Soc. Biol. (Paris) **111**, 107 (1932).
Shanks: Aureomycin and Chloramphenicol in infantile diarrhoea. Brit. Med. J. **1951**, 272.
— and Studzinski: Bact. coli in infantile Diarrhoea. Brit. Med. J. No. 4776, 119 (1952).
Shields: Spread of diarrhea of unkown origin in a ward for infants. Amer. J. Dis. Childr. **78**, 217 (1950).
Siede: Nachweis der pathogenen Bedeutung des b. coli durch Agglutination. Dtsch. Z Verdgs.- usw. Krkh. **4**, 273 (1941).
Siegel, Nickerson and Cook: The rectal administration of Aureomycin, in children. New England J. Med. **246**, 447 (1952).
Sievers: [1] Variabilität bei Bakterien der Coligruppe. I. Eine biologische Untersuchung. Zbl. Bakter. I Orig. **139**, 27 (1937).
— [2] Variabilität bei Bakterien der Coligruppe. II. Eine serologische Prüfung. Zbl. Bakter. I Orig. **139**, 176 (1937).
Signorini: Ricerche batteriologiche sulle feci di bambini affetti da enterite acuta e trattati con cloromicetina. Giorn. Batter. **43**, 52 (1951).
Silberstein u. Singer: Beiträge zur Pathogenese der akuten Ernährungsstörungen im Säuglingsalter. Jb. Kinderheilk. **107**, 329 (1925).
Silver and Kempe: Resistance to streptomycin. J. of Immun. **57**, 267 (1947).
Simon u. Krüpe: Pharmakodynamische Wirkung des Streptomycins. Arch. Kinderheilk. **139**, 1 (1950).
Sittler: Die wichtigsten Bakterientypen der Darmflora beim Säugling, ihre gegenseitigen Beziehungen und ihre Abhängigkeit von äußeren Einflüssen. Würzburg: Kabitzsch 1909.
Sjøstedt: Pathogenicity of certain serological types of b. coli. Acta path. scand. (Copenh.) Suppl. **63** (1946).
Smadel: Chloramphenicol (Chloromycetin) in the treatment of infectious diseases. Amer. J. Med. **7**, 671 (1949).
Smellie: Chloromycetin in infantile gastroenteritis. Proc. Roy. Med. **43**, 766 (1950).
Smiley et al.: Fatal aplastic anaemia following chloramphenicol (chloromycetin) administration. J. Amer. Med. Assoc. **149**, 914 (1952).
Smith, F. R., Finley, H. J. Wright and Louder: J. Amer. Diet. Assoc. **24**, 755 (1948); zit. nach J. Wright: Brit. Med. J. **1951**, 138.
Smith, J.: The association of certain types (alpha and beta) of b. coli with infantile gastroenteritis. J. of Hyg. (Camb.) **47**, 221 (1949).
— Galloway and Speirs: Infantile gastroenteritis with special reference to the specific serological type O 55 : B 5 : H 6 (beta Type) of bacterium coli. J. of Hyg. (Camb.) **48**, 472 (1950).
—, Th., and Bryant: Studies on pathogenic bacillus coli from bovine sources. II. Mutations and their immunological significance. J. of Exper. Med. **46**, 133 (1927).
— M. H. D. Loosli and Ritter: Outbreak of Aerobacter Infections on Infants. Pediatrics **7**, 550 (1951).
Snelling and Johnson: The value of Aureomycin in prevention of cross infection in the hospital for sick children. Canad. Med. Assoc. J. **66**, 6 (1952).
Snyder: Bacterium alcalescen in the stools of normal infants. J. of Pediatr. **14**, 341 (1939).
Søderhjelm: Fat absorption studies in children. I. Influence of heat treatment on milk on fat retention by premature infants. Acta paediatr. scand. (Stockh.) **41**, 207 (1952).
Solé: Diskussionsbemerkung. Wien. klin. Wschr. **63**, 515 (1951).
Sokgobenson u. Jaenina: Zur Frage der Mikroflora des Darmes bei toxischen Sommerdurchfällen der Kinder. Z. Mikrobiol. **17**, 347 (1936) (russ.); ref. Zbl. Kinderheilk. **33**, 205 (1937).

Spiess u. Hoffmann: Untersuchungen zur pharmakodynamischen Darmwirkung des Streptomycins. Mschr. Kinderheilk. **100**, 17 (1952).

Swentker: Epidemic diarrhea of the newborn from the view of the clinical investigator. J. of Pediatr. **30**, 700 (1947).

Sztanojevits and Kormos: Epidemic infectious diarrhoea of the newborn infant. Acta morphol. (Budapest) **1951**, 277.

Schaede: Über eine Käsevergiftung. Zbl. Bakter. I Orig. **143**, 67 (1938).

Schatz, Bugie and Waksmann: Streptomycin, a substance exhibiting antibiotic activity against grampositive and gramnegative bacteria. Proc. Soc. Exper. Biol. a. Med. **55**, 66 (1944).

Scheer: [1] Zur Bakteriologie des Magens und Duodenums beim gesunden und kranken Säugling. Jb. Kinderheilk. **92**, 328 (1920).

— [2] Vereinfachte Technik zum Nachweis der endogenen Infektion des Duodenums. Z. Kinderheilk. **32**, 240 (1922).

— [3] Die Wasserstoffionenkonzentration und das bacterium coli. Die bakterizide Wirkung bestimmter H-Ionenkonzentrationen auf das b. coli. Biochem. Z. **130**, 545 (1922).

— [4] Bakteriologisch-serologische Untersuchungen zur endogenen Infektion des Dünndarmes. Z. Kinderheilk. **34**, 223 (1923).

— [5] Zur Pathogenität bestimmter Colistämme. Unveröffentlichtes Manuskript 1927; s. a. Mschr. Kinderheilk. **40**, 466 (1928).

— [6] Zur Infektiosität pathogener Colistämme. 52. Tgg. dtsch. Ges. Kinderheilk. Bayreuth 1952.

— u. Abraham: Die Colivaccinetherapie der tox. Säuglingsdyspepsie. Jb. Kinderheilk. **130**, 45 (1930).

Schiavini: Considerazioni sull'eziologia e sulla cura delle enteriti infantili. Lattante **22**, 356 (1951).

— e Andreoni: Considerazioni sulla eziologia e sulla terapia delle enteriti infettive della prima infanzia. Acta paediatr. latina **4**, 238 (1951).

Schiff u. Kochmann: Zur Pathogenese der Ernährungsstörungen beim Säugling. Jb. Kinderheilk. **99**, 181 (1922).

Schimansky: Erfahrungen über die infektiöse Gastro-Enteritis bei Säuglingen und Kleinkindern. Z. Kinderheilk. **65**, 33 (1947).

Schlossberger u. Brandis: Über genetische Vorgänge bei Bakterien. Klin. Wschr. **28**, 1 (1950).

Schmid, K.: Über eine neuartige Säuglingsenteritis. Münch. med. Wschr. **1951**, 762.

Schmidt, H.: Grundlagen der spezifischen Therapie und Prophylaxe bakterieller Infektionskrankheiten. Berlin 1940.

Schönberg: Persönliche Mitteilung an Adam. 1952.

Schönfeld: Über die Entstehung der Sommerdurchfälle im Säuglingsalter. Med. Klin. **34**, 1154 (1938).

Scholten: Ergebnisse und Probleme der antibakteriellen Chemotherapie. Med. Klin. **1949**, 1461.

Schubert u. David: Paracoli als Nahrungsmittelvergifter. Med. Klin. **1935** II, 979.

Schwarz e Bonezzi: Beitrag zur Sulfonamidbehandlung akuter Ernährungsstörungen im Kindesalter. 1. Bakteriologische Untersuchungen der Darmflora. Med. ital. **24**, 1 (1943).

Staberow: Untersuchungen über kulturelles Verhalten typischer und atypischer Colibacillen. Zbl. Bakter. I. Orig. **141**, 130 (1938).

Stamp and Stone: An agglutinogen common to certain strains of lactose and non lactose fermenting coliform bacilli. J. of Hyg. **43**, 266 (1944).

Steinberg and Witsie: Skin reactions to the colon bacillus and its toxic products. J. of Immun. **22**, 109 (1932); zit. nach Gatto: Giorn. Batter. **36**, 221 (1947).

Stelzner: Autallergie als klinischer Symptomkomplex. Klin. Wschr. **27**, 480 (1949).

Stenger: [1] Über den Entstehungsmechanismus der Dyspepsie und Intoxikation durch parenterale Infektion. Mschr. Kinderheilk. **96**, 355 (1949).

— [2] Tierexperimentelle Untersuchungen zur Pathogenese der parenteral bedingten Säuglingsintoxikation. Z. Kinderheilk. **67**, 639 (1950).

Stern: Lancet **1**, 80 (1947); zit. von Kirby u. a.: Lancet **1950**, 201.

Sternberg, Hoffmann and Zweifler: Stomatitis and diarrhea in infants, caused by bacillus mucosus capsulatus. J. of Pediatr. **38**, 509 (1951).

Stevenson: [1] Bact. coli D 433 in cases of diarrhoea in adults. Brit. Med. J. **1950**, 195.

— [2] Further observations on the occurrence of Bact. coli D 433 in adult faeces. Brit. Med. J. No. 4776, 123 (1952).

Sticca e Rossi: Contributio alla terapia sulfamidica delle affezioni acute gastro enteriche infantili. 2. Osservationi cliniche. Med. ital. **24**, 109 (1943); ref. Zbl. Kinderheilk. **41**, 683 (1943).

Stickl u. Gärtner: Untersuchungen über die Wirksamkeit von Sulfonamiden auf die normale und pathogene Darmbakterienflora. Z. Hyg. 123, 591 (1942).

Stöckle: Über die Tierpathogenität der Dyspepsiecolibakterien. Med. Inaug.-Diss. Heidelberg 1953.

Stransky: Experimentelle Beiträge zur Bakterienbesiedelung des Darmtraktes und ihre Beeinflussung durch die Nahrung. Tgg. dtsch. Ges. Kinderheilk. Göttingen 1923.

Straub: Untersuchungen zur Bakterizidie und zum Colibakteriengehalt des Magen- und Duodenalsaftes darmgesunder und darmkranker Säuglinge. Med. Inaug.-Diss. Heidelberg 1953.

Sträder: Über pharmakodynamische Wirkungen des Streptomycins und deren Bedeutung für therapeutische Fragen der Pädiatrie. Schweiz. med. Wschr. 82, 58 (1952).

Sträder u. Simon: Der pharmakodynamische Streptomycineffekt am Darm. Arch. Kinderheilk. 137, 236 (1949).

Stuart, Rustigian, Zimmermann and Corrigan: Pathogenicity, antigenic relationships and evolutionary trends of Shigella alcalescens. J. of Immun. 47, 425 (1943).

— and van Stratum: Antigenic relationships of coliform and related bacteria isolated from infants in the nurseries of two institutions. J. of Pediatr. 26, 464 (1945).

— Wheeler, Rustigian and Zimmermann: Biochemical and antigenic relationships of the paracolonbacteria. J. Bacter. 45, 101 (1943).

Sturgeon: Fatal aplastic anaemia in children following chloramphenicol (chloromycetin) therapy. J. Amer. Med. Assoc. 149, 918 (1952).

Tagawa: Beitrag zur Kenntnis über die Saccharose vergärenden Colibacillen bei den Durchfallserkrankungen bei Säuglingen und Kleinkindern. Nagasaki — Igakkai Zassi 16, 1828 (1938); ref. Zbl. Kinderheilk. 35, 177 (1939).

Tatum and Lederberg: Gene recombination in the bacterium Escherichia coli. J. Bacter. 53, 673 (1947).

Taylor: Discussion on infantile gastroenteritis. Proc. Roy. Soc. Med. 44, 516 (1951).

— Powell and J. Wright: Infantile diarrhoea and Vomiting. Brit. Med. J. No. 4619, 117 (1949).

Thalhammer: [1] Beitrag zur Variabilität des Bacterium coli. Österr. Z. Kinderheilk. 5, 331 (1950).

— [2] Über ein antibiotisches, antimycotisches Stoffwechselprodukt des Bact. coli. Helvet. paediatr. Acta 6, 523 (1951).

Themann: Über die Wirkung von Sulfonamiden auf gramnegative Darmkeime. Dtsch. med. Wschr. 1946, 224.

Thjötta and Jonsen: The influence of complement upon agglutination. Acta path. scand. (Copenh.) 26, 326 (1949).

Thomas: Über die Hospitalschädigungen der Säuglinge und Kinder. Kinderärztl. Prax. 16, 163 (1948).

Tomaszewski: Side-effects of Chloramphenicol and Aureomycin, with special reference to oral lesions. Brit. Med. J. 1951, 388.

Toscano: Infezioni e «diarrea epidemica» del neonato e loro terapia antibiotica. Acta paediatr. latina 3, 481 (1950).

Twort: Zit. nach Sander: Die Darmflora usw.

Ulbrich: Untersuchungen über die Antigenstruktur von B. coli, die aus Koligranuloma von Hühnern isoliert wurden. Mh. Veterinärmed. 6, 395 (1951).

Urbach: Staphylokokken als Ursache einer Nahrungsmittelvergiftung. Dtsch. Gesundheitswesen 5, 1327 (1950).

Vahlne: Serological typing of the colon bacteria. Acta path. scand. (Copenh.) Suppl. 62 (1945).

van Oye: Au sujet d'un bacille coliforme ayant l'antigène somatique IX de S. typhi. Ann. Inst. Pasteur 81, 684 (1951).

Vaniček, Vlček, Daniel: Diarrhea in infants. Pediatr. Listy 5, 71 (1950).

Varela, Aguirre e Carillo: Escherichia Coli Gomez, nueva especie aislada de un caso mortal de diarrea. Bol. Med. Hospital Infantil (Mexico) 3, 3 (1946).

— and Olarte: J. Labor. a. Clin. Med. 40, 252 (1952); zit. nach Kauffmann: Acta path. scand. (Copenh.) 1952, 1199.

Varga: Ref. Molkereiztg. 1938, 774; zit. nach Lodenkämper: Z. Kinderheilk. 62, 564 (1941).

Vignec, Murphy, Vidal u. Julia: Epidemic diarrhea of the newborn during and after neonatal period. Amer. J. Dis. Childr. 79, 1008 (1950).

Vincent: [1] Sur la pluralité des toxines du bacillus coli et sur les bases expérimentales de la sérothérapie anti-colibacillaire. C. r. Acad. Sci. (Paris) 180, 1624 (1925).

— [2] La toxi-infection colibacillaire. Remarques sur quelques-unes de ses manifestations cliniques. Rev. Méd. 56, 1 (1939).

Voges u. Proskauer: Beitrag zur Ernährungsphysiologie und zur Differentialdiagnose der Bakterien der hämorrhagischen Septicämie. Z. Hyg. 28, 20 (1898).

VORLAENDER: Zur Frage der Agglutination und Hämolyse verschiedener Blutzellarten durch B. coli. Z. Immunitätsforsch. **108**, 138 (1950).
— u. SCHMITZ: Klinische und experimentelle Ergebnisse zur Frage der Wirkungsweise des Chloromycetins bei typhösen Erkrankungen. Ärztl. Wschr. **7**, 43 (1952).
VOUREKA: Production of bacterial variants in vitro with chloramphenicol and specific antiserum. Lancet **1951**, 29.
WALCHER: [1] Bacillus mucosus capsulatus in infantile diarrhea. J. Clin. Invest. **25**, 103 (1946).
— [2] Klebsiella pneumoniae associated with infantile diarrhea. Amer. J. Dis. Childr. **78**, 61 (1949).
WALLMÜLLER: Untersuchungen über Colicysto-Pyelitiden. Med. Inaug.-Diss. München 1946.
WALTHER and MILLWOOD: Presence of certain serological types of bact. coli in the human intestine. Brit. Med. J. **1951**, 156.
— and DE CAPITO: Studies of the acute diarrheal diseases. 15. The agglutination test in shigella paradysenteriae infections. Publ. Health Rep. **6**, 642 (1945).
WATT and CHARLTON: Studies of the acute diarrheal diseases. 16. An outbreak of Salmonella typhimurium infection among newborn premature infants. Publ. Health Rep. **60**, 734 (1945).
WEGMAN: An epidemic of diarrhea among breast-fed newborn infants. J. Amer. Med. Assoc. **145**, 962 (1951).
WEIDENMÜLLER: Über eine Magen-Darminfektion besonderer Art bei schwächlichen Kleinkindern. Z. Kinderheilk. **63**, 190 (1943).
WEIHE: Über 10jährige Erfahrungen am Coma Dyspepsicum infantum. Mschr. Kinderheilk. **97**, 164 (1949).
WEILAND: Zur Virulenzfrage der Colibakterien. Klin. Wschr. **24/25**, 712 (1946—47).
WEINGÄRTNER: [1] Diskussionsbemerkung. 52. Tgg. dtsch. Ges. Kinderheilk. Bayreuth 1952.
— [2] Die antibiotische Behandlung der akuten Ernährungsstörungen im Säuglingsalter. Mschr. Kinderheilk. **100**, 408 (1952).
WEISS: Zur Frage des Dyspepsiecoli. Mschr. Kinderheilk. **31**, 404 (1926).
WEISSE: Erste klin. Erfahrungen mit der Chloromycetinbehandlung schwerster Ernährungsstörungen. Dtsch. med. Wschr. **1951**, 18.
WIDERHOFER: Zit. nach ESCHERICH, Handbuch der Kinderheilkunde Bd. 3, 1, 1900.
WIGHT and BURK: Several actions of streptomycin on the metabolism of Escherichia Coli. Antibiotics a. Chemother. **1**, 379 (1951).
WILDE: Therapeutischer Effekt von Sulfonamidverbindungen und Antibiotica auf Zerfallsprodukte von Colibakterien. Med. Mschr. **6**, 320 (1952).
WILLI: Über eine bösartige Enteritis bei Säuglingen des ersten Trimenons. Ann. paediatr. (Basel) **162**, 87 (1944).
WILLIAMS: The bacteriological considerations of infantile enteritis in Sydney. Med. J. Austral. **2**, 137 (1951).
WINSLOW, KLIGLER and ROTHBERG: Studies on the classification of the colon-typhoidgroup of bacteria with special reference to their fermentative reactions. J. Bacter. **4**, 429 (1919).
WINTER: Vergleichende Untersuchungen über die chemischen und biologischen Eigenschaften von Ruhrbacillen. Z. Hyg. **70**, 273 (1912).
WITT: Colibakterien in Weißkäse. Med. Inaug.-Diss. Berlin 1939.
WITTE: Gehäufte Breslauinfektionen bei Kindern im Anschluß an Maul- und Klauenseuche. Z. Fleisch- u. Milchhyg. **49**, 103 (1938).
WOLF, J.: [1] Breslaubakterien bei notgeschlachteten maul- und klauenseuchenkranken Kindern. Berl. u. Münch. tierärztl. Wschr. **1939**, 474.
— [2] Über Differenzierung und Toxinbildungsvermögen von Colibakterien. Zbl. Bakter. I Orig. **148**, 183 (1942).
WRAMBY: Investigations into the antigenic structure of bact. coli isolated from calves. Diss. Uppsala 1948.
WRIGHT, J.: [1] Bacterial flora and bacterial counts of infants bottle feeds. Brit. Med. J. No. 4722, 138 (1951)
— [2] Motility testing of Bact. coli O group 111 strains. Nature (Lond.) **167**, 732 (1951).
— [3] Serologische Typen des Bact. Coli bei Dyspepsie des Säuglings. 52. Tgg. dtsch. Ges. Kinderheilk. Bayreuth 1952.
WUNDERWALD: [1] Zur Klinik und Therapie der gelben Stühle. Ärztl. Wschr. **1**, 82 (1946).
— [2] Zur antibakteriellen und diätetischen Behandlung der Durchfallskrankheiten im Säuglingsalter. Münch. med. Wschr. **94**, 347 (1952).
WURTZ u. BOUCHARD: Zit. nach E. OPITZ, Z. Hyg. **29**, 505 (1898).
YLPPÖ, HALLMANN, DONNER, LOUHIVUORI and YLIRUOKANEN: The role of insects in the spreading of infantile diarrhea in Finland. Ann. med. int. fenn. **39**, 149 (1950).
YOUNG: Diarrhea and vomiting in infants. Some practical considerations. Lancet **1933**, 677.
ZEDERBAUER: Wien. klin. Wschr. **1946**, 598.

Zeiss: Der diagnostische Wert der Darmagglutination in der Pathologie des Säuglings. Z. Kinderheilk. 8, 76 (1913).
Zierhut u. Semenitz: Die Streptomycinbehandlung der Durchfallstörungen im Säuglingsalter, klinische und bakteriologische Beobachtungen. Österr. Z. Kinderheilk. 6, 196 (1951).
Ein Nachtrag zum Literaturverzeichnis befindet sich auf S. 194.

I. Einleitung.

Jahrzehntelang herrschte auf keinem Gebiet der Bakteriologie pathogener Mikroorganismen so viel Unsicherheit, Spekulation und Verwirrung, wie bei der Frage der Pathogenität der Colibakterien. Wohl auch kein anderes klinisches Fachgebiet ist an der Lösung dieser wichtigen Frage so interessiert, wie die Pädiatrie für den Bereich der akuten und chronischen Ernährungsstörungen des Säuglings. Diese Verhältnisse bedingen die große Zahl von Arbeiten, die aus den beiden Fachgebieten zu dieser Frage beigetragen worden sind. Die Erklärung liegt bei dem Dualismus, der den Colibakterien und seinen engen Verwandten in klinischer Hinsicht zukommt: 1. Auf der einen Seite kann nicht bestritten werden, daß Colibakterien, sobald sie außerhalb ihres natürlichen Aufenthaltsortes, dem menschlichen und tierischen Darmkanal vorkommen, als pathogene Keime angesehen werden müssen, angefangen von der relativ harmlosen Infektion der ableitenden Harnwege bis zur Peritonitis, Colisepsis oder Colimeningitis. 2. Im Darmkanal kommen die Colibakterien auch normalerweise vor, nur ausnahmsweise wird vermutet, daß sie hier pathogene Eigenschaften entfalten können, ja es kann sogar angenommen werden, daß sie hier eine Reihe lebenswichtiger Funktionen für den Wirtsorganismus ausüben, wenngleich auch darüber die Akten noch nicht geschlossen zu sein scheinen (Sander). In bakteriologischer Hinsicht sind es gleichermaßen eine Reihe von Eigenschaften, die eine Beurteilung der Frage, ob die Colibakterien auch im Darm pathogen sein können, sehr erschweren: 1. Die außerordentlich große Anzahl verschiedenartiger und anscheinend biologisch und serologisch sehr eng verwandter Arten und Typen. 2. Die Neigung zu Variantenbildung, zumindestens in biochemischer Hinsicht, möglicherweise auch in serologischer Hinsicht, die gerade bei dieser Gruppe von Mikroorganismen besonders hochgradig und vielfältig zu sein scheinen (Staberow, Hassmann, Baumgärtel). 3. Die unsichere und ebenfalls recht variable pathogene Wirkung bei kleinen und großen Laboratoriumstieren, wenigstens bei peroraler Infektion, eine Eigenschaft, die sie jedoch mit der großen Mehrzahl der bekannten pathogenen Darmkeime, vor allem mit den Salmonellen gemeinsam haben.

Diese Besonderheiten ließen es bis jetzt im Bereich der akuten Darmerkrankungen, soweit sie durch Colibakterien hervorgerufen sein könnten, unmöglich erscheinen, die auch heute noch geltenden Henle-Kochschen Postulate als Beweis ihrer Erregernatur zu erfüllen (regelmäßiger Nachweis *derselben* Keime bei den Erkrankten, Reinzüchtung der Keime auf künstlichen Nährböden, Erzeugung eines gleichen oder ähnlichen Krankheitsbildes bei Mensch oder Tier). Aus den gleichen Gründen ist auch die Erhebung einer exakten Epidemiologie bisher nicht möglich gewesen, da hierzu ja die exakte bakteriologische Differenzierung und Determinierung notwendig ist.

Klinische und bakteriologische Forschung sind verschiedene Wege gegangen, den schwierigen Fragenkomplex einer Lösung zuzuführen. Von *klinischer Seite* ging man davon aus, daß Colibakterien außerhalb des Darmkanals an verschiedenen Stellen des Körpers pathogen sein können. Also — so folgerte man — liegt *die Ursache einer colibedingten Enteritis oder Dyspepsie im Auftreten von Colibakterien an solchen Stellen des Darmes, wo sie normalerweise nicht vorkommen.*

In der Tat wurde sowohl beim Säugling, wie beim Erwachsenen gefunden, daß der obere Dünndarm normalerweise frei von Colibakterien ist (Sittler, Moro, Bessau und Bossert,

Höfert u. a.). Bei den akuten Ernährungsstörungen, insbesondere bei ihren schwersten Formen, den Toxikosen, findet man in großer Zahl Colibakterien im Magen und in den oberen Dünndarmabschnitten (Moro, Bessau und Bossert, Scheer, Adam u. a.). Auf diese Befunde stützte sich lange Zeit die auch heute noch vertretene Schulmeinung der Lehre von der endogenen Infektion (Moro), bzw. Coliascension (Bessau), worunter man die Annahme verstand, daß unter besonderen Umständen Colibakterien in die oberen Darmabschnitte aufsteigen und dort entweder primär oder sekundär Ernährungsstörungen verursachen. Es konnte jedoch nicht ausbleiben, daß diese zunächst so einleuchtend erscheinende Lehre eine Einschränkung erfahren mußte, als es sich herausstellte, daß auch darmgesunde Säuglinge Colibakterien in den oberen Darmabschnitten beherbergen können (Adam, Demuth, Seyffahrt, Braun), bzw. daß es auch zahlreiche akute Ernährungsstörungen gibt, bei denen der obere Dünndarm frei ist von Colibakterien (Adam, Nitsch, Braun). Braun zog hieraus den Schluß, daß das Auftreten von Colibakterien in den oberen Darmabschnitten nicht die Ursache einer Dyspepsie sein könne, sondern höchstens für deren Verschlimmerung eine Rolle spiele. Wie festgefahren die Lehrmeinung hierin jedoch gewesen ist, geht z. B. daraus hervor, daß Nitsch bei einer Reihe schwerer Säuglingsenteritiden epidemischen Charakters allein aus dem Fehlen von Colibakterien im Magen und Duodenalsaft auf eine mögliche Virusätiologie schloß. Weiterhin zielten im Beginn der chemotherapeutischen und antibiotischen Ära in der Behandlung der akuten Ernährungsstörungen die Bemühungen darauf ab, die pathologische Colibesiedlung des Dünndarms zu beseitigen und so die Besserung der Krankheit einzuleiten (Löschcke u. Cochlovius).

Heute kann wohl gesagt werden, daß diese Forschungsrichtung zwar eine Reihe wichtiger Erkenntnisse brachte, daß aber die Frage, ob Colibakterien, wie außerhalb des Darmes, auch im Darm pathogen sein können, nicht geklärt werden konnte.

Andere Wege ging die *bakteriologische Forschungsrichtung*. Nachdem schon Escherich [1] und Finkelstein vermutet hatten, daß coliforme Bakterien die Erreger bestimmter epidemischer Säuglingsenteritiden sein könnten, ohne jedoch dies beweisen zu können, *gelang es erstmals* Adam 1923 [2] durch eine subtile biochemische Differenzierungsmethode analog den Versuchen von Jensen und Christiansen bei der Kälberruhr, *bestimmte Colistämme bei schweren Intoxikationen aufzufinden, die er „Dyspepsiecoli" nannte und als Erreger der akuten Ernährungsstörungen ansah*. Die Untersuchungen von Adam sind, trotz mannigfacher Bestätigungen (Goldschmidt, Ciglány), nicht unwidersprochen geblieben (Pipirs, Kyrki). Immerhin schien auch für den Säugling — ähnlich wie für die Kälberruhr — durch Scheer [5 u. 6] 1927 bewiesen zu sein, daß Colibakterien aus Stühlen schwer dyspeptischer Kinder echte, schwere, fieberhafte Enteritiden bei peroraler Verabreichung auszulösen vermögen. Leider sind die von Scheer verwandten Colistämme nicht mit der von Adam angegebenen Methode bestimmt worden, so daß nicht sicher gesagt werden kann, daß diese Stämme Dyspepsiecolibakterien gewesen sind, wenn sie auch einige biologische Merkmale derselben besaßen. Trotz gewichtiger Argumente konnten also die Adamschen Forschungen nicht als bewiesen angesehen werden, da die damaligen Kenntnisse der biologischen und serologischen Eigenschaften der Colibakterien noch nicht so weit gediehen waren, daß mit Sicherheit gesagt werden konnte, ob mehrere Colistämme trotz weitgehender biochemischer Ähnlichkeiten auch wirklich identisch seien. Daran ändert auch die Tatsache nichts, daß Adam immer wieder darauf hinwies, die Eigenschaften der Dyspepsiecolibakterien seien relativ konstant.

So war es kein Wunder, daß gerade an diesem Punkt die Spekulation einsetzte mit dem Ziele, die Lehre der endogenen Infektion mit der Lehre pathogener Colitypen zu verknüpfen. Marx prägte 1915 zum ersten Male den Begriff „wildgewordene Coli". Seitdem tauchte immer wieder die Vermutung auf, daß im Darm selbst unter allerdings unbekannten Bedingungen aus normalen Colibakterien pathogene Colibakterien durch Mutation entstehen könnten (Kleinschmidt [2], Hassmann [1 u. 2], Weiss, Adamek und Stenger).

Diese Vermutung stützte sich auf zahlreiche, später noch auszuführende experimentelle und epidemiologische Beobachtungen. Einzelne Autoren hielten es sogar für möglich, daß auf dem gleichen Wege aus Colibakterien echte pathogene Darmkeime der Typhus-Paratyphusgruppe entstehen könnten (Russo, Lotze, Rättig, Höring, Biaudelle). Hierzu sei bis jetzt nur soviel festgestellt, daß es bis heute keine in jeder Beziehung einwandfreie Untersuchung gibt, die für die echte Umwandlung eines sicher apathogenen Darmkeimes in einen sicher pathogenen Darmkeim spräche, wenn auch nicht bezweifelt werden kann, daß Umwandlungen in biochemischer und serologischer Beziehung innerhalb einer bestimmten Art erzielt werden können, nicht nur innerhalb der Coligruppe, sondern auch innerhalb der Salmonellagruppe (Edwards, Boivin, Bader [1]). Es gelang zwar innerhalb der Salmonellengruppe relativ unwesentliche Eigenschaften abzuwandeln, es war aber auch hier nicht möglich, eine Art in eine andere zu überführen.

Ein weiterer Weg zur Lösung der Frage pathogener Colitypen gründet sich auf einen Analogieschluß, der, wie so viele Analogieschlüsse in der Medizin, auf einen Irrweg geführt hat. *Es galt bisher als festgefügtes Prinzip der Schulbakteriologie, daß gramnegative, lactosevergärende Darmkeime als apathogen anzusehen seien,* da alle bekannten pathogenen Darmkeime den Milchzucker nicht vergären. Auf diese Tatsache gründet sich auch heute noch die gesamte Routinediagnostik pathogener Darmkeime. Nun gibt es auch *innerhalb der Coligruppe eine Reihe von Varianten,* die sog. *Paracolibakterien,* die sich von den typischen Colibakterien durch ihre langsame oder fehlende Milchzuckervergärung unterscheiden. Sie nehmen damit in bakteriologischer Hinsicht eine Mittelstellung zwischen der eigentlichen Coligruppe und der Typhus-Paratyphusgruppe ein und sind im Sinne Gotschlichs als „Minusvarianten" angesehen worden. Auf Grund zahlreicher experimenteller und klinischer Untersuchungen ist von Hassmann [2] diese zunächst nur rein systemmäßige Einordnung auch auf das Gebiet der Pathogenität übertragen worden, wobei außerdem auch von ihm der Übergang von typischem, apathogenem B. coli in pathogene Paracolibakterien für wahrscheinlich angesehen wurde. Auf Grund der neueren Untersuchungen von Baumgärtel [1] ist jedoch deutlich geworden, daß dem *Auftreten von Paracolibakterien im Stuhl eine zunächst sekundäre Bedeutung* zukommt, also als die Folge aller möglichen akuten und chronischen Störungen der Darmfunktion anzusehen ist. Sekundär allerdings sollen sie dann die Störung unterhalten und der Ersatz einer solchermaßen entarteten Darmflora durch vollwertige Colibakterien ist eine der klinischen Folgerungen, die von Baumgärtel [1] aus seinen Untersuchungen gezogen werden. Wenn man also heute sagen kann, daß besonders Hassmann in seinen Schlußfolgerungen zu weit gegangen ist, so kann nach modernen Untersuchungen besonders von Edwards und seinen Mitarbeitern nicht bezweifelt werden, daß es *auch innerhalb der Paracoligruppe bestimmte Arten* gibt, die *als pathogen anzusehen* sind, ähnlich wie dies von Adam für die Gruppe der typischen Colibakterien vertreten wurde.

Ergänzend sei hier angeführt, daß im Laufe der Zeit noch eine Reihe *weiterer Eigenschaften der Colibakterien als Indicator für ihre Pathogenität* angesehen wurden, so z. B. das Saccharosevergärungsvermögen (Lorenz und Kupelwieser), das Hämolysierungsvermögen (Meyer und Löwenberg), besonders hoher (Scheer [4]), oder niedriger (Mertz) antagonistischer Index nach Nissle, besonderes Verhalten im Tierversuch usw. Alle diese Vermutungen konnten nicht bestätigt werden und die Frage der Pathogenität nicht lösen. So ist es kein Wunder, daß sich die klinische pädiatrische Forschung von dem anscheinend aussichtslosen Unterfangen abwandte und versuchte, die Ätiologie und Pathogenese der akuten Ernährungsstörungen des Säuglings in anderer Weise zu lösen. Dies führte, wie bekannt, besonders durch Czerny und seine Schule zu der Lehre von der alimentären, parenteralen und konstitutionellen Dyspepsie.

In dieses Schema ließen sich pathogenetisch die bis dahin gefundenen Kenntnisse über die Bedeutung der Colibakterien gut einreihen, was besonders von Bessau und seiner Schule immer wieder mit Erfolg versucht wurde. Zweifellos hat diese Forschungsrichtung die klinische

Pädiatrie ungeheuer befruchtet, die Erfolge der hierauf sich gründenden diätetischen Therapie schienen dies eindeutig zu rechtfertigen, so daß CZERNY noch 1930 anläßlich einer Diskussion über die Bedeutung der Dyspepsiecolibakterien durch PIPIRS sagen konnte, daß die entsprechenden Bemühungen „einen Rückfall in die bakteriologische Ära" (gemeint ist wohl die Zeit Escherichs) darstelle. Die pathogenetischen Zusammenhänge der parenteralen Dyspepsie haben wohl auch heute noch ihre volle Geltung, was die klinischen Erfahrungen am Krankenbett immer wieder zeigen und neuerdings erst wieder durch die umfassenden und anregenden Arbeiten von STENGER [2] dargelegt wurde.

Obwohl CZERNY noch davon spricht, daß „die medikamentöse Behandlung der Durchfälle im Laufe der Jahre aufgehört hat", sollte ihm die Entwicklung nicht recht geben. Mit der Einführung der Chemotherapeutika und Antibiotika in die Therapie nahm die medikamentöse Behandlung der Säuglingsdurchfälle wieder stark zu und hat mit einigen modernen Antibioticis entscheidende Erfolge erzielt (BRAUN und HENCKEL). Obwohl von STRÖDER u. a. auf einen pharmakodynamischen Effekt z. B. des Streptomycins hingewiesen wurde, konnte die günstige Wirkung der Antibiotika im wesentlichen nur antibakteriell erklärt werden. Damit rückte das Problem der Auffassung der Dyspepsien als echte Infektionskrankheiten im Sinne ADAMS wieder erneut in den Blickwinkel des allgemeinen Interesses. Hierfür war auch noch eine andere, sehr merkwürdige Erscheinung maßgebend. In zunehmendem Maße wurden seit etwa 20 Jahren zunächst aus den USA, dann aber auch aus England, Skandinavien, Deutschland, der Schweiz, Österreich und Australien Berichte über die ständige Zunahme gefährlicher, infektiöser Darmerkrankungen im Säuglingsalter, besonders aber der Neugeborenenzeit bekannt. Diese Berichte decken sich mit den alten Erfahrungen deutscher Autoren (ESCHE-RICH, WIDERHOFER, EPSTEIN, FINKELSTEIN). Nichtsdestoweniger war diese gefährliche Krankheit, die mit dem Namen Hospitalismus, Anstaltsschaden u. a. belegt wurde, da sie im wesentlichen auf Säuglingsanstalten beschränkt ist, nach dem Ersten Weltkrieg sehr im Rückgang begriffen, wie PFAUNDLER 1924 feststellen konnte. Jedoch wird auch in Deutschland auf die Zunahme derartiger Erkrankungen in den letzten Jahren hingewiesen (GOEBEL, GÖTERS). Nach den zahlreichen Arbeiten über dieses Gebiet scheint es so, als ob den infektiösen Darmerkrankungen des Säuglings doch eine viel größere Bedeutung zukäme, als bisher angenommen wurde. Da bekannte pathogene Darmkeime hierbei nur selten gefunden werden können, wandte sich die Forschung neben der Suche nach spezifischen Viren auch wieder in vermehrtem Maße der Coliforschung zu. Vorher jedoch waren bereits durch sorgfältige epidemiologische Studien besonders in den USA, die Epidemiologie und ihre Konsequenzen für die Verhütung der Erkrankung ermittelt worden.

Es muß als ein glücklicher Umstand angesehen werden, daß *im Laufe der letzten 10 Jahre* durch KAUFFMANN und seine Mitarbeiter *die methodischen Voraussetzungen geschaffen* worden sind, *das Problem der Pathogenität der Colibakterien neu aufzugreifen.* Durch genaue Antigenanalysen ist es heute möglich, auch die Colibakterien, ähnlich wie die Salmonellen, serologisch zu ordnen und zu identifizieren. Die Beurteilung der Erregernatur eines pathogenen Keimes kann nicht auf Grund irgendwelcher biochemischer Einzelmerkmale, z. B. der Saccharosevergärung, sie kann vielmehr *nur durch absolut sicheren Nachweis der biochemischen und serologischen Identität bestimmter Bakterienstämme unter Einordnung in die epidemiologischen Gegebenheiten und Erfüllung der* HENLE-KOCH*schen Postulate erfolgen.* Nur so können wir uns vom Boden der Spekulation entfernen und nur so gelangen wir zu einer optimalen ätiologischen Therapie und Prophylaxe der Erkrankungen. Diese Auffassung mag zunächst realistisch erscheinen, aber wir haben für Spekulation und Hypothesen auch nach Ausschöpfung aller exakten Möglichkeiten noch genügend Raum, da auch dann noch jeder Tag am Krankenbett die große Zahl ungelöster Probleme aufzeigt.

Dieser kurze historische Überblick erhebt keinen Anspruch auf literarische Vollständigkeit, dies wird vielmehr die Aufgabe der nun folgenden Abschnitte sein. Es war aber sein Ziel, die bisherige Problematik aufzuzeigen, und somit den Anschluß zu gewinnen, an die von HASSMANN 1938 zuletzt gegebene zusammenfassende Darstellung des Gebietes, soweit es die Kinderheilkunde betrifft. Seitdem sind so viele neue Forschungsergebnisse auf klinischem, epidemiologischem, bakteriologischem und therapeutischem Gebiete bekannt geworden, daß eine erneute Zusammenfassung als berechtigt angesehen werden konnte.

II. Bakteriologie.

a) Stellung im bakteriologischen System, biochemische Differenzierung der Colibakterien.

Die frühere Bezeichnung „Bact. coli commune" ist heute ganz allgemein durch „Escherichia" bzw. „*Escherichia coli* (E. coli)", benannt nach dem ersten Entdecker, Escherich (1886), abgelöst worden. Die Bakterien dieser Gruppe zählen nach Bergey (1948) in den Tribus I (Eschericheae) der Familie X (Enterobacteriaceae) der Bakteriensystematik. Die Colibakterien im engeren Sinne stellen das Genus I (Escherichia) des Tribus Eschericheae dar. Hierunter werden gramnegative, nicht sporenbildende Stäbchen verstanden, die Gelatine nicht verflüssigen und nicht auf Ammoniumcitratagar wachsen, die eine negative Voges-Proskauer-Reaktion sowie meistens eine positive Methylrotreaktion geben. Die typischen Stämme *spalten prompt Lactose* und andere Kohlenhydrate sowie Alkohole, bilden Indol und wachsen auf den üblichen Nährböden ohne die Bildung von Schleim (zit. nach Bader [1]).

Hiervon abgrenzbar sind trotz sonstiger zahlreicher Gemeinsamkeiten, die Varianten, die Lactose nur langsam oder überhaupt nicht angreifen, auch als Paracolibakterien bzw. B. coli imperfectum bezeichnet. Im modernen Schrifttum wird hierfür der sprachlich nicht sehr schöne Ausdruck „Paracolonbactrum" gebraucht. Bergey widmet dieser Gruppe eine eigene Unterabteilung des Tribus Eschericheae. Kauffmann [5] vertritt die Ansicht, die Lactose-Nichtvergärer ebenfalls als „Escherichia" zu bezeichnen, wenn sich solche Stämme in allen anderen Eigenschaften wie typische Escherichiastämme verhalten. Die Bezeichnung Paracolonbactrum ist nach ihm obsolet, eine eigene Abgrenzung sei nur dann gerechtfertigt, wenn es sich hierbei um besondere, wohl definierte Gruppen, wie die Arizona-, Bethesda- oder Ballerupgruppe handelte. Dieser Vorschlag von Kauffmann scheint uns auch in praktischer Hinsicht eine gewisse Berechtigung zu besitzen, da sich vielfach mit dem Begriff „Paracoli" die Vorstellung einer fakultativen Pathogenität (Hassmann [1]) oder zu mindestens einer entarteten Darmflora (Baumgärtel [1]) verbindet, was jedoch, wie noch zu zeigen sein wird, a priori nicht der Fall zu sein braucht, so lange nicht der Nachweis erbracht ist, daß es sich bei solchen Varianten um besondere pathogene Typen handelt.

Ähnlich verhält es sich auch mit einer anderen biochemischen Eigenschaft, der *Saccharosevergärung*. Besonders in der klinischen Pädiatrie wurde diesen Varianten Beachtung geschenkt (Bact. coli cummunior, Durham). Hier dürfte es noch weniger zweckmäßig scheinen, auf Grund der Fermentation eines einzigen Zuckers eine besondere Art abzugrenzen, abgesehen jedoch davon, daß auch innerhalb dieser Gruppe besondere Arten mit speziellen Eigenschaften vorkommen die sich von den communen Colibakterien sicher abgrenzen lassen (z. B. Dyspepsiecolibakterien).

Als recht *brauchbar zur Abgrenzung der einzelnen Genus des Tribus Eschericheae* hat sich das *IMVIC-Verfahren* (Ruckhoft, Kallas, Chium und Coulter) erwiesen. Hiermit gelingt es, das Genus Escherichia, also die eigentlichen Colibakterien, von dem Genus Aerobacter (B. lactis aerogenes) abzugrenzen.

Das Verfahren setzt sich aus 4 Reaktionen zusammen: Indolprobe, Methylrotprobe, Voges-Proskauerreaktion und Citratprobe. Der Chemismus dieser Reaktionen wurde eingehend von Baumgärtel [1] dargestellt, so daß hier nur das Prinzip der Reaktion angedeutet wird. Die Indolprobe zeigt die Bildung von Indolessigsäure aus der Aminosäure Tryptophan an. Der Nachweis erfolgt mit dem Ehrlichschen Aldehydreagens (Paradimethylaminobenzaldehyd). Die Methylrotprobe (Clark und Lubs) zeigt die Säurebildung aus Traubenzucker an, indem die Kultur ein p_H von 4,4—6,2 haben muß, damit der Indicator Methylrot umschlägt. Die Voges-Proskauersche Reaktion dient zum Nachweis der Bildung von Acetyl-Methylcarbinol im stark alkalischen Milieu (Nachweis durch Zusatz 10%iger Kalilauge zu einer 2 Tage bebrüteten Traubenzuckerpeptonbouillon). Diese Reaktion ist bei allen typischen Colibakterien negativ, so daß sie eine Differentialdiagnose zwischen b. coli comm. und Aerobacter zuläßt. Bei der Citratprobe (Koser) handelt es sich um den Nachweis von Citratverwertung, eine Eigenschaft, die normalerweise den typischen Colibakterien nicht zukommt. Keine der angeführten Proben ist hinreichend spezifisch, eine brauchbare Differentialdiagnose ergibt erst die Kombination dieser 4 Proben, wobei nach PARR [2] die folgenden 16 Kombinationen gefunden worden sind:

	I M V IC
Escherichia coli:	+ + — —, — + — —, + — — —
Intermed. Formen:	+ + + —, + + — +, — + — +, + — + —, — — — — + — — +, — + + —, + + + +, + — + +, — + + +
Aerobacter aerogenes:	— — + +, — — + —, — — — — +

Diese kleine Übersicht zeigt deutlich, daß zwar die typischen Vertreter jedes Genus (die unterstrichenen Kombinationen) genügend genau differenziert sind, daß es aber auch mit dieser Methode nicht gelingt, bei den zahlreichen Übergangsformen eine sichere Abgrenzung zu treffen. Die Übergänge vom typ. E. coli über die schleimbildenden Colibakterien bis zum Aerobacter sind offenbar fließend. Ähnliches gilt wohl auch für die Bakterien der Friedländergruppe (Klebsiellen), wobei auch serologische Methoden nicht weiterhelfen, da Antigengemeinschaften vorkommen (LIND und ALLAN).

So ergibt sich aus dem bisher Gesagten, daß *zwar die biochemische Differenzierungsmethoden ausreichend sind zur systemmäßigen Einordnung eines gramnegativen Darmkeimes, daß jedoch innerhalb einer solchen Gruppe andere, vorwiegend serologische Methoden hinzukommen müssen*, die allein eine ausreichende Differenzierung zusammen mit den biochemischen Methoden zulassen, Verhältnisse, wie sie sich auf dem Gebiet der Salmonellenbakteriologie als schon länger gültig gezeigt haben.

b) Die Serologie der Colibakterien.

Um die Fortschritte der modernen Coliserologie nach KAUFFMANN und seinen Mitarbeitern richtig werten zu können, ist es notwendig, die *Schwierigkeiten aufzuzeigen, die sich früheren Versuchen einer serologischen Einteilung der Colibakterien entgegenstellten*. Die Versuche, verschiedene Colitypen mittels der Agglutinationsmethode zu differenzieren, waren lange Zeit sehr unbefriedigend, da die Reaktionen wenig spezifisch waren und vielfache Antigenüberschneidungen vorkamen. Es stellte sich außerdem heraus, daß in den agglutinierenden Seren nicht nur eine Anzahl heterologer Stämme, sondern auch der homologe Stamm vielfach nicht agglutinabel war.

So kam z. B. PALTAUF zu dem Schluß, daß es „beim B. coli ausgeschlossen ist, die Agglutination zur Identifizierung und Zugehörigkeit zu einer Gruppe zu verwenden". Ebenso meinten etwa zur gleichen Zeit CONRADI und BIERAST in einer zusammenfassenden Darstellung, daß „die Agglutination zur Identifizierung der verschiedenen Colistämme vollkommen versagt und es zwecklos ist, die Agglutinationsmethode zur Feststellung der Coligruppe anzuwenden". Eine etwas günstigere Auffassung vertrat allerdings NISSLE (1929), indem er feststellte, daß die serologische Einheitlichkeit der Colibakterien als erwiesen gelten könne, wenn auch eine völlige Abgrenzung einzelner Typen nicht möglich sei.

Trotzdem hat es an Versuchen, bei den Bakterien der Coligruppe eine Typeneinteilung auf Grund serologischer Eigenschaften zu schaffen, nicht gefehlt.

So konnten MEYER und LÖWENBERG (1924) feststellen, daß hämolytische Colistämme von Urininfektionen und aus dem Darmkanal eine serologisch einheitliche Gruppe bilden, während dies bei anhämolytischen Colistämmen nicht der Fall war, da sie nur in ihrem homologen Serum agglutinierten. Die mit diesen hergestellten Seren agglutinierten jedoch zahlreiche Stämme mit Hämolyse, allerdings unter vielfachem Übergreifen, so daß auf das Vorhandensein latenter Receptoren bei den nicht hämolytischen Stämmen geschlossen werden konnte, die sie mit den hämolytischen Stämmen gemeinsam haben. Über typenspezifische Coliagglutination berichtete auch HARADA (1930). Er fand, daß hämolytische Colistämme aus Urin zu 90% in 3 typenspezifische Gruppen aufgeteilt werden können, die zwar durch Verwandtschaftsreaktionen verbunden, aber ohne Schwierigkeiten trennbar sind. Nicht hämolytische Colistämme würden von Seren hämolytischer Colistämme nur selten und auch dann nur schwach agglutiniert. Bei den nicht hämolytischen Colistämmen sei keine Gruppeneinteilung erkennbar. Es werden daher 2 verschiedene Antigene angenommen, von denen das eine artspezifisch bei hämolytischen und nicht hämolytischen Colistämmen ist, das typenspezifische Antigen jedoch nur bei den hämolytischen Colistämmen vorkommen soll. Auch GUNDEL konnte zeigen, daß biologisch verschiedene Typen der Coligruppe typenspezifische Receptoren besitzen, daß aber alle Typen daneben noch gemeinsame artspezifische Receptoren haben, wobei im Gegensatz zu HARADA keine Unterschiede zwischen hämolytischen und nicht-hämolytischen Colistämmen bestehen sollen. Während SIEVERS [2] (1937) bei Prüfung von 87 Colistämmen keine Einteilung in Untergruppen treffen konnte, gelang es HAYASHI (1938), 204 Colistämme mit Agglutination in 51 Typen aufzuteilen. BREDENBRÖCKER vermochte mit 13 Immunseren 196 Colistämme in 12 Gruppen aufzugliedern. Es bestand keine Beziehung zwischen biochemischem und serologischem Verhalten. FORMENIUS kam 1942 zur Auffindung eines Colimischserums, mit dem alle Colibakterien unbeweglich gemacht werden konnten, die von ihm daraufhin untersuchten 98 Colistämme enthielten außerdem noch mannigfache andere Antigene. Diese letzten Untersuchungen ließen also lediglich Schlüsse auf eine gewisse Einheitlichkeit der H-Antigene der Colibakterien zu.

Fortschritte wurden erst durch die *chemische Untersuchung typenspezifischer Antigene erzielt*, wobei wir hier den Ausführungen von H. SCHMIDT folgen können.

Dieses Verfahren ist besonders von BOIVIN und MESROBEANU (1933—34) mittels der Trichloressigsäuremethode entwickelt worden. Mit dieser Methode konnten sie aus Colibakterien einen toxischen Gluco-Lipoidkomplex als komplexes somatisches O-Antigen darstellen. Ein mit dem Antigen hergestelltes Antiserum gibt mit der Gluco-Lipoidlösung eine typenspezifische Präcipitation. Hierdurch konnten BOIVIN, MESROBEANU und MAGHERU (1934) 13 serologisch abgrenzbare Typen unterscheiden, wobei Überschneidungen der einzelnen O-Antigene nicht vorkamen. Auch mit Salmonellenantigenen wurden keine Überschneidungen gefunden. Die rumänischen Autoren konnten bei Colibakterien daneben auch H-Antigene auffinden, was auf Grund der Tatsache, daß die meisten Colibakterien beweglich sind, nicht weiter verwundert. Hier kamen sie jedoch nicht so gut zu verwertbaren Ergebnissen, wie bei den O-Antigenen. Die von den Autoren gleichzeitig versuchte Typeneinteilung mittels der *Komplementbindungsreaktion* und der *Agglutinationsmethode* ergab bezüglich der Komplementbindungsreaktion völlige Übereinstimmung mit dem Ausfall der Gluco-Lipoidpräcipitation, die Agglutinationsmethode zeigte aber trotz bemerkenswerter Übereinstimmungen kleine Abweichungen.

Trotz der beachtlichen Ergebnisse von BOIVIN und seinen Mitarbeitern, konnte in praktischer Hinsicht das Problem der serologischen Typeneinteilung der Colibakterien nach dem Muster der Salmonellen nicht als gelöst angesehen werden, was z. B. LEINBROCK [2] 1943 veranlaßte, eine serologische Einteilung der Colibakterien als unmöglich anzusehen. Auch KAUFF-MANN kam noch 1942 zu dem Schluß, daß „trotz intensiver Arbeit verschiedener Autoren im Laufe der letzten 25 Jahre keine Klarheit in das Problem der Coliserologie gebracht werden konnte, so daß im Jahre 1942 ein sicheres Urteil in dieser Sache unmöglich war". So kann es nicht verwundern, daß die Anwendung der Coliserologie im Hinblick auf die Bedürfnisse der Klinik, speziell für die Beurteilung der Frage pathogener Colitypen nicht möglich war, so daß noch HASSMANN [1] 1938 in seiner zusammenfassenden Arbeit vollkommen auf eine Darstellung der Coliserologie verzichten konnte, da sie damals keine praktische Bedeutung besaß. Dies war um so mehr zu bedauern, da nach einer ausführlichen Untersuchung von LEIN-BROCK [2] auch die biochemischen Methoden bei der Einteilung der Colibakterien wegen der großen Variabilität dieser rein funktionellen Eigenschaften völlig versagten.

Die Entwicklung der modernen Coliserologie durch KAUFFMANN und seine Mitarbeiter führte zu entscheidenden Ergebnissen, die es ermöglichten, die früher beobachteten Irregularitäten und widersprechenden Befunde aufzuklären. Diese Forschungsrichtung ging von der *Entwicklung thermolabiler, sog. „L-Antigene"* (von dem Worte „labil" abgeleitet) aus, die *Hüllenantigene* darstellen und die O-Agglutination der Bakterien hemmen.

Allerdings hatten bereits 1927 SMITH und BRYANT gezeigt, daß Colitypen, die sie von kranken Kälbern gezüchtet hatten, in einer agglutinablen und einer inagglutinablen Form auftreten können. Die inagglutinable Form wuchs auf Agarplatten als dicke mucoide Kolonie, sie hatte also eine Kapsel, während die gut agglutinable Kolonie auf Grund des Fehlens der Kapselsubstanz durchscheinend und nicht mucoid wuchs. Seren, die mit den sog. „*Mutterkolonien*", den mucoiden Formen, hergestellt waren, agglutinierten diese nur in niedrigem Titer, während die nicht mucoiden „Tochterkolonien" in hohem Titer agglutiniert wurden. Auf der anderen Seite agglutinierten Seren, die mit den nicht mucoiden „Tochterkolonien" hergestellt waren, die homologen Formen ebenfalls in hohem Titer, während die „Mutterkolonien" nicht beeinflußt wurden. Die Untersuchungen von SMITH und BRYANT sind 1937 von LOVELL ebenfalls an Colistämmen von kranken Kälbern bestätigt worden, wobei LOVELL bereits auf das Vorhandensein zweier verschiedener Körperantigene schloß: Kapselantigen und Körperantigen mit Bildung von korrespondierenden Antikörpern.

Leider wurden aus diesen sehr wichtigen Beobachtungen zunächst noch keine Konsequenzen gezogen, so daß sie längere Zeit in Vergessenheit gerieten. Nun fand KAUFFMANN [1] (1943) bei Colibakterien die sog. L-Antigene, wobei es sich um thermolabile Hüllen- oder Kapselantigene handelt, die die O-Agglutinabilität hemmen. In den folgenden Jahren wurden von KAUFFMANN sowie seinen Mitarbeitern, VAHLNE und KNIPSCHILDT zahlreiche weitere Einzelheiten entdeckt, die KAUFFMANN [2] 1947 zusammenfaßte und die zur Aufstellung des diagnostischen Antigenschemas nach KAUFFMANN-KNIPSCHILDT-VAHLNE führten, das es ermöglicht, die Bakterien der Coligruppe nach ähnlichen Prinzipien serologisch zu analysieren wie die Salmonellen. Wegen der Wichtigkeit dieser Erkenntnisse für die Bakteriologie der Dyspepsiecolibakterien seien hier die wesentlichen Einzelheiten wiedergegeben:

Die serologische Analyse der Colibakterien gründet sich auf die Bestimmung der O-, K- und H-Antigene mittels der Agglutinationsmethode. *Die O-Antigene* sind thermostabil, sie werden weder durch Erhitzen auf 100° noch durch Behandlung im Autoklaven, Alkohol oder Salzsäure zerstört. KAUFFMANN [5] konnte bisher 55 verschiedene O-Antigene feststellen, KNIPSCHILDT hat die Zahl auf 110 erhöht. Durch die moderne Dyspepsiecoliforschung wurde die Gruppe 111 hinzugefügt, hierzu kommt noch die Gruppe 112, von der eine nicht gasbildende Variante aus der Alkalescens-Dispargruppe, der Typ Guanabara von DE ASSIS, bekannt wurde, der ebenfalls bei den Säuglingsdyspepsien eine Rolle spielen soll. Die Nummern der O-Antigene entsprechen gleichzeitig den Coligruppen des Antigenschemas. Die einzelnen Varianten der jeweiligen Gruppe unterscheiden sich durch ihre K- und H-Antigene. Die Determinierung der O-Antigene kann nach KAUFFMANN nur mit reinen O-Seren erfolgen, deren Herstellung mit gekochten bzw. autoklavierten Stämmen geschieht.

Wie schon erwähnt, begann die *Entdeckurg der K-Antigene* mit der Auffindung der thermolabilen L-Antigene durch KAUFFMANN [1]. Die Bezeichnung „K-Antigene" kommt von „Kapselantigen", weil gezeigt werden konnte, daß Colistämme mit derartigen Antigenen, ähnlich wie die Pneumokokken, in spezifischen Antiseren mitunter das Phänomen der sog. Kapselschwellung zeigen. KAUFFMANN [5] bezeichnet heute die Kapselantigene als Oberflächen- oder Hüllenantigene, da es sich bei den Colibakterien in Wahrheit ja nicht um eine Kapsel handelt, die den thermostabilen Pneumokokkenkapseln unmittelbar vergleichbar wären. Der Begriff „K-Antigen", zuerst von KAUFFMANN und VAHLNE eingeführt, ist daher nicht unbedingt mit dem Begriff „Kapselantigen" gleichzusetzen, er ist vielmehr nur als Symbol zu werten. Die Notwendigkeit eines solchen symbolischen Begriffs rechtfertigt sich jedoch zum Zwecke der Vereinfachung des diagnostischen Antigenschemas (KAUFFMANN [5]). Insgesamt sind bisher 55 verschiedene K-Antigene gefunden worden, die jedoch in den letzten Jahren um 3 weitere aus dem Gebiet der Dyspepsiecolibakterien vermehrt werden konnten.

Die *K-Antigene* werden in 3 verschiedene Unterarten (L-, A- u. B-Antigene) eingeteilt, die sich in ihrem Verhalten gegenüber physikalischen und chemischen Einflüssen unterscheiden. Das *L-Antigen* kommt am häufigsten vor. Es gibt 24 verschiedene L-Antigene. Durch Erhitzen auf 60° C für 1 Std. werden alle Eigenschaften des Antigens (Agglutinabilität, Agglutininbindungsfähigkeit, agglutinogene Eigenschaft) zerstört. Hierin unterscheidet sich das L-Antigen von dem sog. Vi-Antigen von S. typhi und S. paratyphi C, dessen agglutininbindende Kapazität bei dieser Behandlung erhalten bleibt. Ähnlich wie das Vi-Antigen aber unterliegt das L-Antigen dem Formenwechsel, wobei die Kulturen das Dissoziationsphänomen nach GIOVANARDI zeigen. Colistämme mit gut entwickeltem L-Antigen, die sog. L-Plusformen, sind trüb und matt (nach VAHLNE am besten auf Traubenzuckeragarplatten zu sehen), ohne L-Antigen klar und durchsichtig, auch L-Minusformen oder N-Formen („Nakedforms") genannt. Die Plusformen sind O-inagglutinabel, während die Minusformen O-agglutinabel sind. Mit letzteren kann man auch, ohne die Kulturen zu erhitzen, reine O-Seren herstellen. Die Minusvariation kommt bei frisch aus pathologischem Material isolierten Stämmen nur selten vor.

Bei etwa 20% der Colistämme sind für die O-Inagglutinabilität nicht die thermolabilen L-Antigene, sondern *die thermostabilen A-Antigene* (KAUFFMANN) verantwortlich. Die Hitzeresistenz dieser Antigene ist außerordentlich groß, so daß die Kulturen erst nach 4 bis 10 Std. langem Kochen agglutinabel werden (KNIPSCHILDT). VAHLNE konnte jedoch zeigen, daß der gleiche Effekt bereits durch 2stündige Behandlung im Autoklaven bei 120° C erzielt wird. Hierbei wird auch die agglutinogene Wirkung des Antigens zerstört, die agglutininbindende Wirkung bleibt jedoch erhalten. Die Colistämme mit A-Antigen treten ebenfalls in A-Plus- und A-Minusformen auf. Die A-Plusformen geben auch das Phänomen der Kapselschwellung, während bei den Stämmen mit L-Antigenen KAUFFMANN [1] nur einen Stamm mit dieser Eigenschaft finden konnte. Bisher wurden 13 serologisch differente A-Antigene gefunden.

Das seltenste aber, wie wir heute wissen, praktisch wichtigste, ist das 1945 von Knip-schildt beschriebene *B-Antigen*, das in seinen physikalischen Eigenschaften zwischen den L- und A-Antigenen steht. Seine agglutininbindende Fähigkeit bleibt auch bei 2stündiger Behandlung im Autoklaven erhalten. Seine agglutinable Eigenschaft wird aber durch $2^{1}/_{2}$-stündiges Kochen zerstört. Es ähnelt hierin am meisten dem Vi-Antigen der Typhusbakterien. Es unterliegt aber nicht dem Formenwechsel. Es handelt sich wie bei dem L-Antigen um ein Hüllen-Antigen. Stämme mit einem B-Antigen geben nicht das Phänomen der Kapsel-schwellung. Knipschildt beschrieb insgesamt nur 3 B-Antigene. Hierzu kommen noch 3 weitere, die bei den Dyspepsiecolistämmen der O-Gruppen 55 u. 111 von Kauffmann u. Dupont sowie bei einem Dyspepsiecolistamm der O-Gruppe 26 von Ørskov gefunden wurden[1].

Die *H-Antigene*, von denen bisher 22 verschiedene gefunden wurden, sind im Gegensatz zu den Salmonellen-H-Antigenen monophasisch, sie geben keine übergreifenden Reaktionen und haben nach Kauffmann und Vahlne auch keine serologische Gemeinschaft mit Salmo-nellen-H-Antigenen. Die H-Antigene sind schwer darstellbar, da die Beweglichkeit der Coli-bakterien fakultativ ist und stark von den Züchtungsbedingungen abhängt. Nach Ein-führung der U-Röhrenmethode (U-Röhre mit 0,1% Agar), einer Methode, die 1932 erstmals von Fischer unter dem Namen „Transmigrationskultur" beschrieben wurde, gelingt es, hochbewegliche Colistämme zu erhalten. Die so erhaltenen Antigene ergeben eine typische flokkuläre H-Agglutination.

Einer besonderen Erwähnung bedarf auch noch das sog. „Alpha-Antigen" von Stamp und Stone. Dieses Antigen bleibt bei Erhitzen auf 75° C erhalten, wird jedoch durch Erhitzen auf 100° und durch die Alkoholbehandlung zerstört. Es wird von Kauffmann unter die Kapselantigene gerechnet. Dieses Antigen hat deswegen eine praktische Bedeutung, weil entsprechende Antikörper zuweilen in normalen Kaninchenseren vorkommen können, was bei Nichtbeachtung zu diagnostischen Irrtümern Anlaß gibt. Ähnliches gilt auch für das sog. „Beta-Antigen" von Mushin [1]. Bei der Testung von diagnostischen Immunseren sollte daher die Möglichkeit des Spontanvorkommens von Alpha- oder Beta-Agglutininen beachtet werden.

Eine von uns nach Kauffmann modifizierte Tabelle soll nochmals sämtliche Eigenschaften der einzelnen Antigene in übersichtlicher Form aufzeigen: (Tab. 1).

Die Kenntnis der physikalischen Eigenschaften der Antigene ermöglichte es, ein diagnosti-sches Antigenschema aufzustellen, das bis heute für die ersten 25 O-Gruppen genau ausgear-beitet ist. Das gegenwärtige Schema gibt nur die häufigsten O-Gruppen und mit diesen O-Gruppen die häu-figsten inagglutinablen Typen an. Um ein komplettes Antigenschema zu

Tabelle 1.

Behandlung der Stämme		H	L	B	A	O
Lebend oder	1	+	+	+	+	+
0,5% Formalin	2	+	+	+	+	+
	3	+	+	+	+	+
1 Std. bei 60° C	1	+	—	+	+	+
	2	+	(—)	+	+	+
	3	+	—	+	+	+
$2^{1}/_{2}$ Std. bei	1	—	—	—	+	+
100° C	2	—	—	+	+	+
	3	—	—	—	(+)	+
2 Std. bei 120° C	1	—	—	—	—	+
	2	—	—	+	+	+
	3	—	—	—	—	+
50% Alkohol	1	—	—	+	+	+
20 Std. bei 37°	2	(—)	(—)	+		+
	3	+	+	+	+	+

Bezeichnung:

H = H-Antigen
L = L-Antigen
B = B-Antigen
A = A-Antigen
O = O-Antigen
1 = Agglutinabilität
2 = Agglutininbindende Eigenschaft
3 = Antigene Eigenschaft

+ = vorhanden
(+) = etwas geschwächt
— = zerstört
(—) = nicht vollkommen zerstört, in dichter Aufschwemmung
    = nicht untersucht

erhalten, wäre es notwendig, einige 1000 Stämme zu untersuchen, eine Arbeit, die bis jetzt noch nicht durchgeführt wurde. (Kauffmann [5].) Nur Wramby hat bei seinen Unter-suchungen über die bei Kälbern vorkommenden Colistämme das Antigenschema stark

---

[1] Daß die O- Inagglutinabilität der Oberflächenantigene von Colibakterien keine kon-stante Eigenschaft ist, konnten neuerdings Bader u. Kleinmaier zeigen, die ein thermo-labiles, die O-Agglutinabilität nicht hemmendes Oberflächenantigen bei einem Stamm von Paracolobactrum coliforme fanden.

erweitern können und bis zur O-Gruppe 43 fortgeführt. Leider sind in diesem Antigenschema die Colistämme, die für die Säuglingsenteritis eine führende Rolle spielen, nicht enthalten.

Ähnlich wie von KAUFFMANN und seinen Mitarbeitern die große Gruppe der typischen Colibakterien durchgearbeitet wurde, so führten auf dem Gebiete bestimmter Paracolibakteriengruppen die Arbeiten von EDWARDS und seinem Arbeitskreis zur Aufstellung weiterer diagnostischer Antigenschemen, die es auch hier erlauben, eine exakte Diagnostik durchzuführen.

Die von EDWARDS, WEST und BRUNER [1] beschriebene sog. „*Arizonagruppe*" umfaßt coliähnliche Bakterien, die reichlich H_2S, aber kein Indol bilden. Die Methylrotreaktion ist positiv, die VOGES-PROSKAUERsche Reaktion negativ. Sie bilden Säure und Gas aus Dextrose, d-Tartrat und Saccharose; Dulcit und Salicin werden nicht gespalten. Lactose wird verschieden stark vergoren, Gelatine wird verflüssigt. Citrat wird angegriffen, Arabinose, Xylose, Rhamnose, Maltose, Trehalose, Mannit und Sorbit werden vergoren. Harnstoff wird nicht gespalten. Die Stämme dieser Gruppe sollen für junges Geflügel und Menschen pathogen sein (siehe S. 112.). Die O- und H-Antigene weisen enge Beziehungen zu den Salmonellenantigenen auf. EDWARDS und Mitarbeiter haben ein Antigenschema angegeben, das 19 O-Gruppen mit 55 bekannten Typen enthält. Die H-Antigene sind monophasisch.

Ebenfalls von EDWARDS, WEST und BRUNER [2] wurde noch eine weitere, wohl abgrenzbare Gruppe von Lactose langsam spaltenden Bakterien serologisch gegliedert, die wegen der Herkunft der meisten hierher gehörigen Stämme aus der kleinen Stadt Bethesda in USA als „*Bethesdagruppe*" bezeichnet wird. Die biochemisch und serologisch wohl definierte Gruppe soll ebenfalls zu Enteritisausbrüchen ursächlich in Beziehung stehen. Sie wird serologisch in 7 O-Gruppen mit 18 bekannten Typen eingeteilt. Die H-Antigene sind mono- oder diphasisch. Arizona- und Bethesdagruppe werden von BERGEY heute zwar zum Tribus Eschericheae gerechnet, jedoch nicht zum Genus Escherichia, was durch ihre biochemische und serologische Sonderstellung zu rechtfertigen ist (KAUFFMANN [1]). Besonders die Arizonagruppe nimmt biochemisch und serologisch eine Mittelstellung zwischen Salmonellen und Colibakterien ein.

Unsere Ausführungen, die nur das Wesentliche bringen konnten, haben gezeigt, welche Fortschritte heute auf dem Gebiete der serologischen Einteilung der Colibakterien erzielt worden sind. Man muß bedenken, daß H. SCHMIDT 1940 noch sagen mußte, daß man den Colibakterien gegenüber auf dem Standpunkt steht, den man den Salmonellabakterien gegenüber hatte, bevor die systematische Arbeit einer großen Forscherzahl Ordnung und Übersicht, wenigstens in serologischer Hinsicht brachte. Wenn er aber dann weiter folgert, daß sich eine solche Arbeit bei den Colibakterien nicht lohne, da ihnen keinerlei epidemiologische Bedeutung zukomme, so hat ihm die Entwicklung der Coliserologie und ihrer Erfolge in praktischer Hinsicht nicht recht gegeben. Wenn wir heute die Ätiologie der epidemischen Säuglingsenteritis zum großen Teil aufklären können, so ist dies den geschilderten Forschungsergebnissen zu verdanken, die es ermöglichten, den Boden der Spekulation zu verlassen. Freilich sind damit noch nicht alle Probleme gelöst. Doch ist zu hoffen, daß auch hier im Laufe der Jahre durch weitere Arbeit Klärung und Sichtung erfolgen wird.

c) Variabilität der Colibakterien.

Wie ein roter Faden zieht sich durch die Betrachtungen über das Pathogenitätsproblem der Colibakterien die Lehre von deren Variabilität. Dies muß um so mehr auffallen, als diese Betrachtungsweise im Bereich der Salmonellenbakteriologie immer nur untergeordnete Bedeutung hatte. Wohl konnte auch hier nicht mehr bezweifelt werden, daß *induzierte Veränderungen der serologischen Struktur möglich* sind, jedoch konnte man feststellen, daß sich solche Veränderungen in der epidemiologischen Forschung praktisch kaum störend auswirkten (BRUNER und EDWARDS [1], BADER [1]).

Von BADER wurde geradezu auf das Mißverhältnis hingewiesen, das besteht zwischen der Leichtigkeit, mit der Antigenveränderungen bei geeigneter Technik in vitro zu erhalten sind, und der Konstanz der z. B. aus dauerausscheidenden Menschen und Tieren über Jahre und

Jahrzehnte gezüchteten Kulturen. Die Divergenz zwischen der Colibakteriologie und der Salmonellenbakteriologie bezüglich der Bedeutung der Variabilität hat wohl 2 Ursachen: Einmal handelt es sich bei den Colibakterien um extrem variable Keime (Baumgärtel [1]), wobei van Loghem innerhalb der Typhus-Coligruppe eine direkte Beziehung zwischen Pathogenität und Variabilität feststellte: Extreme Invariabilität bei Typhus, gewisse Variabilität bei Paratyphus B und extreme Variabilität bei B. coli. Zum andern ist es wohl gerade über lange Jahrzehnte die Unsicherheit der Typen- und Identitätsbestimmung gewesen, die der Spekulation einen weiten Raum ließ. In der pädiatrischen Forschung war es noch ein besonderes Moment, was z. B. Kleinschmidt [2] zu der Vermutung veranlaßte, daß es sich bei den Dyspepsiecolistämmen von Adam nicht um besondere Typen, sondern um Umwandlungsprodukte aus gewöhnlichen Colibakterien im Darm des Säuglings handelt. Seine Mitarbeiterin Jaschke konnte nämlich Dyspepsiecoli niemals in der Milch nachweisen, eine Beobachtung, die auch in der modernen Dyspepsiecoliforschung wieder bestätigt werden konnte (Boehm-Aust, Schönberg, Goldschmidt). Mit dieser Anschauung war außerdem die Lehre von der endogenen Infektion der Säuglingsernährungsstörungen gut vereinbar. Dieselben Einwände werden auch heute noch, wo die Bakteriologie der Dyspepsiecolibakterien auf wesentlich gesicherteren Füßen steht, immer wieder gemacht. Auch von bakteriologischer Seite wurde solchen Vermutungen Ausdruck gegeben, wenn z. B. Gotschlich sagt: „Wir müssen die pathogenen Formen phylogenetisch als Abkömmlinge verwandter saprophytischer Lebewesen ansehen und in Erweiterung dieser Auffassung überhaupt die Spezifität nicht als etwas schlechthin Gegebenes und Unwandelbares, sondern als Produkt der Variabilität auffassen."

Kleinschmidt [2] sowie Hassmann und Herzmann gehen sogar so weit, anzunehmen, daß die durch Umwandlung entstandenen Colitypen nach Übertragung auf gesunde Säuglinge als echte Infektionserreger auftreten können. Das würde heißen, daß es sich hierbei um *Dauermodifikationen* handelt, die, nach der Art ihrer Wirkung auf den Menschen beurteilt, als etwas grundsätzlich Neues aufgefaßt werden müßten.

Nun spricht in der Tat eine große Anzahl von Beobachtungen sowohl in vitro als auch in vivo dafür, daß B. coli mannigfaltig variieren kann.

Gut bekannt ist z. B. das *B. coli mutabile* (Massini), eine Colivariante, die auf gewöhnlichen Nährböden zunächst ohne Milchzuckervergärung wächst, wobei es aber am Rande der Kolonie zu Knopfbildungen mit Lactosevergärung kommt. Solche Stämme konnten auch später immer wieder gefunden werden und sind öfters mit der Entstehung von Säuglingsenteritiden in Verbindung gebracht worden. Christiansen beschrieb 1917 bei seinen Untersuchungen über die Kälberruhr, daß sich der biochemische Colityp A in den Typ B umwandeln könne, allerdings ohne die serologische Struktur zu ändern. Eine größere Anzahl von Untersuchungen liegt über den Erwerb der Fähigkeit der Vergärung bestimmter Zuckerarten vor, wenn sie mit diesen im Nährmedium in Kontakt gebracht werden (Twort, Eisenberg, Greif und Stein, Levis, Klieneberger, Seydel, Meves, Wallmüller). Doch kommen solche gelegentlichen Veränderungen des biochemischen Verhaltens auch spontan vor (Klieneberger, Sievers [1]), worin die Schwierigkeiten einer Einteilung der Colibakterien nach biochemischen Gesichtspunkten ihre Ursache haben. Ähnlich wie mit der Zuckervergärung verhält es sich auch mit der Ausbildung anderer Fermentsysteme, z. B. der Hämolyse, die sich nach Greif und Stein unter der Einwirkung der Bakteriophagen herausbilden, aber auch spontan in Abhängigkeit vom Züchtungsmilieu variieren kann (Vorländer).

Die *biochemischen Veränderungen* scheinen, im Hinblick auf eine eventuelle Pathogenität der Colibakterien, *relativ bedeutungslos* zu sein.

Hassmann geht ganz sicher viel zu weit, wenn er aus dem Verlust z. B. der Lactosevergärung (zeitlich oder permanent) gleichzeitig auf den Erwerb pathogener Eigenschaften schließt. Baumgärtel hat mit Deutlichkeit gezeigt, daß dem Auftreten von Minusvarianten im Stuhl eine rein sekundäre Bedeutung im Gefolge funktioneller Störungen zukommt, wenngleich auch er eine solchermaßen entartete Darmflora als pathologisch ansieht. Wahrscheinlich handelt es sich doch bei den Colibakterien um ein Anpassungsphänomen an irgendwie verändertes Milieu, sicher nur in ganz geringem Prozentsatz um echte Mutationen (Lederberg und Tatum). Die fermentative Leistung eines Keims ist lediglich ein Ausdruck des funktionellen Verhaltens, so wie auch alle anderen Organismen des Tier- und Pflanzenreiches Anpassungserscheinungen zeigen, ohne hierbei grundsätzlich ihre Struktur zu ändern. Anders aber verhält es sich mit der Antigenstruktur eines Keimes, die ja ein Spiegelbild des arteigenen chemischen Aufbaues ist. Wesentliche Änderungen derselben müssen mit einer tiefgreifenden Umwandlung in dem Chemismus der Zelle verbunden sein. Jeliné und Rosenblatt konnten commune Colibakterien im Tierkörper in extreme Rauhformen vom biochemischen Charakter des B. faecalis alcaligenes überführen. Auch intermediäre Formen vom biochemischen Charakter der Paracolibakterien bzw. der Typhus- und Shigabakterien konnten erhalten werden, ohne daß jedoch Agglutinationsgemeinschaften mit Salmonellen auftraten. SIEVERS [2] beschrieb einen Colistamm, der in 2 Varianten auftrat: Die eine war aerogen, die andere anaerogen. Die beiden Varianten gaben bei der Immunisierung von Kaninchen Seren, die nicht identisch waren. KUNITAKE fand, daß biologische und serologische Veränderungen von Colibakterien in einer gewissen Abhängigkeit von der Sauerstoffzufuhr auftreten, die Variationen nehmen bei reichlicher O_2-Zufuhr auffällig zu, bei mangelnder O_2-Zufuhr sind die Variationen nur geringgradig. BECK sah serologische Variationen in Abhängigkeit vom Nährboden (Milch, Galle). Hierbei konnte ein Colistamm die Fähigkeit erlangen, in Paratyphus A-Serum zu agglutinieren, durch Passage in Milch entwickelte sich wieder ein typischer Colistamm ohne Antigengemeinschaft mit Paratyphus A.

Nicht alle der hier angeführten Untersuchungen genügen den Anforderungen schärfster Kritik. Kann doch wohl niemals ausgeschlossen werden, daß die verwandten Kulturen keine Reinkulturen gewesen sind. Hierzu wäre grundsätzlich zu fordern, daß derartige Untersuchungen mit der Methode der *Einzell*kultur belegt werden, und es ist fast als sicher anzunehmen, daß viele Annahmen sich dann als Trugschluß herausstellen würden. *Immerhin haben wir eine Reihe moderner und exakter Untersuchungen, die keinen Zweifel daran lassen, daß es echte serologische Umwandlungen in der Typhus-Coligruppe gibt.*

BOIVIN konnte durch Züchtung von Colibakterien in Bakterienautolysaten Antigenumwandlungen erreichen. Er stellte fest, daß es sich bei dem umwandelnden Agens um Desoxyribonucleinsäure handelt, die in den Bakterien vorhanden ist und bei der Zerstörung des Bakterienleibes in Freiheit gesetzt wird. Diese Untersuchungen sind neuerdings wieder durch DIANZANI bestätigt worden. Bei den Salmonellen gelang es, durch Züchtung der Keime im halbstarren Medium unter Zusatz bestimmter Antiseren serologische Veränderungen sowohl innerhalb der O-Antigene (BRUNER und EDWARDS) als auch innerhalb der H-Antigene (BRUNER und EDWARDS, PESO und EDWARDS) zu erzielen. Es handelte sich hierbei aber, was uns besonders wichtig erscheint, um Veränderungen innerhalb der gleichen O-Gruppe, es gelang aber nicht eine O-Gruppe in eine andere zu überführen.

Für den Bereich der hier besonders interessierenden *Dyspepsiecolibakterien* liegen Spezialuntersuchungen vor. ADAM hat immer an der Konstanz seiner Erregertypen aus der Dyspepsiecoligruppe festgehalten, obwohl WEISS sowie KÖLTZSCH 1926 behauptet haben, daß normale Colibakterien durch Meerschweinchenpassage die Gärfähigkeit der Dyspepsiecolibakterien erwerben könnten. Sie sehen hierin eine Umwandlung von Normalcoli in Dyspepsiecoli. Nun ist, wie ADAM damals schon sagte, das *Kriterium der Gärfähigkeit keineswegs als ausreichend zur Dyspepsiecolidiagnose anzusehen,* weshalb diesen Untersuchungen keine Beweiskraft zukommt. Uns selbst hat im Verlaufe unserer Untersuchungen über die Dyspepsiecolibakterien diese Frage ebenfalls sehr lebhaft interessiert.

In Analogie zu den Versuchen von BOIVIN prüften wir die Frage, ob es möglich ist, durch Züchtung von *Normalcolibakterien in Autolysaten von Dyspepsiecolibakterien Antigenumwandlungen in Richtung Dyspepsiecoli zu erhalten.* Die Versuche wurden mit E. coli 55/B5 durchgeführt, als Autolysat dienten keimfreie Filtrate von Dyspepsiecolikulturen verschieden langer Bebrütungsdauer. Wohl beobachteten wir hierbei zuweilen den Verlust oder Erwerb der einen oder anderen biochemischen Eigenschaften, niemals aber gelang es, trotz mannigfacher Veränderung der Versuchsanordnung, einen communen Colistamm in Dyspepsiecoliserum agglutinabel zu machen. Auch die als Kontrolle dienenden Dyspepsiecolistämme blieben serologisch vollkommen unverändert.

Analog den Versuchen von BRUNER und EDWARDS bei den Salmonellen versuchten wir auch, *Antigenveränderungen der Dyspepsiecolibakterien durch Passage im halbstarren Milieu unter Zusatz bestimmter Gruppenseren einer anderen Dyspepsiecoligruppe zu erreichen.* Auch diese Versuche verliefen einwandfrei negativ. Das halbstarre Milieu hat sich jedoch in anderer Hinsicht als brauchbar zum Studium derartiger Fragen erwiesen. 1951 beschrieben TAYLOR und HILTON, daß es gelingt, unbewegliche Varianten der Coligruppe 111:B4 durch Züchtung im halbstarren Milieu über 3—4 Wochen beweglich zu machen. Gleichzeitig tritt ein Verlust des B-Antigen ein, so daß man mit diesen Stämmen von der Antigenformel O 111:H_2 reine K-Seren herstellen kann. Wir konnten diese Versuche zwar nicht bestätigen, fanden jedoch einmal mit derselben Versuchsanordnung eine andere Erscheinung, nämlich daß es gelingt. durch einmalige Passage von E. coli 111:B4:H₂ ein O-H-Serum ohne B-Agglutinine zu erhalten. Eine Reproduzierung des Versuches war leider nicht möglich. Diese Versuche zeigen also, daß die Antigenstruktur der fraglichen Stämme bei geeigneter Methodik Abwandlungen erleiden kann, daß man hieraus jedoch keine grundsätzlichen Schlüsse ziehen sollte, die das Prinzip der Erregerkonstanz erschüttern könnten.

Eine andere sehr wesentliche Frage ist, ob die *Colibakterien unter der Behandlung mit Antibioticis ihre serologische Struktur ändern*, bzw. ihre Virulenz einbüßen können.

THALHAMMER sah in Abhängigkeit von der Streptomycinbehandlung bei Colibakterien Verlust einiger biochemischer Eigenschaften auftreten. Die Reihenfolge des Ausfalles bestimmter biologischer Funktionen war dabei relativ konstant, sie kehrten nach Absetzen der Vergiftung in umgekehrter Reihenfolge wieder zurück. NACCARI beobachtete unter dem Einfluß von Sulfonamiden auf Colibakterien in vitro zwar keine biologischen Veränderungen, jedoch waren die Keime nach der Behandlung in ihrem homologen Serum nur mehr sehr schwach oder gar nicht agglutinabel. Auf der anderen Seite konnte neuerdings HOUNIE (1952) wieder feststellen, daß die Agglutinabilität lebender Bakterien durch kleine Dosen von Chloramphenicol in vitro vorübergehend erhöht wird. Eine Untersuchung über E. coli D 433 (111:B4) liegt von VOUREKA (1951) vor. Unter dem Einfluß von Chloromycetin und spezifischem Antiserum in vitro kam es zu bestimmten konstanten Varianten, die sich in morphologischer, kultureller, biologischer und serologischer Hinsicht, sowie in ihrer Virulenz für weiße Mäuse von den Mutterkolonien unterschieden. Die Mutterkolonien waren toxisch, während die Varianten avirulent waren. Wir konnten diese Untersuchungen zusammen mit SACKREUTHER nur teilweise bestätigen, indem wir unter Chloromycetineinwirkung mit und ohne Antiserum-Zusatz den Verlust der einen oder anderen biologischen Funktion (z. B. Lactose- oder Saccharosevergärung) bei Stamm „Stoke W" erlebten, wir sahen aber keine serologische Abweichung, die Virulenz der behandelten Stämme war nicht anders als die des Kontrollstammes. Ohne Antiserumzusatz haben wir die Versuche auch auf Aureomycin und Streptomycin ausgedehnt, auch hier blieben die Stämme serologisch gleich. Die Versuche von THALHAMMER sind für die Dyspepsiecolibakterien von HUPFER (1951) nachgeprüft worden. Bei der Behandlung der Stämme mit Streptomycin oder Chloromycetin wurde in keinem Versuch eine Abweichung der biochemischen oder serologischen Eigenschaften festgestellt.

Überblicken wir nochmals die vielen Untersuchungen zu dem Problem der Variabilität von B. coli, so müssen wir feststellen, daß *heute kein Zweifel mehr daran bestehen kann, daß Umwandlungen von Colibakterien in biologischer und serologischer Hinsicht möglich sind.* Sicher gilt dies auch bis zu einem gewissen Grade für die Dyspepsiecoligruppe, wenngleich auch auffällig ist, daß, was ADAM schon früher immer betont hatte, hier die Variabilität relativ gering zu sein scheint. Die entscheidende Frage ist aber nun: *Was bedeuten diese Tatsachen für das Problem der Pathogenität?* Genau wie BADER dies für die Salmonellen ausführte, wird man auch hier die Beantwortung der Frage davon abhängig machen müssen, ob man in den pathogenen Colitypen eine besondere Gruppe innerhalb des Genus Escherichia oder nur den communen Colibakterien gleichgeordnete Typen sieht. Alle bisherigen Beobachtungen sprechen für die erste Annahme (siehe später). Man kann dies am Beispiel der Typhusbakterien erläutern.

Weder nach biochemischen noch nach serologischen Gesichtspunkten weisen dieselben gegenüber den übrigen Salmonellen irgendwelche Besonderheiten auf. Und doch stellen sie, genau wie der Paratyphus B, etwas Besonderes dar mit besonderen pathogenen und epidemiologischen Eigenschaften. BADER hat dies an einem eindrücklichen Beispiel dargelegt: S. Stanley besitzt die O-Antigene von S. paratyphie B und das H-Antigen von S. typhi. Trotz dieser Kombination ist S. Stanley nur ein harmloser Enteritiserreger und nicht der Erreger eines typhösen Krankheitsbildes.

So dürfen wir auch wohl von den *Dyspepsiecolibakterien* annehmen, daß sie *innerhalb des Genus Escherichia eine besondere Gruppe* darstellen, obwohl sie sich von den communen Colibakterien weder in biochemischer noch in serologischer Hinsicht grundsätzlich unterscheiden. Dieses Problem kann aber nicht nur vom bakteriologischen Standpunkt aus, sondern nur gemeinsam mit Epidemiologie und Klinik gelöst werden. Vertritt man den Standpunkt, daß die bekannten pathogenen Colitypen eine besondere Gruppe darstellen, dann könnte nur durch echte Mutation aus B. coli comm. ein pathogener Colityp entstehen. Sicher sind phylogenetisch gesehen die pathogenen Colitypen im Sinne GOTSCHLICHs auf diesem Wege einmal entstanden. Im Rahmen der normalen biologischen Variabilität der Colibakterien kann ein solches Geschehen nicht erklärt werden, hierfür existieren jedenfalls keine Beweise. Zwar kommen auch bei Colibakterien, wie bei anderen Keimen, echte spontane und induzierte Mutationen vor, wenngleich man sich auch darüber im klaren sein muß, daß bei Bakterien der Begriff der Mutation nicht unbedingt gleichgesetzt werden darf mit dem Vorgang, den wir unter einer Genmutation bei höheren Organismen verstehen (SCHLOSSBERGER und BRANDIS). LEDERBERG und TATUM (1946) sowie TATUM und LEDERBERG (1947) zeigten, daß in Mischkulturen von B. coli Neukombinationen entstehen können, die nur durch echte Fusion und dadurch bedingte Bildung neuer Typen erklärt werden können. Die angenommene Fusion erfolgte aber nur sehr selten, unter Millionen Zellen konnte nur 1 Zelle als Neukombinationstyp aufgefunden werden. Es scheint uns nun sehr unwahrscheinlich, daß unter den Bedingungen der Dyspepsiecoliinfektion und bei der Häufigkeit des Vorkommens derselben dauernd neue Mutationen und jedesmal von derselben Art entstehen sollten. Die Erde müßte mit pathogenen Colitypen geradezu überschwemmt sein und die normale Coliflora wäre längst ausgestorben. Für derartige Hypothesen fehlt aber jeder Beweis. Natürlich ist es denkbar, daß durch gerichtete Mutation auch einmal neue pathogene Colitypen entstehen können. Ein solches Ereignis kommt aber sicher ganz selten vor, da man sonst wahrscheinlich wesentlich mehr pathogene Colitypen finden würde als bisher bekannt. Die Lösung dieser Frage wird die Arbeit der Zukunft sein. Vorerst möchten wir für den praktischen Bedarf der Klinik und der Epidemiologie an der Erregerkonstanz im Sinne von KOCH auch für die pathogenen Colitypen festhalten und LEINBROCK [2] zustimmen, wenn er sagt, daß auch bei B. coli die Spezifität der Art aufrecht erhalten werden kann. Bei sog. Umwandlungsversuchen von Coli in Enteritis-Paratyphus oder Ruhrkeime und umgekehrt (LOTZE, LOTZE und THADDEA, BIAUDELLE, RUSSO) spielen Antigengemeinschaften eine Rolle, die zu Täuschungen führen können. Untersuchungen in dieser Richtung wird man in Zukunft nur noch mit der Methode der *Einzell*kultur als stichhaltig ansehen können.

d) Toxicität der Colibakterien.

Der Nachweis eines Bakterienendotoxins oder Exotoxins steht oft in enger Beziehung zu seiner Pathogenität, wie dies unsere Kenntnisse von der Diphtherie, dem Tetanus oder der Shiga-Kruseruhr zeigen. Leider sind bei den pathogenen Mikroorganismen die Verhältnisse nur ausnahmsweise so klar wie bei den genannten Bakterien, die Regel ist vielmehr, daß es uns mit dem Nachweis bestimmter Toxine nicht gelingt, das Wesen der Pathogenität eines Keimes aufzuklären. Die Schwierigkeiten sind bei den Colibakterien besonders groß, einmal deswegen, weil es mit Hilfe des Nachweises der pathogenen Wirkung im Tierversuch oder eines bestimmten Toxins nicht möglich ist, pathogene von apathogenen Stämmen zu unterscheiden (LODENKÄMPER [3], WEILAND), zum andern, weil beim Tier die Möglichkeit einer peroralen Infektion mit entsprechenden klinischen Erscheinungen seitens des Darmes meistens nicht gegeben ist.

Immerhin hat es an Versuchen, bei Colibakterien Toxine nachzuweisen und ihre chemische Natur aufzuklären, nicht gefehlt, so daß wir hierüber recht genaue Kenntnisse besitzen, wenigstens was die *Endotoxine* betrifft.

Bereits 1925 beschrieb PLATENGA [1] Versuche an jungen Kälbern, in denen Kulturfiltrate von Colibakterien bei parenteraler Applikation schwere Vergiftungsbilder mit entzündlichen

Veränderungen am Darm auslösten. Die giftige Substanz war thermostabil, eine thermolabile Komponente, auch als „Aggressin" bezeichnet, hemmte lediglich die Phagocytosefähigkeit der Leukocyten, wirkte aber nicht toxisch. Es war Platenga [2] nicht möglich, mit seiner Methode saprophytäre von parasitären Colibakterien zu unterscheiden. Zur selben Zeit (1925) beschrieb auch Vincent [2] 2 verschiedene Colitoxine, ein thermolabiles, vorwiegend neurotropes Ektotoxin, sowie ein thermostabiles enterotropes Endotoxin. Letzteres trat erst mit zunehmendem Zerfall der Bakterien in Lösung und konnte frei nur in älteren, autolysierten Colikulturen nachgewiesen werden. Gwan fand zusätzlich noch ein Toxin, welches eine Affinität zum Gefäßsystem hatte und Hämorrhagien erzeugte. Während Goldschmidt [1] (1931) nur thermostabile Toxine finden konnte, wurden später thermolabile Colitoxine von Schaede,, Varga, Gross, sowie Lodenkämper gefunden. Von H. Schmidt werden noch einige weitere Autoren zitiert (Bamm, Hochberg, Ignatowitsch und Tarassowa), die ebenfalls 2 Arten von Colitoxinen beschrieben: das thermoresistente Endotoxin, das sich vom 7.—8. Tage an in der Kultur bildet, sowie das thermolabile Ektotoxin, das nach dem 2. Tag in der Kultur vorhanden ist.

So kann nach dem jetzigen Stand der Forschung gesagt werden, daß die *Colibakterien Endotoxine enthalten*, die im Tierversuch nachweisbar sind, bei der Autolyse der Bakterien spontan frei werden und eine gewisse enterotrope Wirkung besitzen. Ob es daneben auch noch ein *echtes Ektotoxin* gibt, ist nach Weiland noch nicht erwiesen, da sich nach seiner Ansicht entsprechende Angaben aus der älteren Literatur im wesentlichen auf Endotoxine beziehen. H. Schmidt hält aber auf Grund der vorliegenden Angaben die gleichzeitige Existenz eines thermolabilen Exotoxins für sicher, wenn er auch zugibt, daß über dessen Natur noch wenig bekannt ist. Seine Wirkung scheint nach Vincent [1, 2] eine vorwiegend neurotrope zu sein.

Der exakte Nachweis, daß es sich hierbei wirklich um *Toxine sensu strictiori* handelt, konnte erst geführt werden, als es gelang, dieselben rein darzustellen und mit den so erhaltenen Stoffen ihren Antigencharakter aufzuzeigen. Dies ist in vollem Umfang Boivin und Mesrobeanu [3] für das Endotoxin gelungen.

Mit der Trichloressigsäuremethode konnten sie aus Colibakterien einen toxischen Glucolipoidkomplex isolieren. Dieses Gluco-Lipoid ist ein Vollantigen und mit dem O-Antigen identisch. Es stellt das enterotrope Endotoxin dar; 0,1—0,2 mg vermögen bei intraperitonealer Applikation eine Maus zu töten. Auch Kaninchen sind diesem Endotoxin gegenüber hoch empfindlich. Nach Erhitzen im schwachsauren Milieu konnte der Lipoidanteil des Komplexes entfernt werden, wobei das spezifische Polysaccharid als Residualantigen zurückbleibt. Das Polysaccharid ist ohne das Lipoid nicht antigen wirksam, gibt aber eine spezifische Präzipitation mit Kaninchenimmunseren, die mit lebenden Bakterien hergestellt wurden, es bedingt also die serologische Spezifität des O-Antigens (Magheru, Boivin und Mesrobeanu). Daneben gibt es auch Colibakterien, die kein Glucolipoid abgeben, deren Leibesprotein bei Mäusen aber noch eine gewisse Giftigkeit zeigt (Magheru, Boivin, Mesrobeanu). Der Glucolipoidkomplex und zum Teil ein Toxin von Proteincharakter bilden demnach zusammen das Endotoxin, wobei einige Stämme nur das toxische Protein enthalten (zit. nach H. Schmidt)

In gleicher Weise wie bei den Colibakterien konnten ähnliche Toxine bei vielen anderen Erregern der Typhus-, Paratyphus-, Enteritisgruppe, bei Shiga-, Cholera- und Proteusbakterien nachgewiesen werden, die jeweils mit den O-Antigenen identisch waren. In neuester Zeit wurde auch von Roberts eine Beschreibung der physikalischen, chemischen, biologischen und immunologischen Eigenschaften der Coliendotoxine gegeben, wobei er eine komplette Lösung der Endotoxine von den Bakterien nach Erhitzen einer Suspension auf 80° erreichte.

So wertvoll diese Befunde auch in theoretischer Hinsicht sein mögen, eine *Lösung des Pathogenitätsproblems ist hierdurch nicht möglich gewesen*, wenngleich auch in der pädiatrischen Forschung (Bessau, Linneweh) immer angenommen wurde, daß die Coliendotoxine bei der Entstehung der Intoxikation eine große Rolle spielen. Nach Lodenkämper [3] verfügen wir jedoch bis heute über keine Methode, pathogene von apathogenen Colistämmen kulturell, serologisch oder im Tierversuch zu unterscheiden.

So untersuchten z. B. SOKGOBENSON und JAENINA die Stühle von 100 Kindern mit toxischer Sommerdiarrhoe und fanden in 80% mäusepathogene Stämme, wobei es sich vorwiegend um B. coli comm. handelte. Es bestand aber kein Zusammenhang zwischen der Schwere der Erkrankung und dem Grad der Toxicität der gezüchteten Colistämme. WEILAND untersuchte 27 Colistämme verschiedener Herkunft, zum größten Teil aus den Stühlen normaler Personen. Mit der Methode von BOIVIN und MESROBEANU ließen sich bei jedem dieser Stämme Endotoxine nachweisen, so daß der gelungene Endotoxinnachweis kein Kriterium zur Erkennung besonderer, virulenter Coliarten darstellte.

Leider ist zudem die *parenterale Applikation eines Bakterientoxins* beim Versuchstier eine Methode, die so *unphysiologisch* ist, daß sie keinerlei Schlüsse in bezug auf Erkrankungen beim Menschen erlaubt. Dies zeigt auch die Erfahrungstatsache, daß Colibakterien für kleine Versuchstiere auf peroralem Wege meistens apathogen sind.

RABINOWITSCH z. B. untersuchte 4—5 Monate alte Colistämme von dyspepsiekranken Kindern an 133 Mäusen bei peroraler Infektion. Nur 5 Mäuse gingen ein. Bei 342 Mäusen, die mit frisch gezüchteten Stämmen gefüttert wurden, starben 7%, aber nur einige Mäuse hatten Durchfall. Von 235 weiteren Mäusen, die mit 2 Jahre alten Colistämmen infiziert wurden, starb keine. Ein eindrückliches Beispiel, wie wenig man mit solchen Versuchen anfangen kann!

Bei der Durchsicht der Literatur fiel jedoch auf, daß bei einer bestimmten Erkrankungsgruppe, nämlich *Nahrungsmittelvergiftungen*, bei denen *Colibakterien als wahrscheinliche Ursache* angesehen wurden, *häufig auch toxische Wirkung der gezüchteten Stämme bei peroraler Verabreichung* gesehen wurden.

KATHE beschrieb eine Enteritisepidemie durch Genuß von Weißkäse, der mit hämolytischen Colibakterien verunreinigt war. Weiße Mäuse starben nach Verfütterung dieser Colistämme. Bei einer anderen Käsevergiftung, über die SCHAEDE berichtet, konnte ähnliches beobachtet werden, allerdings nur, wenn den Tieren eine 4—5 Tage alte Brühkultur der gezüchteten Colistämme peroral gegeben wurde. LODENKÄMPER [1] konnte bei einer Vergiftung durch eine mit Paracolibakterien verunreinigte Hühnersuppe aus den gezüchteten Bakterien ein Endotoxin gewinnen, das für Mäuse, Meerschweinchen und Kaninchen nicht nur i.p., sondern auch peroral stark toxisch war. Bei den von SCHUBERT und DAVID, sowie VARGA beschriebenen Nahrungsmittelvergiftungen waren die Ergebnisse allerdings negativ. HAIKE züchtete bei einer Nahrungsmittelvergiftung durch eine Fleischpastete einen Paracolistamm, der für Mäuse stark pathogen war. Diese Mitteilungen scheinen uns wertvoll zu sein, wenn man bedenkt, wie selten es sonst gelingt, mit Colistämmen beim kleinen Laboratoriumstier auf peroralem Wege mit einiger Regelmäßigkeit Krankheitserscheinungen auszulösen. so daß man geneigt wäre, in Einschränkung der Ansicht von LODENKÄMPER [3], aus dem sicheren Nachweis einer toxischen Wirkung bei peroraler Applikation auf das Vorhandensein von besonderen, möglicherweise in ihrer Wirkung noch nicht aufgeklärten Toxinen zu schließen. Etwas Ähnliches ist von den Staphylokokken bekannt, die öfters bei Lebensmittelvergiftungen gezüchtet werden (Literatur bei URBACH und H. SCHMIDT). Hier gibt es den sog. Dolmantest, ein Verfahren zur Herstellung eines Enterotoxins aus den von den vergifteten Lebensmitteln gezüchteten Staphylokokken. Bei Verfütterung dieses Enterotoxins an junge Katzen soll man eine Diarrhoe auslösen können. Neuerdings wird als noch brauchbareres Verfahren zum Nachweis von Staphylokokkenenterotoxinen ein Froschtest (Rana pipiens) angegeben (ROBINTON, PISU, EDDY). PISU und CAVALAZZI haben neuerdings den Fall eines 12 Monate alten Mädchens mitgeteilt, das nach dem Genuß einer mit Staphylokokken infizierten Creme erkrankte und starb. Der aus der Creme gezüchtete Staphylokokkenstamm bildete ein hochwirksames Enterotoxin. Gleichartige Untersuchungen hat jüngst auch ZISCHKA bekanntgegeben. McCLURE züchtete hämolytische Colistämme aus den Stühlen von Säuglingen, die bei 4 kleineren Enteritisepidemien mit Diarrhoe erkrankt waren. Nach dem von DOLMAN für die Staphylokokken angegebenen Verfahren stellte er aus den Colibakterien ein Enterotoxin her, das ebenfalls bei jungen Katzen eine Diarrhoe auslöste. Erwähnenswert sind auch die Versuche von JORDAN und BURROWS. Sie fanden, daß Colibakterien, sowie Streptokokken, Staphylokokken, Proteusbakterien und andere in der Lage sind, eine Substanz zu erzeugen, die Erbrechen und gastroenteritische Erscheinungen bei Verfütterung an Affen hervorrufen. Voraussetzung hierzu ist allerdings, daß die Bakterien unter besonderen Bedingungen gezüchtet werden, wobei sich besonders Nährböden mit einem Zusatz von Stärke bewährt haben. Vielleicht geben diese Versuche von JORDAN und BURROWS einen Hinweis dafür ab, warum gerade bei Nahrungsmittelvergiftungen Colistämme gefunden werden, die für Tiere stark toxisch sind. Es wäre durchaus denkbar, daß das Wachstum

der Keime in bestimmten Lebensmitteln unter den besonderen dort gegebenen Verhältnissen sie zur Bildung von Toxinen befähigt, die sie normalerweise nicht produzieren können.
Die angeführten Versuche sind zwar in ihrer Deutung unsicher, sie zeigen aber, daß unsere
Kenntnisse auf diesem Gebiet sicher noch nicht ganz vollständig sind.

Die *Art der Wirkung des Coliendotoxins* ist besonders Gegenstand der pädiatrischen Forschung gewesen, soweit es das Gebiet der akuten Ernährungsstörungen
der Säuglinge betrifft. Die Forschungen in der frühen Zeit führten zur Aufstellung
der *Coliendotoxintheorie der Intoxikation* durch Bessau und seine Mitarbeiter.
Über diese Dinge ist soviel geschrieben worden, zuletzt von Stenger, daß es sich
erübrigt, hier darauf einzugehen. Wir wollen nur die Untersuchungen von Linneweh [1] (1941), erwähnen, der feststellen konnte, daß das Coliendotoxin selbst
auf den Darm keine erregende Wirkung ausübt, daß es aber beim Feuersalamander
die Capillarpermeabilität steigert, was auch bei der Säuglingsintoxikation für
möglich gehalten wird. Durch Kontakt lebender oder abgetöteter Colikeime
mit dem Serum entsteht jedoch ein darmerregender Stoff, dessen Wirkung durch
Arginin unterdrückt wird und eine histaminähnliche Substanz darstellt. Im
Kataphoreseversuch wandert das Coliendotoxin uniformiert mit den Serumglobulinen, womit der Nachweis erbracht schien, daß es bei der Intoxikation
auch im Blute vorhanden ist. Neue interessante Untersuchungen liegen auch vor
von Mulé, Garufi und Barcaroli [1] (1951). Sie untersuchten die Wirkung
des Dysenterie- und Coliendotoxins auf die enzymatische Tätigkeit der Duodenalschleimhaut im Warburgschen Apparat. Diese Toxine rufen einen gesteigerten
Sauerstoffverbrauch der Duodenalschleimhaut hervor. Die Duodenalschleimhaut
ist normalerweise nicht imstande Tyramin zu oxydieren. Diese Oxydation findet
nur in Gegenwart von Dysenterie- und Colitoxin statt. In einer 2. Arbeit [2]
stellten sie fest, daß auch die Oxydation von Cadaverin durch die genannten
Toxine gesteigert wird. Beide Toxine heben die Hemmung des Cadaverins auf
den Sauerstoffverbrauch der Duodenalschleimhaut auf. Diesen Untersuchungen
dürfte im Hinblick auf die alte Amintheorie der Intoxikation (Moro, Keller) und
dem von Röthler festgestellten vermehrten Amingehalt im Darm dyspeptischer
Säuglinge erhöhte Bedeutung zukommen.

Nach Entdeckung der serologischen Eigenschaften der Colibakterien durch
Kauffmann und seine Mitarbeiter konnte die Frage der Pathogenität der Colibakterien neu angegangen werden. Schon in seiner 1. Mitteilung über die L-Antigene (1943) konnte Kauffmann feststellen, daß die toxische Wirkung auf die Maus
auf der Kombination des O- und L-Antigens beruht. Die L-Plusformen waren toxischer als die L-Minusformen. In der Folgezeit sind dann ausführliche Untersuchungen
über die Beziehungen zwischen serologischem Verhalten und der Tierpathogenität
von Knipschildt, Ewertsen, Vahlne und Sjøstedt gemacht worden. Die *Ergebnisse* waren *zusammengefaßt* die folgenden: Gewisse serologische Colitypen, die zu
den häufigen O-Gruppen gehören, besitzen eine spezielle Pathogenität für Menschen
und Tiere. Dies betrifft besonders die O-Gruppen 1, 2, 4 und 6, welche O-inagglutinabel auf Grund ihres L-Antigens sind, sowie die O-Gruppen 8 und 9, soweit die
Stämme ein A-Antigen besitzen. Die Stämme mit K-Antigen waren für Mäuse toxischer als die Stämme ohne K-Antigen. Die Toxicität ist eine konstante Eigenschaft.
Es besteht eine direkte Beziehung zwischen den folgenden 6 Eigenschaften:
O-Gruppe, O-Inagglutinabilität, Herkunft aus pathologischem Material, Toxicität
für Mäuse, Hämolysevermögen sowie nekrotisierende Wirkung (geprüft durch die
Injektion von 100 Mill. lebender Keime in die Kaninchenhaut) (Ewertsen,
Sjøstedt). Sjøstedt fand außerdem, daß ungefähr 25% der Stämme mit einem
K-Antigen resistenter gegenüber der Bactericidie des Blutserums waren als die
Stämme ohne K-Antigen. Dies war besonders in der O-Gruppe 8 und 9 der Fall.

Die Colistämme aus pathologischem Material waren toxischer als die aus Stuhl. Ebenso waren sie auch öfters O-inagglutinabel. Sie wurden bei Krankheits-prozessen (Appendicitis, Peritonitis) in Reinkultur vorgefunden. Auf Grund dieser Feststellungen stellte KAUFFMANN [3] die Theorie auf, daß bestimmte Colitypen eine große Rolle in der Ätiologie der Appendicitis spielen. Er gibt aber zu, daß die Pathogenität nur eine fakultative sei und daß den Colitypen nicht dieselbe Bedeutung zukomme, wie den hochpathogenen Mikroorganismen. Dieselben Colitypen wurden auch bei Infektionen der Harn- und Gallenwege ge-funden, wo ihre ätiologische Bedeutung nicht bezweifelt werden kann.

In einer Nachuntersuchung von MONDOLFO und HOUNIE an 1065 Colistämmen konnte bestätigt werden, daß den K-Antigenen eine toxische Bedeutung zukommt. Jedoch konnten sie keine Beziehung zwischen Herkunft der Stämme, O-Gruppe. Hämolyse und Virulenz im Tierversuch feststellen. Bei einer 2. Serie von 1235 Colistämmen waren die Ergebnisse ebenso. Auch BORGNO [1—3] kam zu ähnlichen Feststellungen, darüber hinaus fand er aber, daß die Stämme mit einem K-Antigen sich von den Stämmen ohne K-Antigen weder bezüglich ihrer Virulenz im Tier-versuch noch nach ihrer Herkunft unterscheiden ließen. WRAMBY, der ein großes Material von Kälbern untersuchte, fand, daß die Colistämme aus patho-logischem Material entsprechend den Ergebnissen von KAUFFMANN und seinen Mitarbeitern einheitlicher waren, als die Colistämme aus normalem Material. Erstere gehörten nur zu wenigen O-Gruppen (9,4 und 41), ferner waren die Coli-stämme mit K-Antigen besonders toxisch. In Deutschland untersuchten KRÖGER und GILLESEN die O-Gruppen 1, 2, 4, 6, 8, 9, 13, 15, 18 auf ihr Vorkommen in den Stühlen von erwachsenen Personen, teils mit Darmerkrankungen. Sie kamen zu dem Ergebnis, daß die genannten Colitypen im menschlichen Darm in Deutsch-land nicht häufig sind, insbesondere ist ihr Vorkommen nicht pathognomonisch für eine zu Darmerscheinungen führende Coliinfektion.

Zweifellos sind die KAUFFMANNschen Untersuchungen ein Fortschritt im Pathogenitätsproblem der Colibakterien. So wertvoll die Ergebnisse aber in bakteriologischer Hinsicht sind, das Problem konnte jedoch auch hierdurch nicht gelöst werden. So stehen wir also am Ende dieser Übersicht vor dem Ergebnis, daß die *Frage, ob es pathogene Colitypen gibt, noch offen* ist. Entscheidende *Fort-schritte* wurden *erst durch Einbeziehung der Epidemiologie* in den Fragenkomplex gewonnen, wie wir dies für die Coliinfektion der Säuglinge zeigen werden.

Ergänzend sei hier noch angeführt, daß es neuerdings ULBRICH gelang, die Colistämme, die als Erreger des sog. Hühnergranuloms angesehen werden, von den Colistämmen aus normalem Material serologisch und im Tierversuch zu unterscheiden. Die Coligranulom-stämme konnten in wenige O-Gruppen eingeordnet werden. Die normalen Colistämme hatten jedoch eine andere und weniger einheitliche Antigenstruktur. Im Tierversuch konnten mit den Granulomstämmen granulomatöse Veränderungen bei erwachsenen Hühnern erhalten werden, während infizierte Küken an Septikämie zu Grunde gingen. Dies alles war mit den normalen Colistämmen nicht möglich. Für eine endgültige Beurteilung dieser interessanten Untersuchungen ist aber wohl das Material des Verfassers (auch nach seiner eigenen Ansicht) noch zu gering.

e) Die normale Coliflora des Menschen.

Bereits in der Überschrift dieses Abschnittes liegt eine Präjudizierung, sie setzt nämlich das Vorhandensein einer anomalen, bzw. pathologischen Coliflora voraus, für deren Existenz vor allem BAUMGÄRTEL überzeugende Beweise beizu-bringen versuchte. Von ESCHERICH wurde die Auffassung vertreten, daß jedem Individuum eine „*persönliche Colirasse*" eigen sei, als Beweis hierfür werden von BAUMGÄRTEL folgende Tatsachen angeführt: Fasten oder Verabfolgen einer

sterilen Nahrung führt zu einer Reinkultur von B. coli. Mit Hilfe von Sulfonamiden
kann man vorübergehend keimfreie Faeces erhalten, die nach Absetzen der Sulfonamide ebenfalls eine Reinkultur von B. coli enthält. Die Appendix wird (nach
Kohlbrugge) als natürliche Brutstätte des individuellen B. coli angesehen, da
in der gesunden Appendix fast immer eine Reinkultur von B. coli vorkomme.
Nun hat Leinbrock [2] in einer umfassenden Studie des K-H-Stoffwechsels der
Colibakterien auch die Coliflora des gesunden Menschen studiert. Er kam dabei
zu dem interessanten Ergebnis, daß von Stuhlkulturen abgeimpfte Colikolonien
zwar in einer Reihe von Eigenschaften übereinstimmen, so in der Vergärung von
Glucose. Trehalose, Arabinose, Xylose, Rhamnose, Maltose und Lactose. Wären
nur diese Zucker und Alkohole untersucht worden, so hätte man von einer einheitlichen Coliflora sprechen können. Bei der Einbeziehung einer Reihe von
weiteren Kohlenhydraten und Zuckeralkoholen ergaben sich jedoch Abweichungen im Vergärungsvermögen. Da es sich hierbei aber um Colistämme ein
und derselben Stuhlprobe handelte, wurde angenommen, daß hier zwar identische, aber variierte Colistämme vorliegen. Neben den qualitativen Unterschieden traten auch Unterschiede im quantitativen Gärvermögen auf. Da auch
in vitro bestimmte Colistämme je nach Kohlenhydrat und Nährmedium variieren, wird vermutet, daß das Kohlenhydratvergärungsvermögen des B. coli in
hohem Maße von seiner Umgebung abhängt. Leinbrock kam daher zu der
Auffassung, daß das phänotypische B. coli die von der Umgebung abhängige
Variante des genotypischen B. coli darstelle. Diese Auffassung von Leinbrock
ließ sich gut mit der Theorie der „persönlichen Colirasse" vereinen in dem die
biochemischen Unterschiedlichkeiten als Varianten einer an sich einheitlichen Coliflora angesehen werden konnten.

Leider fehlen diesen interessanten Ergebnissen die *Ergänzung durch serologische Untersuchungen*, die allein in der Lage sind, die Identität verschiedener
Colistämme festzustellen. Solche Untersuchungen liegen jedoch inzwischen von
mehreren Autoren vor.

Boivin, Corre und Lehoult fanden, daß normalerweise zahlreiche verschiedene Antigentypen von B. coli im Darm derselben und verschiedener Personen anzutreffen sind. Auch
Wallik und Stuart kamen zu dem Ergebnis, daß es anscheinend eine fortgesetzte Folge von
verschiedenen serologischen Colitypen im Stuhle eines Individuums über eine bestimmte
Zeitperiode gibt. Kauffmann und Perch untersuchten das gleiche Problem. Nach ihnen
besteht die Coliflora des gesunden Menschen aus zahlreichen verschiedenen Typen, die teils
gleichzeitig vorkommen, teils einander ablösen. Bei einer Versuchsperson wurden im Laufe
eines halben Jahres 10 verschiedene serologische Typen festgestellt, bei der anderen Versuchsperson 22 Typen. Die Colitypen der einen Versuchsperson waren nicht mit denen der anderen
identisch. Den 32 verschiedenen serologischen Typen entsprachen 29 verschiedene Vergärungstypen, serologisch gleiche Typen waren nicht immer biochemisch gleich. Kauffmann kam in
dieser Arbeit zu dem Schluß, daß kein Anhaltspunkt für die Existenz eines individuellen
Colistamms gefunden werden könne. Ein häufiger Wechsel der Typen müsse in Rechnung
gezogen werden. Ein Jahr später untersuchte Perch noch einmal die Stuhlflora einer dieser
Versuchspersonen. Sie konnte von 22 früher festgestellten Colitypen 2 wiederfinden, die biochemisch und serologisch mit denen vor einem Jahr identisch waren. Der eine Typ kam im
Laufe eines Monats immer wieder vor. Obwohl man es also im allgemeinen mit einer stark
wechselnden Coliflora zu tun hat, können einige Typen über lange Zeit nachweisbar sein, eine
Feststellung, die die 1. Meinung von Kauffmann etwas einschränken mußte. Sears, Brownlee und Uchiyama untersuchten die Coliflora von 2 Personen über $2^1/_2$ Jahre, von 2 weiteren
Personen über etwa 3 Monate auf das Vorkommen von Coli-O-Gruppen. Neben Stämmen, die sich relativ lange Zeit in der Darmflora befanden („Strains residents"), fanden sich
wenige andere Stämme, die immer nur einige Tage bis Wochen nachweisbar waren („Strains
transients"). Auch in einer neueren Veröffentlichung derselben Autoren (Sears und
Brownlee) konnten diese Ergebnisse wieder bestätigt und erweitert werden. Bei Erwachsenen fanden sich Colistämme derselben O-Gruppe über mehrere Jahre (bis zu 4 Jahren)
immer wieder im Stuhl. Interessanterweise konnten bei Zwillingen immer wieder dieselben
O-Typen festgestellt werden, auch die übrige Coliflora dieser Zwillinge war relativ ähnlich.

Auch kurz dauernde Durchfälle oder Abführmittel konnten die individuelle Coliflora nicht beseitigen. Ein Versuch bei einem Erwachsenen, einen anderen Colistamm peroral anzusiedeln, mißlang.

Nach den serologischen Untersuchungen scheint also zwar die Existenz gewisser individueller Colistämme gegeben zu sein, daneben aber unterliegt die übrige Coliflora offenbar einem ständigen Wechsel. Hierbei handelt es sich wohl um Stämme, denen das jeweilige Darmmilieu nicht besonders zusagt. Dafür spricht auch der Versuch von SEARS und BROWNLEE, einen anderen Colistamm auf die Dauer zur Ansiedlung zu bringen.

Unter Berücksichtigung dieser Verhältnisse müssen auch die Versuche, die sog. entartete Darmflora durch eine vollwertige Coliflora zu ersetzen, im Sinne der Mutaflortherapie von NISSLE, gewertet werden. Zugegebenermaßen ändert sich die Coliflora bei chronischen Darmstörungen dahingehend, daß lactosenicht-vergärende Colitypen vorübergehend die Oberhand gewinnen, was BAUMGÄRTEL [1] an über 2000 Einzeluntersuchungen nachgewiesen hat. Auch von KAUFFMANN und PERCH ist eine diesbezügliche Beobachtung angegeben, indem bei einer Versuchs-person während einer 14tägigen Obstipationsperiode vorwiegend Paracoli im Stuhl auftraten. Sicher wird man auch BAUMGÄRTEL [1] zustimmen müssen, daß diese Veränderungen rein sekundärer Natur sind und nicht etwa, wie HASSMANN dies bei der kindlichen Cöliakie versucht hat, eine ursächliche Bedeutung haben. Es handelt sich nach unserer Ansicht hierbei nicht um eigentliche Variationen im Sinne der „endogenen Variabilität" (HASSMANN), sondern lediglich um die Ansiedlung bestimmter Colitypen auf einem für sie günstigen Milieu, die bei Milieuänderung jederzeit wieder von anderen Colitypen abgelöst werden können.

In diesem Sinne muß wohl auch das *Problem der Dysbakterie* gesehen werden, auf welches in diesem Zusammenhang nicht näher eingegangen werden kann. Es liegen unseres Erachtens *keinerlei Beweise* dafür vor, daß *den Vertretern einer solchermaßen „entarteten Coliflora" irgendwelche pathogenen Wirkungen zukommen*, wenn auch HASSMANN und SCHARFETTER fanden, daß Filtrate von Paracoli-stämmen mitunter eine toxische Wirkung auf den überlebenden Kaninchendarm entfalten können. Daß dies auch mit andern Colistämmen gelingt, zeigen die alten Untersuchungen von SILBERSTEIN und SINGER. Eine andere Frage ist allerdings, wie weit der Verlust des Gärvermögens gegenüber bestimmten Zucker-arten als Indicator dafür angesehen werden muß, daß gleichzeitig andere wichtige physiologische Funktionen der Coliflora, über die BAUMGÄRTEL ausführlich berichtet hat, nicht optimal ablaufen.

So ist z. B. bekannt, daß die bei Colitis gezüchteten Colistämme Vit. C zerstören (BAUM-GÄRTEL [2]). Die Erfahrungen bei der antibiotischen Therapie der Darmstörungen haben gezeigt, daß es nach Unterdrückung der Darmflora zur Störung in der Bildung von Vit. K und Vit. B kommen kann (s. S. 190).

So wird es eine Reihe von Faktoren geben, die wohl unspezifische, vom Darm ausgehende Störungen unterhalten können. Bis hierher vermögen wir den Auf-fassungen über eine pathologische Coliflora im Sinne BAUMGÄRTELs zu folgen. Wer aber mit diesem Begriff die Vorstellung der Pathogenität verknüpft wie z. B. HASSMANN, der muß sich darüber im klaren sein, daß hierfür bis jetzt keine experimentellen Beweise vorliegen. Innerhalb der großen Gruppe Escherichia, so-wohl bei B. coli comm. als auch bei den Paracolibakterien gibt es aber nach unsern heutigen Kenntnissen eine Reihe pathogener Typen, deren Auffindung das Ergeb-nis klinischer, epidemiologischer und bakteriologischer Forschung gewesen ist. Die Einzelheiten dieser gerade für die Pädiatrie so wichtigen Forschungsergebnisse sollen in den folgenden Abschnitten dargestellt werden.

III. Die Bakteriologie der pathogenen Colitypen.

Die ausführliche Darstellung der Erkenntnisse der modernen Coliserologie war notwendig zum Verständnis der bisher wichtigsten praktischen Nutzanwendung, nämlich der Auffindung pathogener Colitypen beim Säugling, die Darstellung der Toxicität und Pathogenität der Colibakterien ebenfalls, da nur so die Schwierigkeiten verstanden werden können, die sich bei der Beurteilung der Erregernatur der Dyspepsiecolibakterien ergeben. Zahlreiche Arbeiten liegen noch aus der biochemischen Ära der Coliforschung vor, in der Colitypen mit bestimmten biochemischen Eigenschaften als pathogen angesehen wurden, in der Pädiatrie vor allem die Arbeiten von Adam und Hassmann. Mit Ausnahme der Arbeiten von Adam sind alle diese Ergebnisse relativ unbefriedigend, da, wie schon ausgeführt, wegen der großen Variabilität der Colibakterien besonders in biochemischer Hinsicht die Forderung der Erregerkonstanz nicht erfüllt werden konnte. Es scheint uns aber trotzdem wichtig, auch diese Arbeiten in die Betrachtung mit einzubeziehen, da einmal viele auch heute noch vertretene Anschauungen auf diesem Gebiet nach neuen Untersuchungen nicht mehr haltbar erscheinen und da andererseits die Fortschritte, die mit der modernen Coliserologie erzielt worden sind, umso klarer ersichtlich werden.

a) Pathogene Colitypen innerhalb des Genus Escherichia.

Wir beginnen mit der Besprechung dieser Gruppe, da sie diejenigen Colibakterien, die für den Säugling die wichtigste Rolle spielen, enthält, obwohl die Bakteriologie immer sehr wenig geneigt war, dem Genus Escherichia eine Pathogenität zuzuerkennen, da das Prinzip der Apathogenität lactosevergärender, gramnegativer Darmkeime lange Zeit als gültig angesehen wurde. Daß dies aber nicht richtig ist, kann heute als erwiesen angesehen werden. Bevor man diese Dinge jedoch durch die Anwendung biochemischer (Adam [3]) und serologischer Methoden (Goldschmidt, Kauffmann [5]) auf sichere Füße stellen konnte, hat man immer versucht, bestimmte Charakteristika biochemischer Art, die sich bei den Colistämmen aus Stühlen dyspeptischer Kinder fanden, als Indicator für deren Pathogenität anzusehen.

Nachdem schon Escherich [1] vermutet hatte, daß eine exogene Infektion mit virulenten Colibakterien beim Säugling zu einer Enteritis führen könne, konnte erstmals Finkelstein (1896) bei einer Enteritisepidemie auf einer Säuglingsstation einen coliähnlichen Keim isolieren, der jedoch vom typischen B. coli in kulturmorphologischer Hinsicht verschieden war und bei weißen Mäusen bei peroraler Infektion eine Colitis auslöste. Eine wichtige Bedeutung erkennt Hassmann [1] auch dem B. coli mutabile (Massini 1907) für die Säuglingspathologie zu. Bei dieser Variante handelt es sich um einen Colityp, der auf bestimmten Nährböden zunächst in Form einer farblosen Kolonie wächst, bei längerer Bebrütungsdauer jedoch Knöpfe ausbildet. Diese wachsen bei Weiterimpfung auf Endoagar als Colikolonien mit typischem Fuchsinglanz. Von Dulaney und Michelson ist 1936 eine Säuglingsenteritisepidemie beschrieben worden, bei dem coli mutabile mit Saccharosevergärung als die Ursache angesehen wurde. Eine Epidemie unter Neugeborenen beschreibt Baker 1939, bei der neben hämolytischen Colibakterien auch B. coli mutabile in signifikanter Anzahl in den Stühlen gefunden wurde.

Ähnlich wie bei den Colibakterien der Cystopyelitis (Meyer und Loewenberg) wurde auch bei den Säuglingsenteritiden den hämolytischen Varianten eine besondere Bedeutung zugesprochen, was nach den neueren Untersuchungen von Sjøstedt, Ewertsen und Vahlne nicht ganz unberechtigt erscheint. Sokgobenson und Jaenina (1936) untersuchten die aus den Stühlen von 100 durchfallskranken Kindern gezüchteten Colistämme, 80% waren pathogen im Mäuseversuch, wobei gerade die Gruppe der communen Colibakterien die meisten toxischen Stämme aufwies. Etwa die Hälfte der isolierten Kulturen war hämolytisch, bei 75% gingen Hämolysevermögen und Tierpathogenität konform. Nichts destoweniger wurde über das gehäufte Vorkommen hämolytischer Colistämme bei Säuglingsenteritis nur vereinzelt berichtet (Laffon u. a. sowie McClure), so daß es wohl heute berechtigt erscheint, die Hämolyse als Indicator der Pathogenität von Colibakterien bei der Säuglingsenteritis abzulehnen. Dies kann bei Epidemien nur dann einmal zufällig der Fall sein, wenn der verursachende pathogene Dyspepsiecolistamm Hämolyse haben sollte. Ein solcher Stamm der O-Gruppe 111 wurde von LAURELL, MAGNUSSON u. a. beschrieben. Die Hämolyse für sich allein ist jedenfalls eine so variable Eigenschaft, daß sich hierauf keine Pathogenitätsbeweise aufbauen lassen.

Eine große Aufmerksamkeit ist von der klinischen Pädiatrie immer der *Gruppe der saccharosevergärenden Colibakterien* gewidmet worden, die von DURHAM auch als b. coli communior bezeichnet wurde. Nach den modernen Untersuchungen über die Dyspepsiecolibakterien kann nun kein Zweifel darüber bestehen, daß gerade *saccharosevergärenden Colibakterien eine besondere Bedeutung* zukommt, wenngleich sich auch gezeigt hat, daß einzelne Vertreter der Dyspepsiecoligruppe die Saccharose nicht spalten. Eine Reihe von Untersuchungen, die nicht unter dem Gesichtspunkt der pathogenen Colibakterien gemacht worden sind, scheinen diese Ansicht zu stützen.

ADAMEK und STENGER konnten zeigen, daß es bei jungen Hunden gelingt, durch Einbringen von Crotonöl oder Alkohol ins Mittelohr eine toxische Enteritis zu erzeugen, wobei sich bei der Sektion das starke Überhandnehmen der Saccharosevergärer im Dünndarm feststellen ließ. Sie sahen dabei die Saccharosevergärer nur als Indicator der Darmstörung, jedoch nicht als auslösendes Agens an. NITSCH und ADAMEK fanden im Stuhl dyspeptischer Säuglinge eine starke Vermehrung der Saccharosevergärer, die bei der Therapie mit Sulfaguanidin oder Streptomycin zurückgedrängt werden konnten. LORENZ und KUPELWIESER untersuchten die Stühle von 245 Säuglingen und Kleinkindern. Bei toxischen und dyspeptischen Säuglingen fanden sie eine starke Vermehrung der Saccharosevergärer, deren gehäuftem Auftreten sie eine pathogenetische Bedeutung beimessen wollen. Zu demselben Ergebnis kam auch TAGAWA. GATTO hingegen konnte das gehäufte Auftreten von Saccharosevergärern bei Dyspepsien nicht bestätigen. JÜRGENSSEN und BERGER fanden bei einer Enteritisepidemie teilweise zahlreiche Saccharosevergärer, teilweise nicht, je nachdem, auf welcher Station die betreffenden Kinder lagen. Sie sahen daher in der Stuhlflora nur das Spiegelbild der Umgebungsflora. Die Saccharosevergärer haben nach ihnen nur eine ganz untergeordnete Bedeutung. LIPSKA fand bei einer Untersuchung an 42 Säuglingen, daß die Colistämme aus den Stühlen darmgesunder und darmkranker Säuglinge biochemisch weitgehend gleich seien, zu denselben Ergebnissen kam auch LEINBROCK [1]. Wir selbst haben der gleichen Frage zusammen mit KREBS eine eingehende Studie gewidmet. Dabei zeigte sich, daß die Häufigkeit der saccharosevergärenden Colistämme bei 139 darmkranken und 151 darmgesunden Säuglingen keinerlei Unterschiede zeigt, weder nach der Art des klinischen Bildes, noch nach der jahreszeitlichen Verteilung. Nur die Darminfektionen mit Dyspepsiecolibakterien machen hiervon eine Ausnahme, da diese häufig in Reinkultur im Stuhle auftreten.

Hier liegt auch die Erklärung für die scheinbar so widersprechenden Ergebnisse der Literatur: Man findet einmal mehr, einmal weniger Saccharosevergärer, je nachdem ob in einer Zeit gehäuften Auftretens von Dyspepsiecoliinfektionen untersucht wird oder nicht. So ist das *häufige Auftreten der Saccharosevergärer nur der Tatsache zu verdanken, daß die meisten der pathogenen Colitypen die Saccharose spalten.* Wir haben eine ganze Anzahl saccharosevergärender, nicht pathogener Colistämme serologisch auf ihr Vorkommen bei Säuglingsdyspepsien untersucht. Wir sind aber immer nur wieder bei den bekannten pathogenen Typen auf epidemiologische und pathogenetische Zusammenhänge gestoßen. Das Beispiel der Saccharosevergärer zeigt deutlich, wie wenig die biochemischen Untersuchungsmethoden allein ausrichten können, wobei noch gar nicht berücksichtigt worden ist, daß auch die Nahrung auf die Stuhlflora einen gewissen Einfluß ausübt (LEINBROCK [1], LORENZ und KUPELWIESER, KATO).

Die Untersuchungen über die Colibakterien bei der Säuglingsdyspepsie nahmen ihren Ausgangspunkt von den Studien über die Kälberruhr. JENSEN [3] teilte 1903 mit, daß bestimmte Coliarten für Spankälber hochpathogen seien und die typische Kälberruhr auslösen können. Bei den Tieren eines ergriffenen Bestandes wird in der Regel *ein* Bakterientyp angetroffen. Die Tiere starben innerhalb 5 Tagen, wenn sie mit Milch gefüttert wurden, die mit solchen

Colibakterien beimpft war [2]. Colibakterien von gesunden Kälbern waren
apathogen. Ähnliche Versuche mit dem gleichen Ergebnis wurden von Pöls (1899)
ausgeführt. Christiansen [1] hat 1917 die von Jensen aufgestellten Typen A
und B weiter differenziert und konnte bei Kälbern die folgenden Vergärungstypen
feststellen.

Tabelle 2. *Colistämme bei der Kälberruhr* (nach Christiansen).

Typ	Saccharose	Sorbose	Rhamnose	Dulcit	Adonit	Häufigkeit
A I	+	+	+	+	0	131
A II	+	+	+	0	0	36
A III	+	+	+	0	+	2
A IV	+	0	+	+	0	30
A V	+	0	+	0	0	3
A VI	+	0	+	0	+	2
B I	0	+	+	+	0	3
B II	0	+	+	0	0	6
B III	0	+	0	0	0	fehlt
B IV	0	0	+	+	0	22
B V	0	0	+	0	0	14
B VI	0	0	+	0	+	24

Die vorherrschenden Typen waren A I, A II und A IV, die alle die Saccharose
spalteten. Es war jedoch nicht möglich, biochemisch oder serologisch zwischen
pathogenen und apathogenen Typen zu unterscheiden, beide Keime kamen im
Darm der gesunden und kranken Kälber vor. Nur die direkte Untersuchung bei
Verfütterung an das Kalb konnte die Pathogenität erweisen. Später hat Christiansen [2] noch besonders auf den Typ B III hingewiesen, den er als „Isocoli"
bezeichnete. Dieser Keim trat ähnlich wie das B. coli mutabile in 2 Formen auf,
die serologisch verschieden waren. Einen ähnlichen Stamm haben später Smith
u. Bryant (1927), sowie Lovell (1937) [1] beschrieben, der dessen pathogene Bedeutung besonders betonte. Wenngleich auch ein Teil der von Jensen beschriebenen
Stämme sich später als Gärtnerbakterien herausstellten und wenngleich auch
Christiansen [1] keine Beziehung zwischen Pathogenität und biochemischem
Verhalten herstellen konnte, so muß auf Grund dieser sehr wichtigen Untersuchungsergebnisse grundsätzlich die Möglichkeit als erwiesen angesehen werden,
daß Colibakterien für junge Kälber hochpathogen sein können, daß aber diese
Eigenschaft sicher nur einer kleinen Anzahl von Keimen innerhalb der Coligruppe
zukomme (siehe auch Miessner und Wetzel).
Die erste Arbeit, die sich mit den Colitypen bei der Säuglingsintoxikation
beschäftigte ging ebenfalls aus dem Institut von C. O. Jensen hervor. Bahr und
Thomsen (1912) fanden in den inneren Organen sowie im Blut an Intoxikation
verstorbener Säuglinge, weiter in den Stühlen dyspeptischer Kinder Colistämme,
die nach ihrem biochemischen Verhalten denjenigen gleich waren, die als Ursache
bösartiger Darminfektionen junger Kälber von Jensen nachgewiesen worden
waren. Adam [3] hat allerdings später gegen diese Untersuchungen eingewandt,
daß sie an mehrere Tage altem Material durchgeführt worden sind, einem Nachteil,
an dem auch die meisten Forschungen an Jungvieh leiden. Nach ihm können aber
einwandfreie Ergebnisse nur erhalten werden, „wenn die Flora des Dünndarms,
insbesondere der oberen und mittleren Abschnitte und der Organe, bzw. des
Blutes unmittelbar post mortem untersucht wird". An dieser Forderung hat Adam
bis heute festgehalten. Er [2] fand nun 1923, daß die bei Intoxikation aus dem
Dünndarm gezüchteten Colistämme durch ein besonders starkes Gärungsver-
mögen ausgezeichnet sind, während die Colistämme aus Brustmilchstuhl relativ

kräftige Fäulniserreger sind. Durch Einführung des Sorbits in das diagnostische Schema von CHRISTIANSEN kam ADAM [3] 1927 zu einer weiteren Differenzierung der Colistämme bei der Säuglingsintoxikation und konnte feststellen, daß sie mit den Kälberruhrstämmen zwar eng verwandt, aber nicht identisch sind. Es waren besonders 2 Typen (A I und A IV), die er damals in überraschender Häufigkeit praktisch in Reinkultur im Dünndarm fand, und die er als „Dyspepsiecoli" im engeren Sinne bezeichnete.

Tabelle 3. „*Dyspepsiecoli*" (ADAM 1927).

Typ	Saccharose	Sorbose	Rhamnose	Dulcit	Adonit	Sorbit
A I	+	+	+	+	0	0
A IV	+	0	+	+	0	+

Hiervon kam damals der Typ A I am häufigsten vor, dieser Typ wurde nur beim Säugling (nicht beim Kalb) gefunden. Der Typ A IV ließ sich biochemisch von dem Kälberruhrtyp A IV CHRISTIANSENs nicht unterscheiden. Auf Grund pathologisch-anatomischer Untersuchungen zusammen mit FROBOESE stellte ADAM damals die Theorie von der infektiösen Natur der Dyspepsie und der Intoxikation auf. Hierzu veranlaßte ihn auch die auffällige Beziehung zwischen den Verwendungsstoffwechseln der Dyspepsiecolibakterien sowie der alimentären Genese und Therapie der akuten Ernährungsstörungen. Wachstumsfördernd wirkten kristalline Zucker, Alkaliseifen und Alkalisalze, während Stärke, Dextrin, Casein, Kalkseifen und Kalksalze ohne Einfluß auf die Vermehrung in vitro waren. Dieselben Nährstoffe bzw. Abbauprodukte also, welche die Dyspepsie auslösten bzw. verschlimmerten, förderten auch das Coliwachstum, und dieselben Stoffe, die wachstumshemmend sind, gelten auch als Hauptgrundlagen der Heilnahrungen. Somit konnte der Lehre von der alimentären Genese der Dyspepsie eine sekundäre Rolle zugeschrieben werden. Die Dyspepsiecolibakterien fanden sich in dem Hamburger Material ADAMs [7] in 80% aller Fälle von Säuglingsintoxikation, sowie in 10% bei darmgesunden Kindern im Stuhl, bei Brustkindern wurden sie überhaupt nicht festgestellt. Ein weiterer Colityp wurde 1929 von ABRAHAM [2] beschrieben, den er als die Ursache einer Milchinfektion bei künstlich ernährten Säuglingen ansah. In der Milch, im erbrochenen Mageninhalt und im Stuhl der erkrankten Kinder wurden die gleichen Colistämme isoliert. Sie ließen sich weder in das Schema von CHRISTIANSEN noch von ADAM einreihen, da sie alle Adonit vergoren. Dieser Typ wurde als A VII bezeichnet.

Leider sind von ADAM damals keine genauen *epidemiologischen Studien* gemacht worden. Diese konnte erst GOLDSCHMIDT [2] (1933) in der Leipziger Klinik durchführen. Mit serologischen Methoden fand sie damals bei 43% aller Durchfallserkrankungen den Typ A IV, aber nur in 15% bei darmgesunden Kindern. Außerdem konnte sie bereits verschiedene kleine Epidemien in der gleichen Klinik beobachten, deren Epidemiologie weitgehend den Beobachtungen entsprach, die wir auch heute bei der epidemischen Colienteritis machen können. Bei Erwachsenen (Pflegepersonal) konnte unter 27 Personen nur 2mal spärlich Dyspepsiecoli im Stuhl nachgewiesen werden. GOLDSCHMIDT [2] hat schon damals darauf aufmerksam gemacht, daß während der akuten Erkrankung die Keime praktisch in Reinkultur im Stuhl auftreten. Die weiteren Bestätigungen der Befunde von ADAM sind nicht sehr zahlreich. 1938 teilte KÄHLER das Vorkommen von Dyspepsiecoli beim Erwachsenen mit. 3 typische Dyspepsiecolistämme waren serologisch identisch mit Colistämmen aus zwei Nahrungsmittelvergiftungen mit Weißkäse, sowie mit zwei weiteren Stämmen aus den Stühlen darmkranker

Erwachsener. Ciglány fand 1941 Dyspepsiecoli sehr häufig in den Stühlen von Säuglingen mit sog. epidemischer „Grippeenteritis", er schrieb den Stämmen eine pathogene Bedeutung zu.

Es konnte bei dem damaligen Stand der Colibakteriologie nicht ausbleiben, daß auch *gegenteilige Mitteilungen* erschienen. Pipirs (1931) fand den Adamschen Dyspepsiecoli bei gesunden Kindern häufiger als bei darmkranken. Kyrki (1936) war es weder bei darmkranken noch bei darmgesunden Kindern möglich, den Adamschen Dyspepsiecoli aufzufinden. Tagawa (1938) fand zwar häufig in den Stühlen von darmkranken Säuglingen Colitypen, die biochemisch den Erregern der Kälberruhr (Jensen) nahestanden, der Adamsche Dyspepsiecoli konnte jedoch nur 3mal nachgewiesen werden. Lodenkämper [3] (1941) sowie Wolf [2] (1942), die allerdings kein adäquates Material untersuchten (Stämme aus Material bei Lebensmittelvergiftungen, aus Urin, Tierorganen), fanden den Dyspepsiecoli nicht, hingegen fand ihn Wolf [2] interessanterweise beim Kalb. Die letzte Untersuchung mit der biochemischen Methode stammt von Gatto (1947), der unter 114 Stämmen von 65 Patienten nur 2mal Dyspepsiecoli (Adam) fand.

Die *unterschiedliche Häufigkeit in der Auffindung der Dyspepsiecolibakterien und die anscheinend widersprechenden Befunde haben*, wie wir heute annehmen möchten, *eine relativ einfache Erklärung:* Der *Zeitpunkt der Untersuchung* ist entscheidend (größte Häufigkeit im Winter!), bzw. es kommt darauf an, ob die Untersuchung *während einer Epidemie* ausgeführt wird *oder in epidemiefreien Zeiten.*

In den Jahren 1945 bis 1952 wurden die *Dyspepsiecoliforschungen mit den modernen serologischen Methoden* von Kauffmann wieder erneut in Angriff genommen. Es handelt sich um die Arbeiten vorwiegend englischer, skandinavischer, amerikanischer, deutscher, französischer und österreichischer Autoren. 1944 war Beavan aufgefallen, daß die Stühle bei schweren Säuglings-Enteritiden oft einen charakteristischen, spermaähnlichen Geruch aufweisen, eine Beobachtung, die auch früher schon in Deutschland z. B. von Duken (1939) gemacht worden war. Der Geruch ähnelte dem, den Dysenteriekulturen ausströmen [Winter (1912) und Ornstein (1920)]. Costello und Lind stellten denselben Geruch auch bei Colikulturen aus Stühlen von Säuglingsdiarrhoen fest. Bray fand nun 1945, daß derartige Stämme in die Gruppe des „B. coli neapolitanum" (Winslow, Kligler und Rothberg) gehören und in den Stühlen gesunder Säuglinge nur selten vorkommen. Weitere Untersuchungen ergaben, daß auch serologisch eine weitgehende Identität solcher Stämme besteht. Hierdurch wurde die Annahme, daß sie die Erreger der Säuglingsenteritis seien, nahegelegt. In der Folgezeit konnten gleichartige Colitypen in England von Giles u. Sangster, Smith, Taylor u. a., Holzel u. a. sowie Rogers u. a. bei epidemischen und nicht epidemischen Säuglingsenteritiden isoliert werden. Der häufigste Typ war der sog. Typ Alpha von Smith, daneben kam auch noch ein Typ Beta unter den gleichen Umständen wie Typ Alpha vor. Kauffmann, der selbst einige Stämme vom Alpha-Typ in Dänemark gefunden hatte, stellte zusammen mit Dupont die Antigenstruktur dieser Stämme fest und fand, daß die vom Alpha-Typ alle in die neue O-Gruppe 111, die des Beta-Typs in die O-Gruppe 55 gehörten. Weiter konnte er, sowie Adam und Aust feststellen, daß die Stämme der Gruppe 111 teilweise biochemisch und alle serologisch identisch sind mit dem Dyspepsiecoli A IV von Adam, während die Stämme der Gruppe 55 identisch sind mit dem Typ A I. Bezgl. der bisher in der Literatur gebrauchten Bezeichnungen siehe Tab. 4.

Die von Kauffmann eingeführte *Bezeichnungsweise* nach der Antigenstruktur wird heute im in- u. ausländischen Schrifttum ganz allgemein gebraucht. Dies verdient als wissenschaftliche Bezeichnung seine volle Berechtigung, da sie den Vorteil der Einheitlichkeit hat und eine genaue Vorstellung über den jeweiligen Typ gibt. Als Vulgärname scheint uns jedoch der alte Name „Dyspepsiecoli" von Adam auch heute noch sehr zweckmäßig zu sein, da sich hiermit eine praktische Vorstellung vor allem für den Kliniker verknüpft, die die Antigenstruktur nicht vermitteln kann. Zwar ist auch der Ausdruck Dyspepsiecoli sprachlich nicht sehr befriedigend, da es sich bei der durch ihn ausgelösten Erkrankung ja nicht um eine Dyspepsie sensu strictiori, sondern um eine echte Enteritis handelt. Der Name hat sich aber, wenigstens im deutschen Sprachgebiet, so eingebürgert, daß wir ihn auch im folgenden beibehalten möch-

Tabelle 4. *Bezeichnung der Dyspepsiecolitypen.*

1. Typ O-Gruppe 111	ADAM	Dyspepsiecoli A IV
	BRAY	BCN (B. coli neapolitan.)
	SMITH	B. coli Typ Alpha
	TAYLOR u. a.	B. coli D 433
	ROGERS u. a.	B. coli B.G.T. (BRAY, GILES, TAYLOR)
	KAUFFMANN	O 111:B4:.
		O 111:B4:H2
		O 111:B4:H12
2. Typ O-Gruppe 55	ADAM	Dyspepsiecoli A 1
	SMITH	B. coli Typ Beta
	LAURELL	B.C.A. (B. coli Aberdeen)
	KAUFFMANN	O 55:B5:H6

ten. Die Bezeichnung des jeweiligen Typs erfolgt durch Hinzufügung der O-Gruppe, also Dyspepsiecoli 55 oder 111.

Über das *Vorkommen dieser Colitypen bei epidemischer und nichtepidemischer Säuglingsdiarrhoe* wurde bisher aus folgenden Ländern berichtet: England, Dänemark, Schweden, Finnland, Holland, Deutschland, USA, Frankreich, Italien, Israel, Österreich, Schweiz und Australien. In Norwegen konnten die Keime bisher jedoch noch nicht gefunden werden (HESSELBERG u. OEDING). Um eine langatmige Aufzählung der einzelnen zahlenmäßigen Ergebnisse zu ersparen, haben wir dieselben in Tabellenform zusammengefaßt, wobei wir zugleich das Kontrollmaterial, gewonnen an darmgesunden Kindern und Erwachsenen, miteinbeziehen. Die Darstellung erfolgt getrennt nach den beiden O-Gruppen 55 und 111 (s. Tab. 5).

Die *Ergebnisse* der zahlenmäßigen Übersicht sind *zusammengefaßt* die folgenden: Die Häufigkeit des Vorkommens war verschieden, je nachdem Enteritisepidemien untersucht worden sind oder ob alle akuten Ernährungsstörungen mit in die Untersuchung einbezogen wurden. *Bei epidemischem Auftreten beherbergen praktisch alle erkrankten Kinder den jeweiligen bei der Epidemie gefundenen Colityp im Stuhl* (BRAY, GILES und SANGSTER, TAYLOR u. a., ROGERS, KIRBY u. a., LAURELL, MAGNUSSON u. a., BRAUN und HENCKEL [1], BUTTIAUX u. a. [2], OCKLITZ u. SCHMIDT. Werden *alle akuten Ernährungsstörungen* (epidemische und nichtepidemische) untersucht, so zeigt sich, daß *etwa 30—60% der dyspeptischen Kinder einen der pathogenen Colitypen im Stuhl* beherbergen (GILES und SANGSTER 67,2%. SMITH 33%, TAYLOR u. a. 42%, HOLZEL u. a. 63%, PAYNE und COOK 50%, CATHIE 60%, BEEUWKES u. a. 59%, ADAM und AUST 48%, SCHIAVINI 35%, DRIMMER-HERRNHEISER u. OLITZKI 45%, KREPLER und ZISCHKA 69,5%, SHANKS u. STUDZINSKI 24,7%, GRÖNROOS 19,4%). Diese Angaben gelten für E. coli 111. Für E. coli 55 liegen die Zahlen etwas niedriger (SMITH 46%, BRAUN und HENCKEL [2] 19,1%, DRIMMER-HERRNHEISER u. OLITZKI 20,5%)[1]. Die Häufigkeit des Vorkommens der einzelnen Typen ist jedoch, wie wir noch sehen werden, in den einzelnen Zeitabschnitten verschieden. Im Augenblick werden überwiegend die Typen der Gruppe 55 gefunden, während E. coli 111 nur noch sehr selten vorkommt (BRAUN und HENCKEL, SMITH u. a., DUPONT). Hierbei ist allerdings zu berücksichtigen, daß in den ersten Jahren praktisch fast nur auf E. coli O 111 untersucht worden ist. *Zusammengefaßt ergibt sich also, daß etwa bis zur Hälfte aller Dyspepsien durch Dyspepsiecolibakterien hervorgerufen werden.*

---

[1] *Anmerkung bei der Korrektur:* Von DE LUCA und CUTRONEO wurden neuerdings in 51,5% aller Dyspepsien Dyspepsiecoli gefunden, jedoch nur in 5,3% bei darmgesunden Kindern.

Tabelle 5. *Übersicht über das Vorkommen der Dyspepsiecolibakterien und ihre Häufigkeit bei darmgesunden und darmkranken Kindern* (in Erweiterung einer gleichartigen Tabelle von KREPLER und ZISCHKA).

Autor Fundort	Zeit	Vom Autor gebrauchte Stamm-bezeichnung	Enteritisfälle					Kontrollen (darmgesund)		
			Art der untersuchten Fälle	Jahreszeit	Zahl der Fälle	pos. Befunde %	† %	Art des Materials	Zahl der Fälle	pos. Befunde %
BRAY London	1944 1945	B.C.N. B. coli neap.	Enteritisepidemie Sommerdiarrhoe	März Sommer	51 39	82 84	39 44	Säuglinge	100	4
BRAY u. BEAVAN Uxbridge	1945	B. coli neapolit.	Gastroenteritisfälle	Februar bis März	40	87,5	28	Säuglinge	80	4
GILES u. SANGSTER Aberdeen	1947	B. coli neap. Typ. alpha	Dyspepsien aller Schwere-grade und Ursachen	Januar bis März	290	67,2	21,5	Darmges. Kinder (0-8 M.) Erwachs. u. ält. Kinder	169 271	4,2 1,8
GILES, SANGSTER und SMITH Aberdeen	1947	B. coli neap. Typ. alpha	Ausbruch von epidem. Gastroenteritis (Säugl. in 6 Krankensälen)	April bis Juli	207	94,7	50	Säugl. u. Kleinkdr. (bis zu 2 Jahren) Erwachs. u. ält. Kinder Brustkinder	231 450 40	3,0 1,3 0
SMITH Aberdeen	1948	B. coli neap. Typ. alpha	Säugl. mit nichtepidem. Gastroenteritis	Januar bis Dez.	75	33	12,5	Säuglinge Kinder über 1 Jahr	127 248	2,5 0
TAYLOR, POWELL u. WRIGHT London u.a.Orte	1949	B. coli D 433	a) Säugl. versch. Krkh. b) Epid. Neugeb.-Diarrhoe c) Nichtep. Gastroenter.		106 31 75	78,3 100 42	18,6	Kontaktsäuglinge Kontakterwachsene Nichtkontaktsäuglinge	34 80 208	26,5 5 0
HOLZEL, MARTYN u. APTER Manchester	1949	B.C.N.	Säuglingsenteritis (Säuglingsstation)		79	63	26			
ROGERS, KOEGLER u. GERRARD Birmingham	1949	B.G.T. (B. coli BRAY-GILES,TAYL.)	Säuglinge m. Gastroent. (Nur pos. Fälle angeführt)		61	100	21	Darmgesunde Säuglinge mit Kontakt	25 (= 29% d. (Ges.-Mat.)	100
KIRBY, HALL u. COACKLEY Liverpool	1949	B. coli D 433	2 Enteritisausbrüche Neugeborene Frühgeborene	Februar bis März	30 16	100 100	43 0	Teilw. Kontaktfälle (Ges. Neugeb.) Ohne sicheren Kontakt Säuglinge ohne Kontakt	117 224 356	4,2 2 0
ROGERS Birmingham	1949 1950	B. coli Typ alpha und Typ beta	Epidem. Gastroenteritis bei Säuglingen Verschied. Ausbrüche	Nov. bis Februar	114	83,3		Darmgesunde Säuglinge mit Kontakt	28 (= 22,8% d. Ges.-Mat.)	100
PAYNE u. COOK London	1949	B. coli D 433	Säuglinge und Frühgeb.	Februar bis Juni	12	50	0	Kontaktsäuglinge	48	23
CATHIE u. McFARLANE London	1949 bis 1951	B. coli O 111 (D 433)	Alle Kinder m. Gastroent. die zur Aufnahme kamen (bis zu 2 Jahren)	Juni 49 bis März 51	264	60		Kinder unter 2 Jahren Kinder über 2 Jahren	85 87	20 12,6
STEVENSON Glasgow	1949	B. coli D 433	Wegen konsum. Erkrank. hosp. Erwachs. m. Enter.		72	19,4				

Autor	Jahr	E. coli-Typ	Krankheit	Zeit						
BEEUWKES, HODENPIJL u. TEN SELDAM, Holland Eindhoven	1949	E. coli BRAY-GILES	Kleine Epidemien von Säuglingsenteritis in 4 versch. Kinderkrkhsrn.		101	59				
LAURELL, MAGNUSSON, FRISELL u. WERNER	1951	B. coli neapolit. (B.C.N.)	Epidem. Gastroenteritis unter Säugl. mehrere Ausbrüche	Herbst 49 Winter Frühj. 50	62	100	0 Aureomyc.	Säuglinge, z. T. mit Kont. Erwachsene (Pflegepers.)	346 151	3,5 2
KAUFFMANN u. DUPONT Odense/Dänemark	1950	E. coli 111:B4	Ausbruch von Gastroenteritis bei Säuglingen							
BRAUN u. HENCKEL Heidelberg	1950	E. coli 111:B4 B. coli D 433	Mehrere Ausbrüche von inf. Enteritis unter Sgl.	Januar bis Mai	129	100	0 (antibiot. Ther.)	Säuglinge mit Kontakt Säuglinge ohne Kontakt Erwachsene	87 114 134	9,2 0 0,75
ADAM u. AUST	1950	Dyspepsiecoli A IV	Schwere u. leichte Gastroenteritisfälle		46	48	17	Sektionsfälle ohne Dysp.	4	0
NETER u. SHUMWAY Buffalo/USA	1950	E.coli 111:B4 SerotypD433 E. coli O 111	Säuglinge mit nichtepid. Gastroenteritis		5	100				
NETER, WEBB, SHUMWAY u. MURDOCK Buffalo/USA	1951	SerotypD433 E. coli O 111	Säuglinge mit nichtepid. Gastroenteritis	Einige Fälle mit positivem Stuhlbefund				Kinder unter 18 Mon. Kinder über 18 Mon.	169 266	4,2 1,8
BUTTIAUX u. a. Lille, Frankreich	1951	E. coli 111:B4	Epidemie von Säuglingsgastroenteritis. 3 Säuglingsanstalten	Nov. 50 bis März 51	27	100	3,7 (antib. Ther.)			
SCHIAVINI u. a. Novara, Italien	1951	E. coli var. neapolitan.	Säuglinge mit nichtepid. Gastroentertiis	(1951) (1952)	100 221	35 20,4				
DRIMMER-HERRNHEISER u. OLITZKI Jerusalem	1951	Serotyp O 111:B4	Säuglingsgastroenteritis	Sommer	29	45		Säuglinge ohne Kontakt Erwachsene	25 11	0 0
KREPLER u. ZISCHKA Wien	1951	B. coli 111:B4	Säuglings-Diarrhoe, teilweise epidemisch	Oktober bis Mai	108	69,5	8 (antib. Ther.)	Kontaktsäuglinge	93	31,2
MODICA, FERGUSON u. DUCEY Grand Rapids Mich. USA	1952	E.C. 111	Epidem. Diarrhoe unter Neugeborenen u. Säugl.	August b. Febr. (1950 bis 51)	56	80,5	10,7 (antib. Ther.)	Säuglinge Erwachsene	149 93	4,7 0
BUTTIAUX u. a. Lille	1951	E. coli 111:B4	Schwere Gastroenteritis bei einem Erwachsenen							
OCKLITZ u. SCHMIDT Rostock	1952	E. coli 111:B4	Enteritisepidemien	Juni Juli 1951	156	93	0 Aureomyc.	Säuglinge außerh. d. Klin. Ges. Keimträger während der Epidemie	500 (v.156) 22	1 15,06

Tabelle 5. (Fortsetzung.)

Autor Fundort	Zeit	Vom Autor gebrauchte Stammbezeichnung	Enteritisfälle					Kontrollen (darmgesund)		
			Art der untersuchten Fälle	Jahreszeit	Zahl der Fälle	pos. Befunde %	† %	Art des Materials	Zahl der Fälle	pos. Befunde %
Shanks u. Studzinski Glasgow	1952	Typ alpha (O 111:B4)	Alle akuten Dyspepsien während eines Jahres	Sept. 50 b. Sept. 51	158	24,7		Ges. Säuglinge ohne Kont.	101	4
Grönroos Turku, Finnland	1951	O 111:B4 (D 433)	Dyspepsien aller Schweregrade	zweite Hälfte 50	231	19,4		Darmges. Säugl. ohne Kontakt	230	2,2
Smith Aberdeen	1948	B. coli var. neap. Typ Beta	Säuglinge mit nichtepid. Gastroenteritis	Januar bis Dez.	75	46	8	Säuglinge unter 1 Jahr Kinder über 1 Jahr	127 248	9,7 1,2
Smith, Galloway u. Speirs Aberdeen	1949 bis 1950	B. coli O 55:B5:H 6 (Typ Beta)	Säuglinge mit Gastroent. (Alle Klinikaufnahmen)		283	22		12 gesunde Keimträger	= 15,8% d. Gesamt-Materials	
Rogers Birmingham	1949 bis 1950	Bact. coli Typ Beta	Epidem. Gastroenteritis bei Säugl. (verschiedene Ausbrüche)	Nov. bis Februar	114	83,3		Säuglinge mit Kontakt	28 = 22,8% d. Ges.-Mat.	100
Neter, Webb, Shumway u. Murdock Buffalo USA.	1951	E. coli O 55	Säuglinge mit nichtepid. Gastroenteritis	einige Fälle mit positivem Stuhlbefund				Säuglinge Erwachsene	53 74	0,56 0,13
Braun u. Henckel Heidelberg	1950 bis 1951	E. coli 55:B5	Säuglingsenteritis epidem. u. nichtepidemischer Nat.	Sept. bis Juni	353	19,1	0 (antib. Ther.)	Säuglinge mit u. ohne Kontakt	299	5
Buttiaux u. a. Lille	1951	E. coli O 55:B5:H 6	Ausbrüche von epidem. Säuglingsenteritis	Februar	7	100	0 (antib. Ther.)			
Drimmer-Herrnheiser u. Olitzki Jerus.	1951	Serotyp O 55:B5	Säuglingsgastroenteritis	Sommer	29	20,5		Säuglinge ohne Kontakt Erwachsene	25 11	0 0
Dupont Kopenhagen	1951	E. coli 55:B5:6	Säuglinge mit Diarrhoe. Kleine Ausbrüche in verschiedenen Anstalten	Keine Zahlenangaben				Neugeborene Kinder unter 1 Jahr Kinder aller Altersklass.	538 940 1412	0 0 0
Laurell Stockholm	1952	B.C.A. (Bact. coli Aberdeen = 55:B5)	Säuglinge mit Diarrhoe		2	100		Säuglinge	1073 (2 Fälle)	0,19
Ocklitz u. Schmidt Rostock	1952	E. coli O 55:B5	Sporadische Fälle von Enteritis		4			Säuglinge außerhalb der Klinik	500	1,2
Shanks u. Studzinski Glasgow, Engld.	1952	E. coli O 55:B5 Typ Beta	Alle Dyspepsien während eines Jahres		158	8,2		Ges. Säuglinge ohne Kontakt	101	4

*Bei darmgesunden Kindern ist die Häufigkeit des Vorkommens von Dyspepsie-
colibakterien verschieden groß, je nachdem ob die Kinder Kontakt mit den Erkrankten
hatten oder nicht.* Die Zahlen sind, wie aus der Tabelle ersichtlich ist, jedoch so
gering, daß mit Sicherheit gesagt werden kann, daß es sich nicht um ubiquitäre
Colistämme handelt. Dies geht auch aus der Seltenheit des Vorkommens bei
Erwachsenen hervor. Die Zahl der darmgesunden Keimträger beträgt, sofern die
Kinder mit Erkrankten Kontakt hatten, etwa bis zu 30% aller Infizierten (KREP-
LER und ZISCHKA), was sich mit unseren eigenen Erfahrungen (25%) (Tab. 6) gut
deckt. PAYNE und COOK beobachteten 1949 (März) unter 17 infizierten Kindern
(E. coli 111) nur 5 erkrankte Säuglinge. ROGERS schreibt hierzu aber, daß eines

Tabelle 6. *Dyspepsiecolifälle in der Heidelberger Kinderklinik vom 1. Jan. 1950 bis 29. Febr. 1952*

Dyspepsiecoli	Darmkranke Säuglinge	Darmgesunde Säuglinge	(%)	Gesamtzahl
E. coli O 111	94	12	12,8	106
E. coli O 55	120	40	33,4	160
Insgesamt	214	52	24,3	266

der nicht erkrankten Kinder anamnestisch im Februar des gleichen Jahres eine
Colienteritis hatte, so daß nicht ausgeschlossen ist, daß auch ein Teil der übrigen
Kinder eine den Autoren nicht bekannte Enteritis durchgemacht hatte und jetzt
Bakterienausscheider in der Rekonvaleszenz waren. Exakte anamnestische
Erhebungen sind hier zur Vermeidung von Irrtümern zu fordern. Im übrigen
ist bei einem pathogenen Darmkeim mit dem Vorkommen auch größerer Anzahlen
gesunder Keimträger von vornherein zu rechnen, ohne daß dies gegen die Erregernatur eines solchen Keimes zu sprechen braucht. Hier jedenfalls sei in Übereinstimmung mit fast allen Autoren (mit Ausnahme von PAYNE und COOK sowie
CATHIE) festgestellt, daß offenbar eine strenge Beziehung zwischen dem Auftreten
der genannten Colitypen, die im übrigen nur selten vorkommen, und der epidemischen Enteritis der Säuglinge besteht[1]. Ob sie wirklich die Erreger dieser Erkrankung sind, kann nur von der Epidemiologie her und durch die Erfüllung der HENLE-
KOCHSCHEN Postulate gesagt werden. Zur Ergänzung des Gesagten seien die
neuesten Zahlen über das Vorkommen von E. coli 55 und 111 aus der Heidelberger
Klinik über einen Zeitraum von $1^1/_2$ Jahren hier wiedergegeben (Tab. 6).

Biochemisches Verhalten der Dyspepsiecolistämme.

Die ursprünglich von BRAY beschriebenen Stämme gehören biochemisch in die
Gruppe des B. coli neapolitanum. Nach WINSLOW, KLIGLER und ROTHBERG
versteht man hierunter gramnegative, nicht sporenbildende, unbewegliche
Stäbchen. Säure und Gas werden aus Glucose, Maltose, Mannit, Xylose, Arabinose, Rhamnose, Lactose, Saccharose, Salicin und Äsculin, aber nicht regelmäßig
aus Dulcit, Adonit und Inosit gebildet. Gelatine wird nicht verflüssigt. VOGES-
PROSKAUERsche Reaktion negativ, Methylrotprobe positiv. Die Keime werden
im Stuhl höherer Tiere und der Menschen angetroffen. BRAY stellte jedoch fest,
daß die meisten seiner Stämme die Maltose nur langsam vergoren, lediglich
2 Stämme hatten eine prompte Maltosevergärung. Das hervorstechendste
Charakteristikum der Stämme von BRAY war der spermatoide Geruch, der möglicherweise durch ein Derivat von Spermin (ROSENHEIM 1924) bedingt ist.

---

[1] Das Material von CATHIE und McFARLANE scheint hiervon eine Ausnahme zu machen,
da es keine Beziehung zwischen dem Vorkommen der Typen der Gruppe 111 und dem Auftreten von Enteritis aufzeigt. Hier scheinen jedoch methodische Fehler vorgelegen zu
haben, da von KAUFFMANN (persönliche Mitteilung) nur 20% der Stämme von CATHIE und
McFARLANE serologisch wirklich als Dyspepsiecoli der Gruppe 111 identifiziert werden konnten.

Spermin selbst ist geruchlos, aber ein durch Oxydation entstandenes Pyrrolderivat erzeugt den charakteristischen Geruch (Dudley, Rosenheim und Starling 1926). Die Säuerung des Nährmediums scheint die Bildung der Geruchsubstanz zu unterbinden (Bray), so daß sie nach unserer Erfahrung auf gewöhnlichen Agarplatten am deutlichsten ausgebildet wird.

Das *biochemische Verhalten der Dyspepsiecolistämme* der Gruppe 55 und 111 ist ausführlich von Kauffmann und Dupont studiert worden, deren Ausführungen wir hier folgen können: H_2S wird durchweg nicht gebildet, Gelatine wird nicht verflüssigt (allerdings wurden von Laurell, Magnusson u. a. 8 Stämme der Gruppe 111 gefunden, die Gelatine verflüssigten). Alle Stämme wachsen prompt auf Ammoniumagar mit Glucose, jedoch nicht auf Ammoniumagar mit Na-Citrat. Nitrate werden zu Nitriten reduziert, Voges-Proskauersche Reaktion negativ, Methylrotprobe positiv, Harnstoff wird nicht gespalten. Indol wird gebildet, mit Ausnahme der Stämme des Serotyps 111:B4, die in Dänemark gezüchtet wurden.

Wesentlich erscheint das *Verhalten gegenüber Lactose und Saccharose.* Alle Stämme spalten nach Kauffmann u. Dupont die Lactose prompt, wovon auch wir uns immer wieder überzeugen konnten. Es muß jedoch erwähnt werden, daß Bray 10 Stämme der Gruppe 111 fand, die die Lactose nicht spalteten. Diese Stämme hatten aber den charakteristischen Geruch, ihre serologische Identität mit den typischen Stämmen der Gruppe 111 wurde durch Absorptionsteste erwiesen. Bei Subkultur dieser Stämme in Lactosebouillon erwarben sie die Fähigkeit der prompten Lactosespaltung, wohl ein eindeutiges Beispiel dafür, wie wenig die Spaltung oder Nicht-Spaltung dieses Zuckers mit der Pathogenität zu tun hat. Die Spaltung der Saccharose ist ein Merkmal, das fast allen Dyspepsiecolistämmen zukommt, jedoch wurde bereits von Taylor u. a. eine anaerogene, bewegliche Variante der Gruppe 111 beschrieben, die die Saccharose nicht spaltet.

Tabelle 7. *Biochemisches Verhalten der Dyspepsiecolistämme* (nach Kauffmann).

Fermentationstyp Serotyp	1 111: B 4: 2	2 111: B: 4 —	3 111: B 4: 12	4 55: B 5: 6
Adonit	—	—	—	—
Dulcit	$+^{2-3}$	$+^{3-4}$	$+^{3-4}$	$+^{1-2}$
Sorbit	$+^{1-3}$	$+^{1-5}$	$+^1$	— oder $\times$
Sorbose	—	—	—	$+^{1-2}$
Arabinose	$+^1$	$+^1$	$+^1$	$+^1$
Xylose	$+^1$	$+^1$	$+^1$	$+^1$
Rhamnose	$+^1$	$+^1$	$+^{2-9}$	$+^1$
Maltose	$+^1$	$+^1$	$+^{1-2}$	$+^{3-9}$
Salicin	$+^{2-4}$	$+^{2-4}$	$+^{1-2}$	—
Inosit	—	—	—	—
Lactose	$+^1$	$+^1$	$+^1$	$+^1$
Saccharose	$+^{1-2}$	$+^{1-2}$	—	$+^1$
Mannit	+ +	+ +	+ +	+ +
Glucose	+ +	+ +	+ +	+ +
Trehalose	+	+	+	+
Indol	+	+ oder —	+	+
H_2S	—	—	—	—
Gelatineverfl.	—	—	—	—
Ammoniumcitrat	—	—	—	—
KNO_3	+	+	+	+
Methylrot	+	+	+	+
Harnstoff	—	—	—	—
Voges-Proskauer	—	—	—	—

Erklärung: — = negativ nach 30 Tagen. $\times$ = spät und unregelmäßig pos. oder neg. $+^1$ = pos. nach 1 Tag (bzw. nach 2 usw. Tagen).

Die vorstehende von KAUFFMANN [5] übernommene Tabelle 7 zeigt das biochemische Verhalten der Serotypen der Gruppe 55 und 111:

Die Stämme der O-Gruppe 111 können in 3 Fermentationstypen eingeteilt werden, wobei die beiden ersten Typen nach KAUFFMANN [5] besser als Indol negative und positive Variante desselben Fermentationstyps angesehen werden. Eine Variante, die in der Tabelle nicht aufgeführt ist (Stamm Dundee 6), spaltet die Lactose nicht. Von der Gruppe 55 ist bis jetzt nur ein Fermentationstyp bekannt. Die obigen Ausführungen zeigen, daß die KAUFFMANNsche Tabelle durch die Untersuchungen anderer Autoren zu ergänzen wäre, worauf wir jedoch verzichten möchten, da, wie auch KAUFFMANN meint, damit zu rechnen ist, daß bei der Untersuchung einer großen Anzahl von Stämmen noch mehr Fermentationstypen aufgefunden werden. Für die Diagnose der Stämme ist das serologische Verhalten maßgebend.

Das Hämolysierungsvermögen scheint sich unterschiedlich zu verhalten. Nach TAYLOR u. a. bildet die Mehrzahl der Stämme der Gruppe 111 kein Hämolysin, die entsprechenden Stämme von GILES und SANGSTER waren jedoch alle hämolytisch. 5 Stämme mit Hämolyse wurden auch von LAURELL, MAGNUSSON u. a. gefunden. Wir selbst haben bei der Gruppe 111 nie Hämolyse gesehen. Die Stämme der Gruppe 55 sind nach allen Beobachtungen nicht hämolytisch. — Von DRIMMER-HERRNHEISER und OLITZKI wurde außerdem berichtet, daß die von ihnen in Jerusalem beobachteten Stämme der Gruppe 55 und 111 Hämagglutination gegenüber Menschenblutkörperchen gezeigt hätten. Wir selbst konnten diese Beobachtung weder für Menschenblut noch Hammelblut bestätigen. GRÖNROOS fand auch keine Hämagglutination von E. coli 111:B4 (D 433) gegen Meerschweinchen- und Kaninchenblutkörperchen.

Der von BRAY zuerst beschriebene Spermageruch der Kulturen kommt nur bei der Gruppe 111 vor, so daß er ein Differentialdiagnosticum zwischen 55 und 111 darstellt (SMITH, GALLOWAY u. SPEIRS).

Serologisches Verhalten der Dyspepsiecolistämme.

Die bisher bekannten Dyspepsiecolistämme gehören, wie schon erwähnt, in die von KAUFFMANN 1941 aufgefundene *O-Gruppe 55* sowie in die mit den Colistämmen aus England von KAUFFMANN neu aufgestellte *O-Gruppe 111*. Die Stämme der Gruppe 111 besitzen alle ein B-Antigen; dies ist mit den ursprünglichen, von KNIPSCHILDT aufgefundenen B-Antigenen 1, 2 und 3 serologisch nicht verwandt und erhielt daher die Nummer 4 (B4 = K 58, nach der fortlaufenden Numerierung der bekannten K-Antigene.) Das Vorhandensein eines B-Antigens ergibt sich aus folgenden Tatsachen (KAUFFMANN [5]): In der Röhrchenagglutination werden die lebenden Kulturen nur bis zu einem relativ niedrigen Titer agglutiniert. In Seren, die mit den gekochten Stämmen hergestellt wurden, also reinen O-Seren, werden die gekochten Stämme sehr hoch agglutiniert, lebend jedoch auch in hohen Konzentrationen (1:10) sowie bei der Objektträgeragglutination nicht. Die Stämme geben nicht das Phänomen der Kapselschwellung, können also kein A-Antigen besitzen, auf der anderen Seite binden sie auch in gekochtem Zustand alle Agglutinine der sog. O-K-Seren. Sie können also kein L-Antigen, sondern nur ein B-Antigen haben (siehe Tab. 1).

Die Stämme der Gruppe 111 mit dem B-Antigen 4 treten alle nur in der sog. Plusform, d. h. in der das K-Antigen enthaltenden Form auf. Da bis jetzt leider noch keine Stämme der Gruppe 111 mit einem L-Antigen bekannt sind, ist es nicht möglich, ein reines B-Serum herzustellen, da das B-Antigen in jedem physikalischen Zustand agglutininbindend ist. Von KAUFFMANN [5] wurden Versuche unternommen, B-Minusformen zu erhalten. Durch Serienpassage in 50%iger Gallebouillon war es verschiedene Male möglich, Varianten zu bekommen, die lebend im O-Serum agglutinabel waren, d. h. sich ähnlich wie Minusformen verhielten; aber bei entsprechenden Absorptionsversuchen wurde auch von diesen Formen das B-Agglutinin gebunden. Der agglutininbindende Effekt des B-Antigens wurde auch nicht durch Erhitzen der Kulturen auf 120° für 2 Std. oder durch 20stündige Behandlung mit HCL bei 37° zerstört. Diese letzten Versuche konnten wir bestätigen. Einen neuen Weg zur Erhaltung von B-Minusformen haben HILTON und TAYLOR für den Stamm D 433 sowie für 4 andere Stämme der

Gruppe 111 bekanntgegeben. Sie züchteten durch fortgesetzte Passage der Stämme über 3—4 Wochen im semisoliden Medium hochbewegliche Formen der vorher unbeweglichen Stämme heraus. Mit diesen war es möglich, durch Absorption der O-B-Seren reine B-Seren herzustellen, womit die Frage nach der Erhaltung solcher Seren gelöst schien. Wir haben diese Befunde ausführlich für alle Varianten der Gruppe 111 (111:B4, 111:B4:H2, sowie 111:B4:H12) und für den Stamm 55:B5:H6 nachgeprüft. In keinem Fall, auch nicht bei 10 Passagen über 3 Wochen, haben wir ein reines B-Serum erhalten. Wie uns Kauffmann persönlich mitteilte, ist es auch ihm nicht gelungen, auf diesem Wege eine B-Minusform zu erhalten, da er die Versuche von Taylor und Hilton nicht bestätigen konnte. So sieht es also nicht so aus, als ob mit dieser Methode grundsätzlich eine Möglichkeit zur Herstellung von B-Minusformen gegeben wäre.

Serologisch werden die Stämme der Gruppe 111:B4 in 3 Untertypen eingeteilt, die sich durch ihr H-Antigen unterscheiden. Der Teststamm der Gruppe 111, der Stamm „Stoke W" von Giles (Aberdeen), ist wie der Stamm D 433 von Taylor unbeweglich. Er besitzt kein H-Antigen. Hilton und Taylor sowie Wright [2] haben jedoch gezeigt, daß auch diese Stämme durch Passage im semisoliden Medium beweglich gemacht werden können, eine Erfahrung, die wir voll bestätigen können, wenn auch die Passage bei den primär unbeweglichen Stämmen viel langsamer vor sich geht als bei den beweglichen. Einige der von Hilton und Taylor beweglich gemachten Stämme hatten das H-Antigen 2. Neben dem Stamm 111:B4:., der hauptsächlich in England gefunden wurde, sind noch 2 andere bewegliche Varianten bekannt geworden. Die eine mit dem H-Antigen 2 wurde zuerst von Beeuwkes in Holland gefunden, sowie in Deutschland an verschiedenen Stellen festgestellt. Die meisten der bisher gefundenen Stämme gehören zu diesem Typ. Von Taylor wurde in London auch noch ein anaerogener Stamm der Gruppe 111 gefunden, der die Saccharose nicht spaltet und das H-Antigen 12 besitzt. Diese 3 Typen sind bis jetzt die wesentlichen Vertreter der Gruppe 111:B4. Daneben wurden von Laurell, Magnusson u. a. in Stockholm noch die H-Antigene 7, 10 und 26 festgestellt. Diesen Stämmen scheint jedoch keine besondere Bedeutung zuzukommen, da sie an anderen Orten nicht gefunden worden sind. Wie uns Kauffmann außerdem mitteilte, handelt es sich bei diesen H-Antigen-Bestimmungen von Laurell um Fehldiagnosen.

Der *Teststamm der Gruppe* 55 wurde von Kauffmann [5] 1941 in Kopenhagen aus Ohreiter gezüchtet (Su 3912/41). Dieser Stamm ist aber biochemisch sowie serologisch geringfügig verschieden von dem sog. Betatyp (Smith). Er ist nur sehr schwach beweglich, so daß bisher ein H-Antigen noch nicht bestimmt wurde. Die Stämme des Betatyps, die bisher in Schottland und England, USA, Dänemark, Deutschland und Israel gefunden wurden, haben ebenfalls ein bis dahin noch nicht beschriebenes B-Antigen, B5 (= K 59). Auch hier sind keine B-Minusformen sowie Stämme mit einem L-Antigen bekannt, so daß es nicht gelingt, ein reines B-Serum herzustellen. Fast alle bisher bekannten Stämme sind beweglich und haben das H-Antigen 6 (Kauffmann und Dupont). Neuerdings hat ørskov an einem Stamm aus Wien (Krepler und Zischka) das H-Antigen 7 festgestellt, eine unbewegliche Variante wurde von Drimmer-Herrnheiser und Olitzki in Jerusalem gefunden. Auch das H-Antigen 2 kommt in der Gruppe 55 vor (Laurell).

Die serologischen Eigenschaften der bisher bekannten Dyspepsiecolitypen können in der folgenden Tab. 8 zusammengefaßt werden, wobei wir eine frühere Tabelle von Kauffmann und Dupont erweitern.

Ein erwähnenswerter Befund ist neuerdings auch noch von Neter, Bertram und Arbesman bekanntgegeben worden. Gekochte Bouillonkulturen und keimfreie Kulturfiltrate von E. coli O 55 und O 111 machen bei entsprechender Behandlung rote Blutkörperchen von Menschen und Kaninchen spezifisch agglutinabel gegenüber dem homologen, gruppenspezifischen Coli-Antiserum. Unerhitzte Kulturen und Filtrate waren weniger wirksam. Aus dieser

Tabelle 8. *Serologisches Verhalten der Dyspepsiecolitypen.*

Gruppe	Stamm	Antigene			Frühere Bezeichnung
		O	K	H	
O 111	„Stoke W" (Teststamm)	111	B 4	.	Typ A IV (ADAM) Typ Alpha (SMITH)
	416 2/50 H (Heidelberg)	111	B 4	2	
	5737 („Dundee 6")	111	B 4	12	
O 55	(Su 3912/41, Teststamm) „Stoke P"	55	B 5	?	Typ A I (ADAM) Typ Beta (SMITH)
	(Aberdeen)	55	B 5	6	
	Stämme aus Wien	55	B 5	7	
	Stamm aus Jerusalem	55	B 5	.	
	Stämme aus Stockholm	55	B 5	2	

Beobachtung wird von den Autoren der Schluß gezogen, daß der Unterschied zwischen O- und B-Antigenen nicht durch eine besondere topographische Anordnung der Antigene bedingt ist, sondern daß sich alle Antigene innerhalb der Zelle befinden. Weiter wird für möglich gehalten, daß sich die Antigene auch in vivo an den Erythrocyten festsetzen könnten. Die beschriebenen Versuche stellen nun zweifellos eine interessante Ergänzung der Agglutinationsproben dar. Wir haben in informierenden Versuchen bei gleicher Methodik diese Ergebnisse bis jetzt voll bestätigen können.

Über die serologischen Beziehungen zwischen Dyspepsiecolibakterien und Salmonellen, bzw. salmonellenähnlichen Keimen sind die folgenden interessanten Befunde durch KAUFF-MANN [6] bekannt geworden: 1946 züchteten VARELA, AGUIRRE und CARILLO einen Escherichiastamm bei einem Fall von schwerer Diarrhoe mit tödlichem Ausgang. Dieser Stamm besaß das O-Antigen XXXV von Salmonella Adelaide. Die O-Antigene dieser beiden Stämme waren serologisch identisch. 1951 konnten VARELA und OLARTE feststellen, daß dieser Escherichiastamm, der sog. Stamm „Gomez", identisch war mit E. coli 111:B4. KAUFFMANN, der diese Ergebnisse bestätigen konnte, fand aber darüber hinaus, daß S. Adelaide auch die K-(bzw. B-)-Antigene von 111:B4 besitzt. Die gleichen Verhältnisse gelten auch für S. monschaui, das ebenfalls das Salmonellen-O-Antigen XXXV besitzt. Die Existenz des B-Antigens wurde einmal dadurch demonstriert, daß S. Adelaide die O-B-Seren von 111:B4 vollkommen erschöpfen kann (auch nach eigenen Untersuchungen), zum anderen können S. Adelaide-Seren bei 111:B4 Kapselschwellung hervorrufen. Allerdings sind die Salmonellen in jedem Zustand (lebend und gekocht) voll O-agglutinabel in den O-Seren von E. coli 111:B4. Hierin unterscheiden sie sich von den Colistämmen der Gruppe 111, die ja in lebendem Zustand O-inagglutinabel sind. Trotz weitgehender Identität der Körperantigene scheinen hier doch gewisse prinzipielle Unterschiede in dem serologischen Verhalten der beiden Bakterienarten vorzuliegen. KAUFFMANN zitiert in seiner Arbeit [6] ein Manuskript von SCHMID und VELAU-DAPILLAI, in welchem ebenfalls von einer strengen Beziehung zwischen Salmonellen-O-Antigen XXXV und E. coli 111:B4 die Rede ist, welches also wohl eine Bestätigung der obigen Ergebnisse darstellt.

Innerhalb der Gruppe 55 sind bis jetzt keine Antigenbeziehungen zu Salmonellen bekannt geworden, jedoch bestehen enge serologische Gemeinschaften mit Paracolon Arizona (s. S. 83), eine serologisch definierte Paracoligruppe (EDWARDS und Mitarbeiter), die, wie bereits erwähnt, eine Mittelstellung zwischen Salmonellen und Colibakterien einnimmt. Bereits 1950 hatte FRANTZEN [2] festgestellt, daß enge Antigenbeziehungen bestehen zwischen der O-Gruppe 55 und der Arizona-O-Gruppe 9, die O-Antigene waren jedoch nicht identisch. Diese Ergebnisse konnten nun von KAUFFMANN [6] auch für die Dyspepsiecolibakterien der Gruppe 55 bestätigt werden. Ähnlich wie in der Gruppe 111 und den erwähnten Salmonellen (s. o.), war es interessanterweise auch hier so, daß die untersuchten Arizonastämme das B-Antigen 5 der O-Gruppe 55 besaßen, d. h. alle B-Agglutinine der O-K-Seren (O-B-Seren) der Gruppe 55 zu binden in der Lage waren. Die Arizonastämme waren jedoch im Gegensatz zu den Stämmen der Gruppe 55 in jedem Zustand O-agglutinabel. Ein Arizona-Serum ergab mit O-55-Kulturen eine typische Kapselschwellung. Die Art der Antigenbeziehungen zwischen 55:B5 und Arizona-O 9 sind also ganz ähnlicher Art wie zwischen O 111:B4 und S. Adelaide, wenn auch hier die Identität der Körperantigene nicht so weit geht wie bei der O-Gruppe 111 und den genannten Salmonellenstämmen. Nun besitzen zwar mehrere Stämme der Arizonagruppe ihrerseits wieder O- und H-Antigenbeziehungen zu Salmonellen (Frantzen, Kauffmann). Es muß aber erwähnt werden, daß die hier interessierende O-Gruppe 9 selbst keine O-Antigenbeziehungen zu der Salmonellagruppe aufweist.

So interessant und wichtig die mitgeteilten serologischen Befunde sind, so sehr sollte man sich davor hüten, sie im Hinblick auf eine eventuelle Erklärung der Pathogenität der Dyspepsiecolibakterien zu überbewerten. Denn die Antigenbeziehungen zwischen Salmonellen und Colibakterien sind keineswegs für die Dyspepsiecoligruppe allein spezifisch, sie kommen auch bei einer Reihe anderer Escherichiastämme vor, die bis jetzt nicht als pathogene Typen bekannt geworden sind (Frantzen [2], Kauffmann [5], van Oye). Es läßt sich also nicht sagen, daß Colistämme mit Salmonellenantigenen ohne weiteres als pathogen anzusehen seien, ebensowenig wie die Umkehrung richtig sein dürfte, daß bei Fehlen von Antigenen der Salmonellagruppe oder salmonellenähnlicher Keime (Arizona) ein bestimmter Colistamm nicht pathogen sei. Es wird später noch zu erwähnen sein, daß heute bereits Beweise für die Richtigkeit dieser Anschauung vorliegen.

Weitere pathogene Colitypen.

Die klinische Beobachtung am Krankenbett läßt uns aus 2 Gründen wahrscheinlich erscheinen, daß die bisher bekannten Gruppen pathogener Colitypen nicht die einzigen seien, die als Erreger der infektiösen Säuglingsenteritis in Frage kommen. 1. Die hochwirksame antibiotische Therapie beschränkt sich, wie Braun und Henckel [2] feststellen konnten, nicht nur auf die Fälle mit E. coli 55 und 111, sie ist auch bei schweren Säuglingsintoxikationen wirksam, bei denen keine dieser Colitypen nachgewiesen werden können. 2. Man erlebt hin und wieder kleine Zimmerepidemien, die in vielen Punkten den Beobachtungen von der Infektion mit E. coli 55 und 111 her gleichen, obwohl man diese Keime nicht isolieren kann. Hiergegen läßt sich einwenden, daß die Methodik des Nachweises auch einmal versagen könnte. Dies kann wohl für den einen oder andern Fall zutreffen, dagegen spricht aber die von fast allen Autoren gemachte Beobachtung, daß während der akuten Erkrankung die pathogenen Colistämme praktisch in Reinkultur im Stuhl auftreten, so daß es schwer ist, diese zu übersehen. So müßte also bei kleinen Epidemien wenigstens der eine oder andere Fall nachweisbare Colitypen der Gruppe 55 oder 111 im Stuhl enthalten.

Kauffmann [4] sprach 1950 bereits die Vermutung aus, daß mit der Auffindung weiterer Enteritistypen zu rechnen sei. Die Isolierung solcher Typen kann nur in engster Verbindung von Klinik und Laboratorium geschehen, wobei besonders die klinischen und epidemiologischen Daten schärfster Kritik standhalten müssen. Nach unseren bisherigen Erfahrungen müssen wir die folgenden *Bedingungen für die Anerkennung der Infektiosität eines neuen Stammes* stellen:

1. Das klinische Bild der Patienten, bei denen die fraglichen Stämme gefunden werden, muß dem der Infektion mit E. coli 55 oder 111 ähneln.

2. Epidemisches Auftreten sowie der Nachweis von Infektketten muß gefordert werden.

3. Promptes Ansprechen der antibiotischen Therapie mit parallellaufender Empfindlichkeit der Erreger in vitro. Verschwinden derselben aus dem Stuhl nach Anwendung des Antibiotikums.

4. Nachweis der Stämme bei enteritischen Krankheitsbildern an anderen Orten sowie von verschiedenen Autoren.

5. Erfüllung der Henle-Kochschen Bedingungen bzw. Nachweis der fakultativen Pathogenität beim Erwachsenen.

6. Adam fordert darüber hinaus noch den Nachweis der Erreger in den inneren Organen verstorbener Kinder, sowie der bei der Infektion mit E. coli 55 und 111 beobachteten pathologisch-anatomischen Veränderungen am Darm. Diese letzte

Bedingung wird jedoch in der antibiotischen Ära schwer erfüllbar sein, da, solange keine resistenten Stämme vorhanden sind, keines der erkrankten Kinder heute mehr an der Coliinfektion zu sterben braucht.

Eine derartige strenge Formulierung ist notwendig, um einer kritiklosen Publikation neuer Colistämme von Stellen, die weder mit der Methodik noch mit der klinischen und epidemiologen Problematik genügend vertraut sind, vorzubeugen. Unter diesen Gesichtspunkten seien hier nun noch einige *weitere Colistämme* angeführt, die *möglicherweise* als *pathogene Colitypen* angesehen werden müssen.

ØRSKOV [1] berichtete 1951 über das Vorkommen von Colistämmen der O-Gruppe 26 bei Fällen von Säuglingsdiarrhoe und bei der Kälberruhr.

Es handelt sich um insgesamt 62 Stämme, die meistens aus Dänemark stammten und aus den Stühlen von Kindern unter 1 Jahr mit der Diagnose Gastroenteritis, Enteritis und ähnliches gezüchtet wurden. Einige dieser Stämme hatte ØRSKOV aus England erhalten: E. G. HALL, Liverpool (Strain 17650/0), J. TAYLOR, London (Strain E 893), GILES, Birmingham (Strains „HALL" und „McQUINN") sowie RANTASALO, Helsinki (4 Stämme). Auch diese Stämme waren von Fällen mit Säuglingsdiarrhoe isoliert worden. 8 Stämme derselben Gruppe hatten seit 1943 BIERING-SØRENSEN, KNIPSCHILDT, VON MAGNUS und TULINIUS aus 50 Proben von Autopsiematerial einer schweren Gastroenteritisepidemie unter Säuglingen isoliert. (Die ursprüngliche Feststellung in dieser Arbeit, daß in *allen* Proben Stämme der Gruppe 26 gefunden worden seien, ist nach einer Mitteilung von KAUFFMANN und DUPONT ein Druckfehler!) Daneben isolierten sie auch Colistämme der Gruppe 44. Interessanterweise wurden Stämme der Gruppe 26 auch bei Fällen von Kälberruhr gefunden, was für die Dyspepsiecolistämme bisher nicht gelang (TAYLOR u. a., WRAMBY).

Die bisher aufgefundenen Stämme haben die Antigenformeln O 26:B6:. oder O 26:B6:H 11. Sie besitzen also auch ein neues B-Antigen, das keine serologischen Beziehungen zu den B-Antigenen 1—5 aufweist. Die Herstellung eines reinen B-Serums ist nicht möglich, da keine K-Minusformen vorkommen. Im semisoliden Medium konnten nach unseren eigenen Versuchen die Stämme ohne H-Antigen nicht zum Schwärmen gebracht werden. Biochemisch handelt es sich um prompte Lactose- und etwas verzögerte Saccharosevergärer, die dem IMVIC-Typ + + — — angehören, also typische Colibakterien sind. Nach der Alkohol- und Zuckervergärung konnte ØRSKOV 3 Fermentationstypen aufstellen. Der 1. war Dulcit-positiv, Rhamnose-positiv und bildete Säure und Gas aus Mannit und Glucose. Zu diesem Typ gehörten die meisten der beobachteten Stämme. Der 2. Typ war Dulcit-negativ, Rhamnose-negativ, bildete jedoch Säure und Gas aus Mannit und Glucose. Der 3. Typ war ebenfalls Dulcit-negativ und Rhamnose-negativ, bildete jedoch kein Gas aus Glucose und Mannit, so daß er auch als anaerogene Variante des 2. Typs aufgefaßt wird. Eine Tabelle von ØRSKOV zeigt die biochemischen Typen in Zuordnung zu ihrem serologischen Verhalten (Tab. 9).

Interessanterweise entspricht der Vergärungstyp AI der Kälberruhrstämme von CHRISTIANSEN dem Vergärungstyp 1 der Gruppe O 26. Ein derartiger Colityp wurde auch von TAGAWA (1938) bei durchfallskranken Säuglingen gefunden. Ergänzend sei noch erwähnt, daß ØRSKOV in allen Fällen akuter Erkrankungen die betreffenden Colistämme zu 80—100% in den primären Stuhlkulturen nachweisen konnte.

Auf der Suche nach pathogenen Colitypen haben BRAUN und RESEMANN 1951 ohne Kenntnis der Ergebnisse von ØRSKOV bei einem schwer dyspeptischen Säugling den Stamm 128/51 isoliert. Serologisch identische Stämme konnten auch noch bei 6 weiteren darmkranken Säuglingen gefunden werden, die ein der Dyspepsiecoliinfektion ähnliches klinisches Bild boten und prompt auf die antibiotische Therapie ansprachen. Hierunter zählt unsere schwerste Intoxikation, die wir im Verlauf von 2 Jahren gesehen haben. Die 6 gezüchteten Colistämme haben nach einer Untersuchung von ØRSKOV ebenfalls die Antigenformel O26:B6 und lassen sich in eine der drei Fermentationstypen einordnen. Wir haben jedoch nie epidemisches Auftreten gesehen, niemals ist es von einem der erkrankten Kinder zu Kontaktinfektionen gekommen. Beim Versuch am Erwachsenen mit Verabreichung von 30 Mill. Keimen erwiesen sich die Stämme als apathogen. Von ørskov selbst liegen leider weder klinische noch epidemiologische Daten vor.

Tabelle 9. *E. coli-Typen der Gruppe O 26 : B 6* (nach ørskov).

Antigenformel	O 26:B6:.	O26:B6:H11	O 26:B6:
Fermentationstypen	1	2	3
Adonit.	—	—	—
Dulcit	+ [2-3]	—	—
Sorbit	+	+	+
Arabinose	+	+	+
Xylose.	+	+	+
Rhamnose	+	—	—
Maltose	+	+	+
Salicin	×	×	×
Inosit	—	—	—
Lactose	+	+	+
Saccharose	+ [2-3]	+ [2-3]	+ [2-3]
Sorbose	+	+	+
Mannit	+ +	+ +	+ —
Glucose	+ +	+ +	+ —
Indol	+	+	+
H_2S	—	—	—
Gelatineverfl.	—	—	—
Voges-Proskauer	—	—	—
Methylrot	+	+	+
Ammoniumcitrat[1]	—	—	—

Nach unseren eigenen Untersuchungen an einem großen Kontrollmaterial von darmgesunden Säuglingen sowie Erwachsenen handelt es sich nicht um ubiquitäre Colistämme. So können wir also sagen, daß die Stämme der Gruppe O 26 zwar eine Reihe der Forderungen, die wir eingangs stellten (Erkrankungsbild, Therapieerfolg, praktisch in Reinkultur im Stuhl, Auffindung an mehreren Orten) erfüllen, daß es aber doch wesentliche Unterschiede gegenüber der Infektion mit E. coli 55 und 111 gibt, vor allem das Fehlen von epidemischem Auftreten[2]. Bezüglich der Infektion von Erwachsenen kann noch nichts Endgültiges gesagt werden, da hierzu noch größere Keimdosen geprüft werden müßten. Es wäre verfrüht, bei diesen Stämmen von einem Dyspepsiecoli zu sprechen, da es sich um ein zufälliges Zusammentreffen handeln kann.

Braun und Resemann haben jedoch einen andern Colistamm (992/51) isolieren können, der sowohl in bakteriologischer als auch in klinisch-epidemiologischer Hinsicht weitgehend die Eigenschaften der bekannten Dyspepsiecolitypen aufwies. Die hierher gehörigen Stämme wurden erstmals im Oktober 1951 anläßlich einer kleinen Zimmerepidemie von Gastroenteritis bei 5 Säuglingen der Heidelberger Kinderklinik praktisch in Reinkultur aus dem Stuhl gezüchtet. Die Stämme waren biochemisch und serologisch vollkommen identisch. In den folgenden Monaten konnten die Stämme noch 5 mal isoliert werden, wobei wenigstens bei 3 Kindern eine Kontaktinfektion wahrscheinlich war. Es zeigte sich dabei eine Inkubationszeit, wie sie auch bei der Infektion mit E. coli 55 und 111 beobachtet wird. 2 Kinder waren schwer erkrankt mit Fieber, Gewichtssturz, Erbrechen und Diarrhoe. 5 Kinder waren leicht erkrankt, 3 Kinder waren ohne Krankheitserscheinungen. Im Versuch am Erwachsenen erwiesen sich diese Keime als hochpathogen. Die antibiotische Therapie war bei den erkrankten Fällen prompt wirksam, die Erreger verschwanden aus dem Stuhl. Die Empfindlichkeit in vitro entsprach der klinischen Wirkung der betreffenden Antibiotica (s. später).

---

[1] Ergänzt nach Braun und Resemann. Bezeichnung siehe Tab. 7.

[2] Auf der 52. Tgg. der dtsch. Ges. f. Kinderheilk. (1952) ist von noch weiteren Autoren (Krepler, Marget, Müller) auf das Vorkommen von Stämmen der Gruppe O 26:B 6 bei der Säuglingsenteritis hingewiesen worden.

Serologisch haben auch diese Stämme ein B-Antigen, das Vorhandensein eines H-Antigens mußte wegen der Beweglichkeit sowie auf Grund von Absorptionsversuchen angenommen werden. Die Herstellung eines reinen B-Serums gelang nicht, da keine B-Minusformen auftreten. Auch mit dem Verfahren von HILTON und TAYLOR konnten keine B-Minusformen erhalten werden. Es bestanden weder zu Salmonellen noch zu den Dyspepsiecolistämmen 55 und 111 serologische Beziehungen. Die Stämme hatten folgende biochemischen Eigenschaften:

Tabelle 10.

Stamm	Lactose	Saccharose	Rhamnose	Sorbose	Sorbit	Dulcit	Adonit
992/51 und alle anderen Stämme	+	+	+	$+^2$	—	$+^{5-6}$	—

	Indol	Methylrot	Voges-Proskauer	Ammoniumcitrat		H_2S
	+	+	—	—		—

Die Stämme gleichen damit biochemisch dem Dyspepsiecolityp AI von ADAM [3] bzw. dem Dyspepsiecoli 55:B5:H6. Nach einer Untersuchung von ØRSKOV gehören der Stamm 992/51 sowie alle anderen Stämme in die O-Gruppe 86. Nach seiner Mitteilung wurden derartige Stämme auch von TAYLOR in London sowie von ZISCHKA in Wien bei Gastroenteritisfällen gezüchtet. Bei seinen Untersuchungen über die bovine Mastitis fand FEY (Zürich, persönl. Mitt.) die O-Gruppe 86 als eine der häufigsten. Wie KAUFFMANN (in Bestätigung früherer Untersuchungen von FRANTZEN [2]) feststellen konnte, bestehen enge serologische Beziehungen zu Paracolon Arizona, O-Gruppe 21, womit eine weitere wichtige Parallele zur Dyspepsiecoliegruppe 55 aufgezeigt wird (s. dort).

Die Eigenschaften der hierher gehörigen Stämme scheinen denen der bekannten Dyspepsiecolitypen weitgehend zu entsprechen, bezüglich der Pathogenität beim Erwachsenen und im Tierversuch diese sogar noch zu übertreffen (s. später). Wir möchten daher die Stämme der Gruppe 86 als neue Enteritistypen zur Diskussion stellen. Weitere Untersuchungen an anderen Stellen müssen ergeben, ob unsere Vermutungen richtig sind. Bei einem Kontrollmaterial an über 900 darmgesunden Säuglingen und Erwachsenen konnten wir bereits feststellen, daß es sich auch bei diesen Colistämmen nicht um ubiquitäre, sondern um seltene Typen handelt. Im übrigen ist das biochemische Verhalten insofern interessant, als hiermit gezeigt wird, daß nicht nur innerhalb der serologischen Gruppe Dyspepsiecoli biochemisch verschiedene Typen vorkommen (s. Tab. 7), sondern auch, daß innerhalb der von ADAM gegebenen biochemischen Typen sich ganz verschiedene serologische Gruppen befinden können.

Von OCKLITZ und SCHMIDT [2] ist schließlich eine Enteritisepidemie unter 16 Frühgeborenen beschrieben worden, bei der ein Stamm der O-Gruppe 25 von F. ØRSKOV aus den Stühlen aller erkrankter (14) und 2 gesunder Keimträger gezüchtet wurden. Der Stamm hatte die Antigenformel O 25:K:H6. Bei dem K-Antigen soll es sich um ein L-Antigen handeln. Es bestehen O-Antigenbeziehungen zur O-Gruppe 26. Auch später konnten OCKLITZ und SCHMIDT [2] Keime der Gruppe 25 bei darmkranken Säuglingen isolieren. Wie uns KAUFFMANN mitteilte, hat auch D'ALESSANDRO in Palermo Keime der O-Gruppe 25 bei Säuglingsenteritis gezüchtet.

Die hier angeführten pathogenen Colitypen der Gattung Escherichia stellen unsere bisherigen Kenntnisse auf diesem Gebiet dar. Wir sind aber überzeugt, daß dies nur ein Anfang ist und daß jahrelange, vielleicht sogar jahrzehntelange

Arbeit wird folgen müssen, bis wir hier so weit sind wie auf dem Gebiet der Salmonellen. Die Auffindung neuer Typen ist hier jedoch erheblich schwieriger als bei den letzteren, da die Bedingungen viel schwerer gestellt werden müssen. Bei der Auffindung eines Typs der Salmonellagruppe kann seine mehr oder weniger große Pathogenität vorausgesetzt werden. Hier aber ist engste Zusammenarbeit zwischen Klinikern, Epidemiologen und Bakteriologen nötig, um das Problem zu lösen. Die Kritik muß sehr streng sein, vor allem von seiten der Kliniker, sonst läuft das bisher Erreichte Gefahr an Wert zu verlieren, jedenfalls in den Augen derjenigen, die mit der Problematik nicht engstens vertraut sind. Der Weg ist aber klar, und es ist nur eine Frage der Zeit, bis die noch schwebenden Fragen einer Lösung zugeführt werden.

b) Pathogene Colitypen innerhalb der Paracolonbaktrum-Gruppe.

Bekanntlich ist besonders von Hassmann [1] angenommen worden, daß die von ihm als „saprophytäre Minusvarianten" bezeichneten Paracolibakterien pathogen seien, wobei er besonders eine endogene Variation von typischem Coli in Paracoli annimmt, die gleichzeitig mit einer Virulenzsteigerung der Keime verbunden sein soll. Wir sind auf diese Theorien von Hassmann bereits ausführlich eingegangen. Es muß nach den heutigen Kenntnissen angenommen werden, daß sie nicht zu Recht bestehen. Die modernen Dyspepsiecoliforschung hat vielmehr ergeben, daß die pathogenen Colitypen in der Gruppe der typischen, lactosevergärenden Colibakterien zu suchen sind, wenn auch Bray einen pathogenen Stamm der Gruppe 111 mit negativer Lactosevergärung beobachten konnte. Es wäre nun aber falsch, das Problem auch in dieser Richtung einseitig zu sehen. Vielmehr müssen wir annehmen, daß es auch innerhalb der Gruppe der nicht lactosevergärenden Colibakterien bestimmte genau definierte Arten gibt, die man auf Grund der klinischen und epidemiologischen Beobachtungen als pathogen ansehen muß. Leider ist dieses Gebiet in der Erwachsenen-Medizin besser bearbeitet als in der Säuglingsheilkunde. Jedoch scheint uns deren Erwähnung hier wichtig, da angenommen werden kann, daß für den Erwachsenen pathogene Darmkeime auch für den Säugling pathogen sind; es ist sicher nur eine Frage der intensiven Suche, ob man solche Colitypen auch auf den Säuglingsstationen findet.

Paratyphusähnliche Erkrankungen bei Erwachsenen mit gutartiger Verlaufsart, wobei Paracolibakterien im Blute gezüchtet wurden, sind während des ersten Weltkrieges von Neustadel und Steiner sowie von György beschrieben worden. Nissle erkennt 1928 den Paracolibakterien ausnahmsweise die Rolle eines Erregers von Infektionen zu, die einem leichten Paratyphus ähneln. Eine Enteritisepidemie unter Säuglingen, bei denen Paracolibakterien möglicherweise die Ursache waren, wurde von Hassmann und Herzmann 1934 beschrieben. Auch hier waren die Keime während der Erkrankung praktisch in Reinkultur im Stuhl nachweisbar. Obwohl von Hassmann und Herzmann diese Verhältnisse im Sinne der endogenen Variation von kommunen Colibakterien in pathogene Paracolibakterien gedeutet wurden, möchten wir nach unseren heutigen Kenntnissen annehmen, daß es sich um die Infektion mit einem pathogenen Colityp gehandelt hat. Anderson und Nelson beschrieben 1944 einen Ausbruch von epidemischer Neugeborenendiarrhoe, bei dem regelmäßig aus dem Stuhl ein Paracolistamm gezüchtet wurde, der biochemisch dem sog. „paraaerogenestyp of paracolonbacillus" (Stuart, Wheeler, Rustigian und Zimmermann) gleich war. Über einen Gastroenteritisausbruch durch Paracolibakterien bei Säuglingen berichtete auch Sewitt (1945).

Die Bakteriologie und Serologie bestimmter Paracoligruppen, der sog. *Arizona- und Bethesdagruppe* ist von Edwards, West und Bruner [1, 2] gut ausgearbeitet worden (s. S. 83). Stämme der Arizonagruppe, die serologisch enge Beziehungen zu den Salmonellen aufweist, wurden bei Kalt- und Warmblütern gefunden und sind nach dem Ergebnis von Fütterungsversuchen, experimentellen Kontaktinfektionen und epidemiologischen Beobachtungen für junges Geflügel pathogen.

(Solche Paracolistämme mit spezieller Pathogenität für junges Geflügel wurden bereits 1936 von LEWIS und HITSCHNER beschrieben.) EDWARDS selbst konnte einen Stamm der Arizonagruppe aus dem Stuhle eines 11 Monate alten Säuglings mit akuter Colitis isolieren. BUTTIAUX, TACQUET und KESTELOOT[3] untersuchten das Vorkommen von Paracoli Arizona an über 1000 Stühlen Erwachsener und diskutierten deren Beziehungen zu klinischen Symptomen. Sie fanden auch signifikante Agglutinintiter im Patientenserum. Zwei Ausbrüche von Gastroenteritis, bei denen Paracoli Arizona in Reinkultur im Stuhl gefunden wurde, davon der eine durch eine Lebensmittelvergiftung, wurden von MURPHY u. MORRIS beschrieben. Auch konnten im Serum hohe Agglutinintiter festgestellt werden. Die Bethesdagruppe (Paracolon bethesda) wurde bei verschiedenen Enteritisausbrüchen gezüchtet und ebenfalls von EDWARDS, WEST und BRUNER [2] genau untersucht. Nach Angaben von SEELIGER in Bonn (1922) sollen allerdings keine Anhaltspunkte dafür bestehen, daß die dort gezüchteten Stämme der Bethesdagruppe in irgendwelchen Beziehungen zur Genese enteraler Infektionskrankheiten stehen. Auch aus dem pädiatrischen Schrifttum sind uns bisher keine Arbeiten über das Vorkommen dieser Gruppe bekannt geworden. Das gleiche gilt auch für Paracolon „Melbourne", das MUSHIN [3] 1949 bei einem Ausbruch von Gastroenteritis isolierte und ebenfalls als pathogenen Darmkeim ansah.

Die hier angeführten Ergebnisse lassen also den Schluß zu, daß auch *in der Paracoligruppe bestimmte wohl definierte und exakt serologisch und biochemisch bestimmbare Typen* vorkommen, die *möglicherweise pathogen sind* und, obwohl noch nicht auf breiter Basis untersucht, auch in der Säuglingspathologie eine Rolle spielen können. Das Problem läßt sich auch hier heute wesentlich exakter fassen als früher. Auf keinen Fall aber geht es an, so wenig wie in der Gruppe der typischen Colibakterien, alle Paracolibakterien a priori als pathogen anzusehen, solange keine Beweise hierfür vorliegen. Der Beweis hängt aber von einer exakten Definierung und Identifizierung eines fraglich pathogenen Keimes ab. Wir möchten annehmen, daß neben bestimmten pathogenen Paracolitypen eine große Anzahl apathogener und sicher völlig harmloser, saprophytärer Typen existieren. Die Häufigkeit ihres Auftretens im Darm wird sicher weitgehend vom Darmmilieu beeinflußt werden und ist wahrscheinlich eine ganz sekundäre Erscheinung.

Während BAUMGÄRTEL [1] die primäre Ursache in akuten und chronischen Darmstörungen sieht, nimmt MUSHIN [4] für den Säugling an, daß das Auftreten von Paracolibakterien (sowie Proteusbakterien) im Stuhl eine Folge allgemeiner Stoffwechselstörungen ist, z. B. hervorgerufen durch eine neue Diät, Zahnen, Infekte u. a. Daß die Paracoliflora auch beim Säugling per se noch nichts Pathologisches darstellt, geht ebenfalls aus einer Untersuchung von MUSHIN (1950) [4] hervor, die angab, daß das Vorkommen von Paracolibakterien bei darmgestörten Säuglingen nicht häufiger ist als bei darmgesunden Säuglingen. Die Verhältnisse scheinen hier also ganz ähnlich zu sein, wie sie KREBS für die Gruppe der Saccharosevergärer der typischen Colibakterien festgestellt hat. Es soll jedoch nicht verschwiegen werden, daß die Untersuchungen von MUSHIN im Gegensatz zu früheren Ergebnissen von HASSMANN [1] und KUNITAKE stehen, die ein Überwiegen der Paracolibakterien bei dyspeptischen Säuglingen fanden. Aber auch das ließe sich, falls es wirklich zutrifft, als eine Folge der Störung des Darmmilieus bei der Dyspepsie erklären.

Anhang: Bezug nehmend auf unsere Ausführungen über die Kälberruhr, in denen wir feststellen, daß die entsprechenden Untersuchungen über die Bedeutung der Colibakterien bei dieser Krankheit von entscheidendem Einfluß auf die Erforschung der Dyspepsiecolibakterien gewesen seien, möchten wir eine moderne, bereits zitierte Arbeit von WRAMBY (1948) besprechen, der die Probleme der Kälberruhr ebenfalls mit den modernen serologischen Methoden von KAUFFMANN untersuchte und im Verlauf dieser Untersuchungen zu einer Erweiterung des diagnostischen Antigenschemas der Colibakterien kam. Diese interessanten und wichtigen Untersuchungen haben leider nicht so erfreuliche Erfolge erzielt wie die pädiatrischen Forschungen. Der Arbeit liegt ein Material von 4262 Colistämmen zugrunde, das von jungen Kälbern stammte, die an sog. „Coliseptikämie" gestorben waren (Darminhalt und innere Organe). Außerdem untersuchte Wramby 4262 Colistämme von gesunden Kälbern. Neben zahlreichen Ergebnissen, die Coliserologie betreffend, kam der Autor zu folgenden wichtigen Schlüssen: *Es besteht keine Übereinstimmung zwischen Fermentationstyp und serologischem Verhalten der gefundenen Colistämme.* Die Flora der erkrankten Kälber war viel homogener als die der gesunden Kälber. Bei der Untersuchung von 43 verschiedenen O-Gruppen fand er, daß bei gesunden und kranken Kälbern die Häufigkeit der einzelnen Gruppen annähernd gleich ist. Bestimmte O-Gruppen [8, 9, 15, 30] kamen häufiger vor als die restlichen. Bei Einbeziehung der K-Antigene stellte sich heraus, daß die K-Plusformen bei den kranken Kälbern häufiger vorkamen (s. auch Kauffmann, Ewertsen, Sjøstedt). Bestimmte Typen kamen nur bei Sepsiskälbern vor, wobei der Autor die mögliche pathogene Bedeutung dieser Typen diskutiert. Es handelt sich um die Antigentypen 9:30, 15:10, 54:28 und 41w:—:—. Interessanterweise ist der Typ 9:30 identisch mit dem von Christiansen [2] 1917 bei der Kälberruhr beschriebenen sog. „Isocoli", ein Typ, der auch später von Smith und Bryant sowie Lovell bei kranken Kälbern gefunden wurde. Die rhamnosepositive und rhamnosenegative Form des Keimes waren serologisch identisch[1]. Es bleibt abzuwarten, wie weit auch auf diesem Gebiet noch eine Brücke zwischen den alten Kälberruhruntersuchungen und den neuen Ergebnissen für diese Serotypen durch den Pathogenitätsbeweis im Experiment geschlossen werden kann. Hierdurch würden sich interessante Parallelen zu der Forschungsentwicklung in der Pädiatrie ergeben.

c) Pathogenität einiger weiterer, der Coligruppe eng verwandter Bakterien.

Der Vollständigkeit halber müssen hier noch einige weitere, der Coligruppe eng verwandte Bakteriengruppen erwähnt werden, deren fakultative Pathogenität für den Säugling in Erwägung zu ziehen ist. Cass (1941) berichtete über das Vorkommen von *B. lactis aerogenes* bei Neugeborenen mit Durchfällen, Erbrechen und toxischen Symptomen. Die Keime traten auch im Blut auf. Auch die Bakterien des Genus III aus dem Tribus Escherichiae (Klebsiella), im anglo-amerikanischen Schrifttum als *Bac. mucosus capsulatus* bezeichnet, sollen als Erreger von enteritischen Krankheitsbildern in Frage kommen.

Jampolis u. a. beschrieben 1932 einen Ausbruch von Diarrhoe unter Neugeborenen in einer Entbindungsabteilung, bei der Bacillus mucosus als die Ursache angesehen wurde. 1946 berichtete Walcher [1] über eine Enteritisepidemie unter Säuglingen, bei der Bac. mucosus capsulatus in den Stühlen gefunden wurde. 1949 konnte er eine 2. Epidemie beobachten, bei welcher er *Klebsiella pneumoniae* feststellte. Er fand serologisch bei Typ A und B der Friedländerbakterien ein gemeinsames Antigen, das mit einem Antigen der Stämme, die von Säuglingen mit Diarrhoe gezüchtet wurden, identisch war. Die Stämme bei der Säuglingsdiarrhoe waren unter sich serologisch alle identisch, sie wiesen aber keinerlei Antigenbeziehungen mit Aerobacter aerogenes oder E. coli auf. Faucett und Miller beobachteten 1948 eine durch Bac. mucosus capsulatus hervorgerufene *Form der Stomatitis*, die eine gewisse Ähnlichkeit mit Soor hatte, sich aber von diesem durch eine größere Neigung zur Konfluenz der Membranen sowie durch das Aussehen unterschied. Die Stomatitis reagierte nicht auf die bei Soor übliche Behandlung, sprach aber prompt auf die Therapie mit Sulfadiazin an. Sternberg, Hoffmann und Zweifler beschrieben 1951 eine ähnliche Stomatitis mit Diarrhoe bei frühgeborenen Zwillingen. In den Stühlen beider Kinder sowie in der Mundflora fanden sich reichlich *Friedländerbakterien*, die auf Sulfadiazin und Aureomycin prompt unter gleichzeitigem Rückgang der klinischen Erscheinungen verschwanden. Die gezüchteten Stämme waren mit den

---

[1] *Anmerkung bei der Korrektur:* In einer neuen Untersuchung von Bokhari und Ørskov sind die Ergebnisse von Wramby im wesentlichen bestätigt worden. Auch sie fanden dieselben O-Gruppen wie Wramby bei dem sog. „Withe Scours" am häufigsten.

von WALCHER (s. o.) isolierten serologisch identisch. Von SMITH, LOOSLI und RITTER wurde ein Ausbruch von Aerobacterinfektionen (Aerobacter „Carter") unter Säuglingen beschrieben, bei dem unter 361 infizierten Patienten nur 12 Kinder erkrankt waren, davon nur 2 mit Enteritis. Interessant in dieser Studie ist vor allem die große Ähnlichkeit des Übertragungsmodus der Infektion mit dem der Coliinfektionen (siehe später). Wenn auch wohl ein schlüssiger Beweis für die Pathogenität dieser Bakterien noch aussteht, nicht zuletzt weil die Zahl der Beobachtungen recht klein ist, so verdienen sie doch Beachtung, zumal Klebsiellen nach LIND und ALLAN nur spärlich (zu 1%) in der normalen Stuhlflora vertreten sein sollen.

Eine weitere Gruppe mit fraglicher Pathogenität stellt die sog. *Alcalescens-Dispargruppe* (ANDREWES, CASTELLANI) dar, auch als *Metadysenterie-* (CASTELLANI [2]) bzw. *Paradysenteriebakterien* (RÖLCKE) bezeichnet, da sie in ihrem biologischen Verhalten (unbeweglich, anaerogen) stark Shigellen ähneln, weshalb sie auch Shigella alcalescens bzw. Shigella dispar genannt werden. KAUFFMANN [5] betrachtet Stämme dieser Art jedoch als Escherichiabakterien, die kein Gas bilden und unbeweglich sind. Die Alcalescensstämme vergären keine Lactose, während die Disparstämme die Lactose spalten. Die serologischen Eigenschaften entsprechen den typischen Escherichiastämmen, sie können vielfach in das KAUFFMANN-KNIPSCHILDT-Schema eingeordnet werden. Eine genaue Beschreibung dieser Bakteriengruppe wurde 1951 von FRANTZEN [1] gegeben, der auch ein eigenes diagnostisches Antigenschema aufstellte.

Über das Vorkommen von Metadysenterie- und Paradysenteriebakterien bei der Sommerdiarrhoe der Säuglinge berichten BOCCIA und CHIEFFI (1940), die unter 65 Fällen nur einmal Paradysenterie- und einmal Metadysenteriebakterien fanden. STUART, RUSTIGIAN, ZIMMERMANN und CORRIGAN konnten 1943 eine Gastroenteritisepidemie unter Säuglingen beobachten, bei der Shigella alcalescens aus den Stühlen der kranken Kinder gezüchtet wurde; die bei 16 von 28 Patienten gefundenen Keime waren serologisch identisch oder eng verwandt, bei 58 gesunden Kindern konnte der Stamm nur einmal isoliert werden. 1945 beschrieben STUART und VAN STRATUM eine Gastroenteritisepidemie unter Säuglingen, bei der ebenfalls Shigella alcalescens als die Ursache angesehen wurde. FOSTER (1949) berichtet über 35 Fälle von epidemischer Neugeborenendiarrhoe mit B. dispar in den Stühlen der erkrankten Kinder. Das Vorkommen von Bakterien der Alcalescensgruppe wurde auch 1939 von SNYDER untersucht. Unter 23 darmgesunden Kindern hatten 3 eine große Anzahl von Alcalescensbakterien im Stuhl. Anamnestisch ergab sich jedoch, daß diese Kinder einige Monate vorher colitische Erscheinungen gehabt hatten.

Neuerdings sind einige weitere Typen aus der Alcalescensgruppe bekannt geworden, die in Beziehung zur Entstehung von Säuglingsenteritis stehen sollen. Bei dem einen handelt es sich um den *Typ „Guanabara"* von DE ASSIS, der von EWING und KAUFFMANN zur Coligruppe O 112 gerechnet wird. Dieser Typ wurde in Rio de Janeiro bei Fällen von Säuglingsdiarrhoe und Enteritis gefunden. Einen anderen anaerogenen Stamm züchtete DURICH 1943 und 1944 bei 5 Säuglingen mit Enterocolitis, die mit Fieber einherging und auf die übliche diätetische Therapie nicht ansprach, in Valenzia (Spanien). SEELIGER hat diese Stämme genau biochemisch und serologisch studiert. Es handelte sich um anaerogene, Lactose, Saccharose sowie eine Reihe weiterer Zucker und Alkohole vergärende, unbewegliche Stämme (Sh. „Valenzia"), die serologisch nicht mit den 8 von FRANTZEN [1] beschriebenen Typen der Alcalescens-Dispargruppe verwandt waren; biochemisch ähnelten sie aber dem oben erwähnten Typ Guanabara (DE ASSIS). KAUFFMANN (persönl. Mitteilung an SEELIGER), der auch die „Valenziastämme" untersuchte, stellte fest, daß sie in die O-Gruppe 43 gehören und anaerogene Varianten dieser Gruppe darstellen. Die „*Valenziastämme*" konnten bis jetzt weder von DURICH in Valenzia noch von SEELIGER in Bonn aus der Faeces gesunder Personen gezüchtet werden. Sie waren hoch empfindlich gegenüber Aureomycin und Chloromycetin. Ein weiterer Typ dieser Art ist der jüngst von SEELIGER bei Enteritis gefundene Stamm „Katwijk", der der Coli-O-Gruppe 42 angehört.

IV. Methodischer Teil.

Es soll nicht die Aufgabe dieses Abschnittes sein, auf die gesamte biologische und serologische Methodik der Colibakterien einzugehen, da dies den Rahmen der Arbeit überschreiten würde. Hier sollen lediglich die Methoden beschrieben werden, die sich anderen Autoren und uns im Laufe der Zeit zur praktischen Diagnose der Dyspepsiecolibakterien ergeben haben. Wir hoffen damit auch denjenigen, die noch keine Erfahrungen auf diesem Spezialgebiet besitzen, besonders auch kleineren Kliniklaboratorien, Richtlinien zu geben, um die wichtige

Diagnose der Dyspepsiecolibakterien in einer größeren Zahl von Kinderkliniken und diagnostischen Laboratorien einzuführen, als es bisher der Fall ist. Die Kliniker werden hierdurch bald erfahren, wie wertvoll diese Methoden als Ergänzung der Tätigkeit am Krankenbett sowohl in diagnostischer als auch in therapeutischer Hinsicht sind. Weiterhin wird es möglich sein, ein noch größeres Erfahrungsmaterial als bisher zu sammeln, wodurch die Lösung wichtiger, bis jetzt noch offener Fragen erleichtert wird. Die anzuwendenden Verfahren sind relativ einfach, so daß sie auch durchaus für kleinere Laboratorien sowohl in finanzieller als auch in technischer Hinsicht ein erreichbares Ziel darstellen, soweit es sich nicht um reine Forschungsfragen handelt.

a) Die Züchtung der Dyspepsiecolibakterien aus dem Stuhl.

Die Primärzüchtung der Dyspepsiecolibakterien aus dem Stuhl macht keinerlei Schwierigkeiten, da sie, wie alle Colibakterien, sehr anspruchslos sind und während der akuten Erkrankung häufig praktisch in Reinkultur im Stuhl auftreten. Zur Züchtung eignen sich die für Colibakterien üblichen Nährböden. Die meisten englischen Autoren nehmen hierzu den sog. McConkay-Agar, auf dem durch Lactose und Indicatorzusatz die lactosevergärenden von den nichtvergärenden Kolonien unterschieden werden können (BRAY, SMITH, KIRBY u. a., PAYNE und COOK, ROGERS). Wir selbst (BRAUN [4]) haben lange Zeit die Endoagarplatte benutzt. Denselben Zweck erfüllen auch die von BUTTIAUX [2] u. a. angewandten Lactosenähragarplatten oder die Conradi-Drigalski-Platte (LAURELL, MAGNUSSON u. a.). Die Saccharosevergärung zur Differentialdiagnose zu verwenden ist leider nicht möglich, da einmal die Saccharosevergärung bei den Stämmen der Gruppe 111 etwas verzögert ist (was allerdings nach eigener Erfahrung durch Erhöhung des Saccharosezusatzes bis auf 3% ausgeglichen werden könnte), vor allem aber deswegen, weil die Variante 111:B4:H12 die Saccharose nicht angreift, womit dieser Stamm der Diagnose entgehen kann. Neuerdings wird von RAPPAPORT und HENIG die Sorbitvergärung als Differentialdiagnostikum zwischen apathogenen Colistämmen und den Stämmen der Gruppen 55 und 111 empfohlen, da diese nur langsam (O 111) oder nicht (O 55) Sorbit angreifen. Wir halten jedoch auch dieses Verfahren nicht für glücklich, da einzelne Stämme der Gruppe 111 sowie alle der Gruppe 26:B6 prompt Sorbit spalten (s. Tab. 7 u. 9). Neben der Suche nach Dyspepsiecolibakterien sollte es zur Regel gemacht werden, daß mittels eines modernen Verfahrens (BADER [2]), z. B. der sog. Leifsonplatte (Na-desoxycholat-citratagar) und entsprechender Anreicherungsverfahren wie die Selenit-F-Bouillon (LEIFSON) und die Tetrathionatbouillon nach MULLER-KAUFFMANN [5], auch auf Salmonellen und Shigellen untersucht wird.

Leider kennen wir für die Dyspepsiecolibakterien noch kein brauchbares Anreicherungsverfahren in flüssigen Nährböden, was seinen Grund darin hat, daß sie sich, soviel wir bis jetzt wissen, in ihren Züchtungsbedingungen nicht von den kommunen Colibakterien unterscheiden. Entsprechende Versuche von BRAUN sind bis jetzt völlig fehlgeschlagen. Auch die Salmonellenanreicherungsnährböden eignen sich nicht, da in der Tetrathionatbouillon die Dyspepsiecolibakterien genau so wachsen, wie die meisten andern Colistämme, in der Selenit-F-Bouillon vielfach aber überhaupt nicht angehen. Dies ist außerordentlich bedauerlich, da hierdurch die wichtigen Keimträger, die nur wenige Dyspepsiecolibakterien in ihrer Stuhlflora beherbergen, der Diagnose entgehen können.

Daß dies richtig ist, konnte von MARGET in einem Modellversuch gezeigt werden. Er mischte Dyspepsiecolikulturen mit anderen Colistämmen in physiologischer Kochsalzlösung und überimpfte die Bakteriensuspensionen auf feste Nährböden, die er 3 Untersuchern weiter übergab. Bei einem Gehalt von 10% Dyspepsiecolibakterien in der Ausgangssuspension konnten diese nur noch unregelmäßig diagnostiziert werden (30 Kolonien jeweils untersucht). Eine 1%ige Suspension wurde kaum mehr diagnostiziert. Diese Untersuchungen zeigen wohl deutlich die Wichtigkeit der Entwicklung eines brauchbaren flüssigen Selektivmediums.

Wir haben versucht, ein Hemmprinzip in die primären Stuhlplatten einzubauen, das es gestattet, eine größere Faecesmenge auszusäen und trotzdem noch genügend Einzelkolonien zu erhalten. Das von KREPLER und ZISCHKA hierfür verwandte Streptomycin eignet sich nicht als Hemmprinzip, da, wie wir noch zeigen werden, hin und wieder Streptomycinempfindliche Dyspepsiecolistämme besonders der Gruppe 55 u. 86, aber auch der Gruppe 111 angetroffen werden. Wir selbst benutzten die Beobachtung, daß die Dyspepsiecolibakterien auf dem Leifsonagar wachsen, der als Hemmprinzip für die grampositive Kokkenflora Na-Desoxycholat und als Hemmprinzip für etwa 80% der Colibakterien Natriumcitrat enthält. Außerdem besitzt er noch ein Prinzip mit Na-thiosulfat und Fe, das die Schwefelwasserstoffbildung anzeigt (BADER [2]). Unter Hinweglassung dieses letzten Prinzips und unter geringfügiger Änderung der sonstigen Zusätze des Leifsonagars kamen wir zu einem Nährboden folgender Zusammensetzung:

1. Lactose 3,0,
2. Na-citrat 0,8,
3. wäßrige Neutralrotlösung (2%ig) 0,125,
4. Na-desoxycholatlösung (10%ig) 4,5,
5. Nähragar (2,5%ig) ad 100,0,
   pH 7,3.

1, 2, 3 und 5 werden zusammengegeben und sterilisiert. Vor dem Ausgießen in Petri‐schalen gibt man 4 nach vorheriger Sterilisierung in getrennter Pipette hinzu. Mit diesem Nährboden war es uns immerhin möglich, bei der Prüfung an über 600 Stuhlaussaaten etwa 10% mehr positive Dyspepsiecolibefunde zu erhalten als bei der Anwendung der Endo-platte. Außerdem schwärmt auf dieser Platte B. proteus nicht, was die Reinzüchtung der Dyspepsiecolibakterien außerordentlich erleichtert. Diese Tatsache scheint uns besonders deswegen wichtig zu sein, weil gerade nach der antibiotischen Therapie in den ersten Tagen die Proteusbakterien überwuchern, so daß bei dem gewöhnlichen Verfahren die Dyspepsie-colibakterien unter Umständen der Diagnose entgehen können. Der Nährboden gestattet es, eine Öse Stuhl unmittelbar, ohne Fraktionierung oder Verdünnung, auszusäen.

Von den primären Stuhlplatten kann man entweder direkt zur serologischen Methode zwecks grober Orientierung übergehen (KAUFFMANN [4], KIRBY u. a., BRAUN [4], KREPLER und ZISCHKA) (was allerdings auf den Desoxycholatplatten nicht möglich ist), oder man wählt den empfehlenswerteren Weg der Reinzüchtung der lactosevergärenden Kolonien, die meist in der Überzahl vorhanden sind. Man muß hierbei wieder eine gewisse Anzahl von Einzel-kolonien zur Weiterzüchtung benutzen, da die Coliflora nicht einheitlich ist. Hierin liegt eine wesentliche Fehlerquelle, da so begreiflicherweise einzelne Dyspepsiecolikolonien übersehen werden können, was aber meistens keine Rolle spielt, da bei den frisch erkrankten Patienten die Coliflora des Stuhles fast ausschließlich aus Dyspepsiecoli besteht. SMITH testete zwei Kolonien, andere Autoren (PAYNE und COOK, BUTTIAUX u. a. [2], KIRBY u. a.) 4—6, LAURELL, MAGNUSSON u. a. 5—10, CATHIE und McFARLANE bis zu 30 Einzelkolonien. Es ist klar, daß diese Arbeit während Epidemiezeiten sehr belastend für ein Laboratorium sein kann, so daß wir es immer dankbar empfunden haben, daß es uns die Desoxycholatcitratplatte erlaubte, relativ wenig (2—3), vielfach nur 1 Kolonie weiter zu untersuchen, da auf dieser Platte die Mehrzahl der Colibakterien von vornherein gehemmt wird, zahlreiche Einzelkolonien erschei-nen und die Unterscheidungsmöglichkeit der einzelnen Kolonieformen sehr gut ist. Man kann sich bei der Abimpfung auf die Zahl der gewachsenen Kolonieformen beschränken.

b) Biochemische Untersuchung.

Die Untersuchung der z. B. auf Schrägagar, in Glucosebouillon (LAURELL, MAGNUSSON u. a.) oder Peptonwasser (BRAY) reingezüchteten Stämme kann biochemisch erfolgen, was sich für wissenschaftliche Untersuchungen empfiehlt. Die biochemische Untersuchung erstreckt sich im wesentlichen auf die bereits von ADAM angegebenen Zuckerarten und Alko-hole (Lactose, Saccharose, Sorbose, Rhamnose, Dulcit, Adonit, Sorbit), die Reihe kann beliebig auf weitere Zuckerarten sowie auf die Prüfung der Gasbildung aus Mannit und Glu-cose in Durhamröhrchen ausgedehnt werden. Die Testung geschieht nach KAUFFMANN [5] in Fleischextraktbouillon mit jeweils 0,5% der zu testenden Substanz und Bromthymolblau als Indicator. Die Beobachtung wird nach KAUFFMANN auf 14 Tage ausgedehnt. Eine längere Beobachtung bis zu 3 Wochen, wie sie von KRISTENSEN, BOJLÉN und KJAER empfohlen wurde, ergibt meist unsichere und schlecht verwertbare Resultate.

Indolreaktion, Methylrotprobe, Voges-Proskauer-Reaktion kann nach der Vorschrift von HABS oder KAUFFMANN [5] ausgeführt werden. Die Citratprobe wird auf Ammoniumcitrat-agar (KAUFFMANN) vorgenommen. Der spermatoide Geruch der Stämme aus der Gruppe 111 wird am besten auf gewöhnlichen Nähragarplatten getestet, da die Säuerung des Nährbodens bei Zuckerzusatz die Ausbildung des spezifischen Geruchsstoffes hemmt (BRAY). Für die routinemäßige Dyspepsiecolidiagnose kann auf die biochemische Reihe im allgemeinen verzichtet werden, da die serologischen Methoden weitgehend spezifisch sind und weniger Zeit und Arbeit beanspruchen. Wir selbst verwenden in unserer Routinediagnostik eine kleine bunte Reihe in Form des sog. Ironagar (Eisenagar) nach KLIGLER, der sich in der Salmonellen-diagnostik ausgezeichnet bewährte. Dieser Nährboden gestattet es, gleichzeitig Milchzucker-vergärung, Traubenzuckervergärung und Gasbildung sowie H_2S-Bildung zu beurteilen. Die Schrägfläche bietet außerdem noch genug Bakterienmenge für die Objektträgeraggluti-nation. Die Technik der Beimpfung und Ablesung des bewachsenen Nährbodens, der als Trockennährboden von der Firma Difco, Detroit, bezogen oder selbst hergestellt werden kann, ist bei BADER [2] eingehend beschrieben, so daß hier auf eine genaue Wiedergabe verzichtet werden kann.

c) Serologische Methoden.

Die erste serologische Untersuchung erfolgt nach Bray als „Slide agglutination", bzw. Objektträgeragglutination, in den O-K-Seren, d. h. Seren, die, da sie mit den unbehandelten Stämmen hergestellt werden, sowohl die O- als auch die K-Agglutinine enthalten. Da die O-Agglutination durch das K-Antigen bei den lebenden Bakterien gehemmt wird, handelt es sich um eine K-Agglutination, d. h. es wird zunächst nur festgestellt, ob eines der bei den Dyspepsiecolibakterien vorkommenden B-Antigene vorhanden ist. Die Spezifität dieser Reaktion ist bereits recht groß, da, wie bereits erwähnt, die B-Antigene 4 und 5 bisher nur bei den Dyspepsiecolibakterien bekannt geworden sind. Kirby u. a. haben dies untersucht und konnten feststellen, daß von 177 Stämmen, die bei der Objektträgeragglutination positiv waren, 163 biologisch und serologisch einwandfrei als Dyspepsiecolibakterien identifiziert werden konnten. Auch wir haben nur selten erlebt, daß eine Objektträgeragglutination hinterher nicht bestätigt werden konnte.

Die Technik der Objektträgeragglutination ist nach Kauffmann [5] folgendermaßen: Auf einem gewöhnlichen gut entfetteten Objektträger, der auf schwarzen Untergrund gelegt wird, bringt man mittels einer großen Platinöse etwa 2—3 Tropfen verdünnten Immunserums. In diesen Tropfen reibt man mit einer Inokulationsnadel eine vorher von dem Nährboden entnommene Kolonie vollkommen homogen ein, schwenkt den Objektträger einige Male durch Drehen hin und her und liest dann die eventuell eingetretene Agglutination gegen das Licht ab. Die Gebrauchsverdünnungen der Seren müssen vorher mit den Teststämmen geprüft werden, sie sollen so sein, daß der Teststamm bei der obigen Methode mühelos agglutiniert wird (bei guten Seren meist 1:20 bis 1:50). Gleichzeitig muß in 3,8 %iger NaCl-Lösung festgestellt werden, ob der untersuchte Stamm in der Glattform vorliegt, bzw. ob die Suspension der Bakterien stabil ist. Stämme in der Rauhform scheiden von der weiteren Untersuchung aus. Nach einer Mitteilung von Walther und Millwood hat Taylor gefunden, daß die Stämme der Gruppe 111 nicht in Acriflavil agglutinieren. Die Autoren empfehlen daher eine zunächst orientierende Agglutination in Acriflavil, nur wenn diese negativ ist auch in Immunserum. Diese Maßnahme scheint uns jedoch nicht notwendig zu sein und eher einen Zeitverlust zu bedeuten. Zur vereinfachten Diagnose bei der Untersuchung auf mehrere Dyspepsiecolistämme (was bei uns z. Z. für 5 verschiedene erfolgt), empfiehlt es sich, ein Mischserum herzustellen, in dem alle einzelnen Immunseren in der geeigneten Gebrauchsverdünnung vertreten sind. Nur im positiven Falle braucht man auf diese Weise, ähnlich wie bei der Salmonellendiagnostik, in den einzelnen Seren weiter zu differenzieren. Leider können die verdünnten Testseren bei längerem Gebrauch auch im Eisschrank leicht verunreinigen. W. Bader hat jedoch angegeben, daß die Zugabe von AgNO$_3$ (etwa eine kleine Messerspitze auf etwa 5 cm³ Serumverdünnung) auf Grund der oligodynamischen Wirkung des Silbers das Serum auf längere Zeit keimfrei erhält, wobei die agglutinierende Wirkung nicht beeinflußt werden soll.

Die *primäre Objektträgeragglutination* kann entweder so geschehen, daß man eine größere Anzahl von Einzelkolonien prüft (bei den einzelnen Autoren verschieden viele), oder man sucht direkt den Bakterienrasen auf das Vorhandensein spezifischer B-Antigene ab (Kauffmann [4], Braun [4], Cathie und McFarlane). Im positiven Falle muß man dann eine agglutinierende Einzelkolonie zur Reinzüchtung aufsuchen. Beide Methoden sind recht zeitraubend. Bei Verwendung des Desoxycholatcitratnährbodens ist dieses Verfahren nicht möglich, da die Kolonien — wahrscheinlich durch die Einlagerung von ausgefällten Gallensalzen — auf der Primärplatte rauh erscheinen. In diesem Falle muß man die verdächtigen Einzelkolonien auf einen weiteren Nährboden abimpfen, der eine Schrägfläche enthält (z. B. gewöhnlichen Schrägagar). Wir verwenden hierzu den Kliglernährboden, der gleichzeitig den Vorteil einer kleinen bunten Reihe bietet. Im allgemeinen kommt man bei diesem Verfahren mit 1—2, manchmal auch 3 Abimpfungen aus, da die Dyspepsiecolibakterien auf dieser Platte bereits etwas selektiert werden. Ein Nachteil besteht allerdings darin, daß durch die Verwendung eines Sekundärnährbodens die Diagnose um 24 Std. verzögert wird.

Im allgemeinen kann man nach einwandfrei positiver Objektträgeragglutination das Resultat der Untersuchung herausgeben, da die Reaktion, wie gesagt, recht spezifisch ist. Darüber hinaus muß man aber verlangen, daß nach Möglichkeit jeder Stamm, in Epidemiezeiten mindestens der bei einem Patienten zuerst gezüchtete Stamm, durch die Röhrchenagglutination bestätigt wird. Dies geschieht durch Bestimmung des B-Antigens, des O-Antigens und des Nachweises der O-Inagglutinabilität des lebenden Stammes. Hierzu benötigt man ein O-K-Serum sowie ein O-Serum, das mit einem gekochten Teststamm hergestellt wurde. Die Bestimmung der H-Antigene kann mit reinen H-Seren erfolgen, die durch Absättigungsverfahren gewonnen werden. Sie ist für den praktischen Belang aber nicht notwendig und hat lediglich für die Verfolgung der epidemiologischen Zusammenhänge eine gewisse Bedeutung (Wright [3]).

Als *Ausgangsmaterial für die Antigengewinnung* dienen entweder gewöhnliche Bouillonkulturen (Kauffmann [5]), oder man nimmt Kulturabschwemmungen in physiologischer NaCl-Lösung, wozu wir jeweils 24 Std. alte Schrägagarkulturen verwenden. Zur Bestimmung der B-Agglutination werden die unbehandelten Antigene in möglichst frischem Zustande verwendet, weil bei älteren Bakteriensuspensionen die Agglutinabilität des B-Antigens leidet (Kauffmann [5]). Da mit den Dyspepsiecolistämmen keine reinen B-Seren hergestellt werden können, erfolgt der Ansatz mit dem O-B-Serum, beginnend etwa 1:50 bis zu dem vorher bestimmten Endtiter des Serums. Die Bestimmung des O-Antigens erfolgt in reinen O-Seren. Die Antigene werden hierzu $2^{1}/_{2}$ Std. gekocht (Dampftopf oder Wasserbad). Nach Stabilisierung mit 0,5% Formalin können diese Antigene im Eisschrank längere Zeit aufbewahrt werden. Der Ansatz erfolgt wie bei der B-Agglutination durch Verdünnung der Seren bis zum Endtiter, als Ausgangsverdünnung genügt hier meist 1:100, da der O-Titer bei richtig hergestellten Seren gewöhnlich sehr hoch ist. Die Ablesung erfolgt nach Kauffmann nach 20 Std. Aufenthalt im Wasserbad (50° C), wir lesen nach 2 Std. Wasserbad und 18 Std. Zimmertemperatur ab. Zur Bestimmung der O-Inagglutinabilität erfolgt der Ansatz des unbehandelten Antigens im O-Serum, wobei keine oder nur ganz schwache Agglutination auftreten darf.

Die Ansätze werden nach der Vorschrift von Habs in ein Wasserbad von 52° C gebracht. Der Wasserspiegel muß so eingestellt sein, daß nur die Kuppe der Röhrchen (bis zu einem Drittel der inneren Flüssigkeitssäule) eintauchen. Hierdurch entsteht eine ungleiche Erwärmung der Suspension und durch den physikalischen Wärmeaustausch ein dauernder Kreislauf der Flüssigkeit, der die Durchmischung der Bakteriensuspension und damit die Agglutination fördert. Es werden am besten Röhrchen von 6 mm Durchmesser verwendet (Habs). Die Verdünnung erfolgt in geometrischer Reihe (1:50, 1:100 usw.), so daß in jedem Röhrchen 0,5 oder 1,0 cm³ Serumverdünnung enthalten ist. Das Antigen wird so zugegeben, daß gerade eine sichtbare Trübung der Flüssigkeit in den Röhrchen entsteht. Die Ablesung erfolgt nach 2 Std. Aufenthalt im Wasserbad sowie nach 18—20 Std. Zimmertemperatur-Aufenthalt. Der Agglutinationstyp der K-Agglutination ist disciform, der der O-Agglutination granulär. Beidemale können die Agglutinate durch Aufschütteln nicht homogenisiert werden.

Will man die *H-Agglutination* prüfen, so benötigt man hierzu gut bewegliche Stämme. Man erhält diese durch Bebrütung einer beimpften Bouillon bei Zimmertemperatur, eventuell, nachdem der Stamm vorher ein semisolides Medium passiert hat. Hierzu eignen sich U-förmig gebogene Glasröhren, die mit 0,1%igem Agar gefüllt werden (Knipschildt). Eventuell müssen sogar mehrere Passagen gemacht werden, bis die Stämme in der Lage sind, dieses Kulturmedium in kurzer Zeit zu durchschwärmen. Man macht dann eine Subkultur von dem nicht beimpften Arm der U-Röhre in Bouillon, die hierauf 5—6 Std. bei 37° bebrütet und dann mit 0,5% Formalin abgetötet wird. Hiermit hat man das fertige Antigen. Der Ansatz erfolgt durch Röhrchenagglutination mit spezifischen H-Seren, die Ablesung erfolgt nach 2 Std. Aufenthalt im Wasserbad bei 50° C, der Agglutinationstyp ist flokkulär, das Agglutinat kann leicht aufgeschüttelt werden. Die Reaktionen sind sehr spezifisch, da die Colibakterien nur monophasische H-Antigene haben und selten übergreifende Reaktionen zeigen (Kauffmann [5]). Die Bestimmung des H-Antigens hat keine große praktische Bedeutung, sie ist im allgemeinen nur in Speziallaboratorien durchführbar. Bei exakten epidemiologischen Untersuchungen sollte hierauf jedoch nicht verzichtet werden. So hat z. B. Wright [3] interessante Untersuchungen vorgetragen über Epidemien mit E. coli 111:B4 und 55:B5. Durch genaue Analyse der H-Antigene kam sie zu sehr viel exakteren Infektketten, als dies ohne H-Antigenbestimmung möglich gewesen wäre[1].

Zum *Nachweis von Agglutininen in Patientenserum* werden grundsätzlich die gleichen Methoden angewandt. Auch hier ist es notwendig, die Seren mit lebendem und gekochtem Antigen anzusetzen. Außerdem kann man mit stark beweglichen Kulturen (s. o.) das Vorhandensein von H-Agglutininen überprüfen, die allerdings bis jetzt nur von Smith, Galloway und Speirs gefunden wurden. Der Ansatz der Seren von Patienten erfolgt am besten in Konzentrationen von 1:5 bis 1:10 usw. in geometrischer Verdünnung.

Der Nachweis der Identität zweier Bakterienstämme kann durch den sog. Castellanischen Versuch geführt werden. Dieser besteht in der kreuzweisen Absättigung zweier Seren mit jeweils dem heterologen Stamm. Hierbei wird nachgewiesen, daß ein Stamm A alle Agglutinine des Serums B, der Stamm B alle Agglutinine des Serums A erschöpfen kann. *Nur dieser Versuch ist für die serologische Identität zweier Stämme beweisend.* Die Methodik ist zeitraubend und erfordert viel Aufwand an Material, so daß kleinere Laboratorien, in denen die entsprechenden technischen Einrichtungen fehlen, diese Untersuchung am besten mit Repräsentativstämmen in Speziallaboratorien ausführen lassen. Bezüglich der Technik verweisen wir auf die Ausführungen von Bader [1].

---

[1] Eine für epidemiologische Zwecke noch feinere Differenzierungsmöglichkeit der Dyspepsiecolitypen ist neuerdings durch eine Phag-Typenbestimmung durch Nicolle (Institut Pasteur, Paris) gegeben.

d) Herstellung der Seren.

Die Selbstherstellung von diagnostischen O-B-Seren für die Objektträgeragglutination ist im allgemeinen nicht unbedingt notwendig, da derartige Seren sowohl von der *internationalen Escherichiazentrale Kopenhagen* (Dr. F. Kauffmann, Statens Seruminstitut) als auch von den *Behringwerken in Marburg* bezogen werden können. Leider liefern die Behringwerke bis jetzt keine O-Seren, die zur Bestimmung der O-Antigene sowie der O-Inagglutinabilität erforderlich sind. Zu der Herstellung von O-B-Seren werden Bakteriensuspensionen in physiologischer Kochsalzlösung benutzt, die 2 Std. vor der ersten Injektion mit 0,5% Formalin abgetötet werden, da die K-Antigene unter Umständen toxisch wirken (Vahlne)[1]. Zur Herstellung eines O-Serums benutzt man $2^1/_2$ Std. gekochte Bakteriensuspensionen. Zur Immunisierung werden Kaninchen benutzt, die Applikation erfolgt i. v. nach einem Schema von Vahlne: 5 Injektionen in Abständen von je 4 Tagen (0,25 cm³, 0,5 cm³, 0,5 cm³, 1,0 cm³, 1,0 cm³). 8 Tage nach der letzten Injektion Entblutung der Tiere. Die Aufbewahrung der Seren erfolgt in braunen Flaschen mit einem Konservierungszusatz von 0,3% Carbol oder $0,1\,^0/_{00}$ Merthiolat (Vahlne).

Die Herstellung von H-Seren erfolgt mit hochbeweglichen Kulturen, die Reindarstellung der H-Agglutinine durch Absättigung der O- und B-Agglutinine.

Bei der Prüfung der Seren ist es notwendig, sich zu informieren, ob Alpha-Agglutinine (s. S. 82) vorhanden sind. Dies geschieht mit einem das Alpha-Antigen enthaltenden Stamm durch die Objektträgeragglutination (Kauffmann).

V. Zur Klinik der Dyspepsiecoliinfektion.

a) Das klinische Bild.

Wenn man vom klinischen Bilde der Dyspepsiecoliinfektion beim Säugling spricht, so muß man sich darüber im klaren sein, daß es *vom klinischen Standpunkt aus nicht möglich ist, die spezifischen Coliinfektionen von Säuglingsdyspepsien anderer Genese zu unterscheiden* (Goldschmidt, Braun und Henckel [1, 2], Krepler und Zischka). Es besteht selbstredend auch kein klinischer Unterschied zwischen den Infektionen mit den einzelnen Keimen der Dyspepsiecoligruppe, ja es ist noch nicht einmal möglich, mit Sicherheit die Infektion mit Salmonellen (Balaban und Chochol, Hormaeche, Peluffo und Aleppo, Henckel und Renz) oder Shigellen (Cooper u. a.) klinisch mit Sicherheit von der gewöhnlichen Dyspepsie abzugrenzen, obwohl hier häufig blutige Stühle, die bei der Coliinfektion fast nie vorkommen, den Verdacht in richtige Bahnen lenken. Zwar wird man vom Stuhl durch den spermatoiden Geruch hin und wieder auf eine Infektion mit E. coli 111 aufmerksam gemacht, da dieser bei Infektion mit E. coli 55 nicht vorkommen soll (Smith, Galloway und Speirs), doch ist auch dieses Symptom ganz unverläßlich und sollte zu keinerlei klinischen Vermutungen Anlaß geben. Was in der Klinik immer wieder die Coliinfektion als etwas Besonderes erscheinen läßt, sind die auffälligen epidemiologischen Zusammenhänge, die aber auf der anderen Seite ebenfalls nicht streng spezifisch für die Coliinfektionen sind, wie zahlreiche Epidemieberichte aus früherer Zeit mit unbekannter Ätiologie oder mit bekannten pathogenen Darmkeimen beweisen. Fernerhin fällt bei der Dyspepsiecoliinfektion auch die *weitgehende Resistenz gegen die übliche diätetische Therapie* auf, die auch bei schweren parenteralen Infektionen, z. B. von seiten des Ohres vorkommt (Dick, Dick und Williams, Keller). Trotzdem hat es früher und auch heute an zahlreichen Versuchen nicht gefehlt, das klinische Bild für besondere von den einzelnen Autoren beobachtete Epidemien zu spezifizieren. Beim Studium einer größeren Anzahl solcher Mitteilungen

---

[1] Nach Untersuchungen von Bader und Kleinmaier [2] scheint es allerdings wichtig, mit lebenden Kulturen bei der Serenherstellung zu arbeiten. Sie fanden bei Shigella flexneri Typ 6 ein thermolabiles Antigen, dessen Antigenität und Agglutinabilität durch die Formalinbehandlung stark geschädigt wurde. Es wäre durchaus möglich, daß für die Oberflächenantigene der Colibakterien die gleichen Verhältnisse gelten, was jedoch noch nicht untersucht wurde.

ergibt sich ein außerordentlich verwirrendes Bild mit einem oft recht deutlichen Eindruck subjektiver Färbung und manchmal spekulativen Schematismus.

Leider sind auch die Berichte über die Dyspepsicoliinfektionen mit E. coli 55 und 111 nicht alle auf einen Nenner zu bringen, was sowohl hinsichtlich der klinischen Symptomatik als auch des beobachteten Schweregrades der einzelnen Epidemien gilt.

Während in den ersten Berichten der Schweregrad und die Letalität immer sehr groß waren, ist in den jüngsten Mitteilungen das Vorkommen leichterer Dyspepsien vorherrschend. Dies hat jedoch wahrscheinlich in der Einführung der hochwirksamen antibiotischen Therapie seinen Grund (BUTTIAUX [2] u. a.). Unter den außerhalb der Klinik erkrankten Kindern werden aber auch heute noch schwerkranke, sogar toxische Patienten beobachtet (BRAUN und HENCKEL [2]).

Trotz der eingangs gemachten Einschränkungen gelingt es auf Grund der zahlreichen Berichte, *das klinische Bild* einigermaßen zu umreißen, soweit es sich um die typischen schweren Fälle im Rahmen einer Epidemie handelt (s. auch OCKLITZ und SCHMIDT [2]). Diese beginnen mit *Anorexie, Gewichtsstillstand und Erbrechen*, wozu sich bald rapide *Gewichtsstürze* gesellen. In den leichteren Fällen kann das Erbrechen auch fehlen (KIRBY u. a., BRAUN und HENCKEL); hier kann dann auch der Gewichtssturz einmal ausbleiben, so daß nur der Eindruck einer vorübergehenden Gedeihstörung entstehen kann (PAYNE und COOK). Sehr häufig kommt es auch zu *Fieber*, das nur in einem kleineren Teil der Fälle durch gleichzeitige parenterale Infekte (Rhinitis, Otitis) erklärt werden kann. Die zeitlichen Beziehungen zwischen Erbrechen, Fieber und Gewichtssturz sind unterschiedlich, jedoch stellt die *Anorexie meistens ein Frühsymptom* dar, dem der Gewichtsstillstand unmittelbar zu folgen pflegt. Erst auf der Höhe der Erkrankung sind im Anfang Fieber, Erbrechen, Gewichtssturz und Diarrhoe gleichzeitig vorhanden. Die genannten Erscheinungen können sich unter Umständen sehr plötzlich oft innerhalb von Stunden (BRAUN und HENCKEL [1]) ausbilden, bei den schweren Fällen haben die Kinder eine blaugraue Hautfarbe (SMITH, GALLOWAY und SPEIRS, BRAUN und HENCKEL), der Gesichtsausdruck ist gequält, hinzu kommt eine auffällige Unruhe. In diesem Stadium macht sich eine zunehmende *Kreislaufschwäche* bemerkbar, mit frequentem, kleinem Puls und Akrocyanose, als deren weiterer Ausdruck der oft erhebliche Meteorismus angesehen werden kann (BRAUN und HENCKEL [1], OCKLITZ und SCHMIDT [2]). Das Endstadium, das wir heute praktisch nicht mehr zu sehen bekommen, besteht in dem *Vollbild der Intoxikation* mit Exsikkation, Apathie, großer Atmung, Fechterstellung usw. (LAURELL, MAGNUSSON u. a., BRAUN und HENCKEL, KREPLER und ZISCHKA). Von diesem schwersten Bilde bis zum symptomlosen Bakterienausscheider bestehen alle Übergänge.

Die Stühle sind substanzlos, von dunkelgraugrüner Farbe und häufig nur geringer Schleimbeimengung, sie haben einen faden bis stinkenden Geruch. Bei der Infektion mit E. coli 111 hat dieser häufig (BEAVAN, BRAY, KREPLER, ZISCHKA u. a., OCKLITZ und SCHMIDT [2]), jedoch nicht regelmäßig (KIRBY u. a., BRAUN und HENKCEL [1]), einen spermatoiden Charakter. Insbesondere ist eine Unterscheidung der Infektion zwischen E. coli 55 und 111 nur auf Grund des typischen Stuhlgeruchs nicht möglich. Die Stühle enthalten keine Leukocyten (BUTTIAUX u. a. [2]). Das p_H kann sauer, alkalisch oder neutral sein (BRAUN und HENCKEL [1]); nur ganz selten wird Blut gefunden (KREPLER und ZISCHKA, OCKLITZ und SCHMIDT [2]), jedoch war in 75% der Fälle von BRAUN und HENCKEL [1] die Benzidinprobe im Stuhl positiv. Die Stühle treten sehr häufig, manchmal bis zu 40mal täglich auf (LAURELL, MAGNUSSON u. a.). Über die *Krankheitsdauer* ohne antibiotische Behandlung liegt nur noch eine Angabe von KIRBY u. a. vor:

sie beträgt bei schweren und mittelschweren Fällen etwa 12 Tage. Auch Rezidive werden zuweilen beobachtet (Kirby u. a., Krepler und Zischka), die besonders bei ungenügender antibiotischer Behandlung vorkommen sollen. Eine persistierende Anorexie bei sonstiger klinischer Besserung soll nach Kirby u. a. das Auftreten eines Rezidives ankündigen.

Bei einem Teil der Kinder kommt es zu *komplizierenden Sekundärinfektionen*, wie Rhinopharyngitis, Otitis media, Bronchitis und Bronchopneumonie, Pyurie und Hautaffektionen. Es ist jedoch nicht anzunehmen, daß in diesen Fällen die parenterale Infektion in ursächlicher Beziehung zur Entstehung des enteritischen Prozesses steht. Hiergegen spricht die meist fehlende zeitliche Beziehung zwischen Infekt und Enteritis. Dies gilt auch für die grippalen Infekte, die nach Braun und Henckel [1] bei den von der Infektion nicht betroffenen Säuglingen ebenso häufig vorkommen, wie bei den Kindern mit Coliinfektion. Smith u. a. fanden parenterale Infekte bei Kindern mit Coli 55 in 31%, bei den negativen Kindern in 82% der Fälle. Bei den folgenden Begleiterkrankungen besteht die Möglichkeit, daß sie direkte Komplikationen der enteralen Infektion sind. Wir fanden bei Pyurie im Anschluß an spezifische Enteritiden einige Male Dyspepsiecoli 55 im Urin. Rogers, Koegler und Gerrard berichten über eine primäre Urininfektion mit Dyspepsiecoli 111. Neter u. a. [4] fanden die Keime, außer im Stuhl, auch in Rachenabstrichen, im Urin, Peritonealexsudat, Vagina, Mittelohr, Absceßeiter, Liquor und Blut. Öfters gelingt der Nachweis im Ohreiter (Neter u. a. [4], Giles, Sangster und Smith, Krepler und Zischka). Bei zwei Fällen von Colimeningitis, bei denen im Stuhl Dyspepsicoli nachgewiesen wurde, konnten allerdings keine spezifischen Colikeime im Liquor gefunden werden (Rogers, und Koegler, Neter u. a. [4]). Anders war es in einem Fall von Drimmer-Herrnheisser und Olitzki, bei dem E. coli 111 im Stuhl und Liquor gezüchtet wurde.

Man wäre also geneigt anzunehmen, daß es sich bei den schweren fieberhaften Fällen um einen septischen Prozeß, ähnlich wie bei der Kälberruhr handelt. Nichtsdestoweniger gelang es Braun und Henckel [1] *nicht*, E. coli 111 aus dem Blut zu züchten. Andere Autoren (Goldschmidt [2], Buttiaux u. a. [2], Le Minor) fanden jedoch *Dyspepsicolikeime* hin und wieder *auch im Blut*. Trotzdem müssen wir Kauffmann [4] zustimmen, wenn er meint, daß es sich bei der Dyspepsiecoliinfektion um einen *lokalen Darmprozeß* handle.

Der Nachweis von Colikeimen im Blut bei schweren Säuglingsdiarrhoen ist zwar prinzipiell möglich (Clément, Gerbeaux u. Sattgé), was von Bessau, Rosenbaum und Leichtentritt hinwiederum bestritten wird, es sei denn, daß in den Endstadien schwerer Intoxikationen die Colibakterien nach Durchwanderung des geschädigten Darmepithels im Blute erscheinen (Bossert und Leichtentritt). Zwar lehnte L. Opitz die Möglichkeit ab, daß die normale und geschädigte Darmwand für Bakterien durchlässig sei. Jedoch fanden Béco, Chvostek und Egger sowie Wurtz und Bouchard, daß Bakterien die geschädigte Darmwand durchdringen können, eine Ansicht, der sich neuerdings auch Maassen und Behm angeschlossen haben. Ein eindrückliches Beispiel für die Wertung von Colibefunden im Blut bei Dyspepsiecoliinfektionen sind die Ergebnisse von Goldschmidt [2]; 9mal wurden kommune Colibakterien im Blut gefunden, aber nur einer hiervon war ein Dyspepsiecoli. Diese Befunde können nur so gedeutet werden, daß Darmcolikeime, die ursprünglich nichts mit der Infektion zu tun haben, das stark geschädigte Darmepithel durchwanderten.

Wenn daher Brockmann (1950) meint, daß nur der Nachweis von Colibakterien im Blut (sowie Urin, Mittelohr usw.) erlaube, diesen eine ätiologische Bedeutung zuzuerkennen, so ist diese Ansicht ganz sicher nicht richtig. Die Dyspepsiecoliinfektion ist zunächst eine lokale Darminfektion; der Übertritt ins Blut und damit in die inneren Organe kann zwar vorkommen, er ist aber eine sekundäre Erscheinung und eine Folge der erhöhten Durchlässigkeit des geschädigten Darmepithels.

Die Dyspepsiecoliinfektion scheint sich nach unseren bisherigen Kenntnissen im wesentlichen *auf die Säuglingszeit zu beschränken*. Besonders die Kinder des ersten Lebenshalbjahres werden von der Infektion heimgesucht, wobei die Infektiosität und die Schwere der Verlaufsart für die jüngsten Säuglinge am größten erscheint. KIRBY u. a. geben an, daß Frühgeborene besonders gefährdet seien, was wir bis jetzt allerdings nicht bestätigen konnten. Zuweilen werden auch *bei älteren Kindern enteritische Krankheitsbilder mit Nachweis von Dyspepsiecolibakterien im Stuhl* beobachtet (SMITH, ROGERS, KREPLER und ZISCHKA). LAURELL und LYKE haben sogar eine Enteritisepidemie unter Kindern von 1—3 Jahren in einem Kinderheim beschrieben, bei denen E. coli 111:B4 (B.C.N.) in den Stühlen gefunden wurde. *Beim Erwachsenen* konnten die Keime bisher noch nicht sehr häufig nachgewiesen werden, was wohl darauf zurückzuführen ist, daß die Untersuchungen in dieser Richtung noch sehr spärlich sind.

TAYLOR u. a. fanden unter 84 Personen 4 Erwachsene mit einer Diarrhoe und E. coli D 433 im Stuhl. Diese Personen hatten Kontakt mit erkrankten Kindern. BRAUN und HENCKEL [2] fanden E. coli 111:B4 bei dem erscheinungsfreien Vater eines erkrankten Kindes. LAURELL, MAGNUSSON u. a. wiesen den Keim bei zwei Pflegepersonen nach, von denen die eine an Gastroenteritis erkrankt war. Auch OCKLITZ und SCHMIDT [2] beobachteten eine pflegende Säuglingsschwester mit einer schweren Enteritis durch E. coli 111:B4. FERGUSON [1] fand E. coli 111:B4 bei einem alten Manne mit Enteritis. Wichtig sind auch die Befunde von STEVENSON [1], der unter 72 Erwachsenen 14mal E. coli 111:B4 nachweisen konnte. Diese Patienten hatten fast alle enteritische Krankheitsbilder, die allerdings im Verlauf schwerer konsumierender Erkrankungen wie Carcinom, Lebercirrhose, Hepatitis, Diabetes u. a. aufgetreten waren. Es fanden sich jedenfalls keine sicheren Zusammenhänge zwischen Auftreten der Keime und den Darmstörungen. STEVENSON diskutierte daher die Möglichkeit, daß der fragliche Keim ein normaler Darmbewohner bei Erwachsenen sei und daß bei unspezifischen Darmstörungen die Keime sekundär die normale Stuhlflora überwucherten. Diese Ansicht ist jedoch von WALTHER und MILLWOOD widerlegt worden, die E. coli 111:B4 bei Sektionen von Erwachsenen nicht im Darm nachweisen konnten. STEVENSON [2] hat die Frage des Vorkommens von Bact. Coli D 433 bei Erwachsenen kürzlich wieder einer erneuten Untersuchung unterzogen. Unter 671 Erwachsenen mit Diarrhoe fand er 4mal Bact. Coli D 433 (111:B4) im Stuhl, unter 123 Personen ohne Diarrhoe einmal (es handelte sich durchweg um Krankenhausinsassen). Unter solchen Personen, die mit erkrankten Kindern Kontakt hatten (Schwestern, Ärzte, Mütter) fand er nur bei den Müttern in etwa 10% der Fälle die Keime im Stuhl. Die Mütter hatten (im Gegensatz zu denen aus dem Material von TAYLOR u. a.) keine Diarrhoe. Von BUTTIAUX, DEVAMBEZ u. TACQUET wurde jüngst der Fall eines 29jährigen Mannes beschrieben, der an einer schweren Enteritis mit Fieber und der Symptomatologie einer Salmonellose erkrankt war. Die Stuhlkultur enthielt bei Fehlen von Salmonellen und Shigellen eine Reinkultur von E. coli 111:B4. Die Infektionsquelle konnte nicht geklärt werden. Es muß also mit der Möglichkeit gerechnet werden, daß durch exogene Infektion mit Dyspepsiecolibakterien auch bei Erwachsenen enteritische Krankheitsbilder ausgelöst werden können. Dafür sprechen auch die Versuche von KIRBY u. a., FERGUSON u. JUNE, BRAUN und HENCKEL [2], sowie BRAUN und RESEMANN, die zeigten, daß Dyspepsiecolibakterien bei geeigneter Dosierung für Erwachsene hochpathogen sein können. Damit besteht vom Standpunkt der Pathogenität aus wohl kein grundsätzlicher Unterschied zwischen der Infektion mit Salmonellen der Enteritisgruppe und den Dyspepsiecolibakterien.

Einer besonderen Besprechung bedarf schließlich auch die *Disposition*. Klinisch hat man immer wieder den Eindruck, daß *Infekte*, vor allem der oberen Luftwege, *zu der Erkrankung disponieren* können. Auch die Umstellung des Milieus sowie der Nahrung kann ein wichtiger disponierender Faktor sein, was durch die von fast allen Autoren gemachte Beobachtung deutlich wird, daß die Entlassung eines darmgesunden Kindes aus verseuchter Umgebung nach Hause dazu führen kann, daß es nach einer der Inkubationszeit entsprechenden Frist (s. später) schwer erkrankt. Epidemiologisch sind solche Fälle deswegen wichtig, weil sie häufig in andere Säuglingsanstalten wiederaufgenommen werden und dort eine neue Epidemie verursachen können. Weiterhin disponiert die Dystrophie für die Erkrankung. Nach GILES, SANGSTER und SMITH sowie BUTTIAUX u. a. [2] soll ein schlechter Ernährungszustand für die Infektion empfänglich machen.

Die Ergebnisse von Stevenson [1] an Erwachsenen zeigen wohl, daß auch hier konsumierende Erkrankungen sowie höheres Alter für eine Enteritis prädisponieren können. Bezüglich der Empfänglichkeit ist es auch wohl nicht gleichgültig, ob die Kinder gestillt werden oder nicht. Kirby u. a. beobachteten z. B. folgendes: Von 144 Säuglingen einer Neugeborenenstation wurden bei gleicher Disposition 110 gestillt, 34 erhielten abgepumpte Frauenmilch oder zur Brust Zufütterung abgepumpter Frauenmilch oder Trockenmilch, 5 erhielten Trockenmilch allein. Von den reinen Brustkindern erkrankten 4,5%, von den nicht ausschließlich gestillten Kindern erkrankten 77,8%. Wir halten jedoch für wahrscheinlich, daß die Brustkinder eine geringere Infektionsgelegenheit hatten, da nur sie keine Flaschennahrung bekamen. Nach unseren Kenntnissen über die Epidemiologie kann dies eine geringere Exposition bedeuten. Krepler und Zischka sahen nie ein gestilltes Kind erkranken.

Letalität: Wie aus der Tab. 5 hervorgeht, ist die Letalität der Dyspepsiecoliinfektion in den ersten Jahren der Beobachtung außerordentlich groß gewesen. Von Giles und Sangster werden 50% angegeben. Die Zahlen von Bray sowie von Kirby liegen annähernd in dieser Größenordnung. Von Goldschmidt wurde 1933 36% Letalität berichtet. Dies ist ein eindeutiger Hinweis darauf, wie gefährlich die Erkrankung ist. Es gibt nur wenige Beispiele aus dem Gebiet der kindlichen Infektionskrankheiten, die bezüglich der Letalität diesem an die Seite gestellt werden können. Zahlreiche Epidemieberichte aus früheren Zeiten über epidemische Säuglingsenteritiden, die, wie wir noch sehen werden, wenigstens zum Teil durch Dyspepsiecolibakterien hervorgerufen sein konnten, sprechen eine noch eindeutigere Sprache, indem hier Letalitätsziffern bis zu 80 und 90% angegeben wurden. Mit der Einführung der antibiotischen Therapie ist die Sterblichkeit praktisch auf Null zurückgegangen (s. auch Tab. 5). Soweit auch jetzt noch Todesfälle gesehen werden, ist zu bemerken, daß diese nicht immer auf die Dyspepsiecoliinfektion bezogen werden können. Rogers und Koegler beschreiben solche Fälle, von denen ein Kind an einer biliären Lebercirrhose, ein zweites an Meningitis, ein drittes an cystischer Pankreasfibrose starb. Diese Kinder, die sich auf einer verseuchten Säuglingsstation befanden, bekamen präfinal eine Enteritis, aus dem Stuhl Magensaft und Darminhalt konnten Dyspepsiecolibakterien gezüchtet werden. Wir selbst haben an der Heidelberger Klinik ähnliche Fälle beobachtet. Rogers und Koegler haben für diese Erscheinung den Ausdruck „terminale Enteritis" geprägt, der uns sehr zutreffend erscheint. Diese Fälle sind zu beachten, da sie die Erfolgszahlen der antibiotischen Therapie ungünstig beeinflussen und so einen unrichtigen Gesamteindruck hervorrufen können. Auch in pathogenetischer Hinsicht ist diese terminale Enteritis interessant, da sie zeigt, welche Rolle der Zusammenbruch der Abwehrreaktionen für das Überhandnehmen der pathogenen Colikeime spielt.

Schließlich sei von der Klinik her noch ein Wort zu der *Nomenklatur* gesagt, zu der auch Kauffmann [4] 1951 Stellung genommen hat. Nach ihm ist bei der hier zur Rede stehenden Erkrankung, die ohne Zweifel — wenn auch nicht in semiologischer, so doch aber in epidemiologischer und ätiologischer Hinsicht — eine klinische Einheit darstellt, das Wort „Dyspepsie" abzulehnen, da es sich ja nicht um eine primäre Stoffwechselstörung, sondern um eine echte Infektionskrankheit handelt. Auch das Wort „Sommerdiarrhoe" sei unzutreffend, da die Erkrankung in allen Jahreszeiten, besonders aber im Winter auftritt. Die Bezeichnung „Gastroenteritis" sei zwar richtig, doch solle man das Wort „Gastro" fortlassen, da es sich pathologisch anatomisch nicht um eine Gastritis, sondern um eine Enteritis handle. Die Bezeichnung „Enteritis der Säuglinge" bzw. „infantile enteritis" sei korrekt, da hauptsächlich Kinder unter einem Jahr befallen werden. Die Bezeichnung „epidemisch" hält er dagegen nicht für gerechtfertigt, da neben Epidemien auch sporadische Fälle vorkommen. Zur Unterscheidung der Enteritis durch Salmonellen schlägt er das Wort: „Colienteritis der Säuglinge" vor. Die Ausführungen von KAUFFMANN [4] sind begründet und logisch durchdacht. Man muß ihnen zustimmen, soweit es sich um das Wort „Säuglingsenteritis" handelt. Gerade bei uns in Deutschland wird das Wort „Dyspepsie" unter dem starken Eindruck der CZERNYschen Lehre noch immer sehr häufig gebraucht, wiewohl lange feststeht, daß sich unter diesem Begriff außerordentlich viele, nicht dem Sinn der Bezeichnung entsprechende Erkrankungen verbergen. Daher scheint uns die Aufstellung eines neuen Terminus, wie er im ausländischen Schrifttum lange üblich ist, indiziert. Nicht zustimmen können wir aber KAUFFMANN, wenn er die infektiöse Komponente aus seiner Namensgebung fortlassen möchte. Zwar kommt es nicht immer zu größeren Epidemien, aber doch immer wieder zu Kontaktinfektionen, Zimmerinfekten und dergleichen. Daher scheint uns, in Erweiterung der KAUFFMANNschen Bezeichnung, die von BRAUN und HENCKEL [1] 1951 vorgeschlagene Bezeichnung *„infektiöse Colienteritis der Säuglinge"* vollständiger zu sein, als die von KAUFFMANN gewählte Namensgebung. Sie läßt sich mit allen klinischen und epidemiologischen Erfahrungen gleichermaßen gut in Einklang bringen.

b) Immunität.

Als wesentliches *Kriterium zum Nachweis der Erregernatur* eines pathogenen Keimes wird die Bildung von *Antikörpern* beim infizierten und erkrankten Individuum angesehen. So ist auch bei der Coliinfektion der Säuglinge nach Antikörpern gesucht worden. Leider sind die Versuche, *Agglutinine gegen Dyspepsiecolibakterien* in den Rekonvaleszentenseren nachzuweisen, bisher nicht sehr erfolgreich gewesen. GILES und SANGSTER, TAYLOR, BUTTIAUX u. a. [2] sowie GRÖNROOS untersuchten Rekonvaleszentenseren mit völlig negativem Resultat. BRAY fand in 10 Seren nur einmal einen Titer von 1:320, LAURELL, MAGNUSSON u. a. fanden unter 45 Seren 20mal Agglutinine gegen E. coli 111:B4 mit einem Titer von 1:40—1:100, aber auch in 7 Kontrollseren konnten sie 3mal Agglutinine nachweisen. BEEUWKES u. a. fanden Agglutinine in allen Patientenseren, die Kontrollen waren negativ. BRAUN und HENCKEL [1 u. 2] konnten bei der Infektion mit E. coli 111:B4 in 34 Seren 4mal Agglutinine nachweisen, bei E. coli 55:B5 fanden sich in 21 Seren 7mal Agglutinine. Der höchste Titer war 1:1280. In diesen Untersuchungen wurden sowohl lebende als auch gekochte Kulturen mit dem Patientenserum angesetzt, was bei der Suche nach O-Agglutininen besonders wichtig ist. SMITH, GALLOWAY und SPEIRS differenzierten nach einzelnen Antigenen. In den Seren von 98 Kindern, von denen 29 an einer Infektion mit E. coli 55 erkrankt waren, fanden sie nur 8mal O- oder H-Agglutinine während der Rekonvaleszens, also in etwas mehr als $^1/_3$ der Fälle. Die Titer waren jedoch nicht sehr hoch, nur in einem Fall bis 1:5280. Die Kontrollseren waren alle negativ. Den bisherigen Befunden kann also noch keine abschließende Beurteilung zukommen. Es sieht zwar so aus, als ob Agglutinine nach der Infektion von einer Reihe Patienten gebildet werden, ihr Nachweis ist aber unsicher und hat bis jetzt keine praktisch diagnostische Bedeutung.

Im Hinblick auf die Wichtigkeit des Nachweises von Agglutininen für die Beurteilung der Pathogenität der Dyspepsiecolibakterien, bedarf die Agglutininbildung beim Säugling besonderer Besprechung. Im allgemeinen wird behauptet, daß Säuglinge überhaupt schlechte Antikörperbildner seien. Dies kann zwar nicht auf alle Antikörper verallgemeinert werden, gilt aber doch bis zu einem gewissen Grade für die Agglutininbildung. Bekannt sind die alten Versuche von PFAUNDLER [1] (1898), der bei fieberhaften Coli- und Proteusinfektionen das Phänomen der Fadenbildung (sog. „Fadenreaktion") beschrieb. ZEISS (1913) fand zwar verschiedentlich hohe Agglutinintiter gegen körpereigene Colistämme bei ernährungsgestörten Kindern, diesen vereinzelten Befunden sei jedoch kein diagnostischer Wert beizulegen. Bessau, Rosenbaum und Leichtentritt (1922), Scheer [4] (1923) sowie Inglessi (1931) fanden, daß die Ausbildung von Agglutininen gegen körpereigene Colistämme bei Säuglingen sehr schlecht sei und auch bei Dyspepsien meistens fehle. Kramár [2] (1923) machte Versuche mit einer Colivaccine bei 20 Säuglingen und fand nur 5mal höhere Agglutinationswerte, fast refraktär verhielten sich die Säuglinge innerhalb des ersten Lebensmonats. Zu etwas anderen Ergebnissen kamen allerdings Aschenheim u. Holstein (1922), die in 12 Fällen akuter Ernährungsstörungen 6mal Coliagglutinine in beträchtlicher Höhe feststellten. Bergmann (1929) fand in 18% aller durchfallskranken Säuglinge Agglutinine gegen den homologen Colistamm. Bei der Infektion mit Paracolon Arizona wurden sowohl von Edwards als auch von Buttiaux, Tacquet und Kesteloot in einigen Fällen signifikante Agglutinintiter nachgewiesen. Auch die von Fothergill (1929) beschriebenen Fälle von Sommerdiarrhoe, die durch paracoliähnliche Bakterien hervorgerufen waren, zeigten einige Male verwertbare Agglutinationen. Bei der von Anderson und Nelson 1944 beobachteten Epidemie von Neugeborenendiarrhoe konnten keinerlei Agglutinine gegen den als Ursache angesehenen Paracolistamm gefunden werden. Die Befunde zeigen wohl eindeutig, wie schwierig der Nachweis von Coliagglutininen beim Säugling überhaupt ist. Sie sind zwar von einigen Autoren (wie auch bei der spezifischen Coliinfektion) in einer Reihe von Fällen gefunden worden, jedoch läßt sich etwas Endgültiges weder in der einen noch in der anderen Richtung aussagen. Sicher spielt hier die Altersstufe eine besondere Rolle, denn beim Erwachsenen sind die Schwierigkeiten der Auffindung von Agglutininen bei Coliinfektionen nicht ganz so groß (Schubert und David, Mancke und Siede, Siede, Maassen und Behm). Bei Versuchen an freiwilligen Erwachsenen mit E. coli 111:B4, die von Ferguson und June ausgeführt wurden, ließen sich Agglutinationstiter in den Seren der erkrankten Patienten feststellen. Bei den Versuchen von Kirby u. a. sowie Braun u. a. an freiwilligen Erwachsenen mit Colistämmen der Gruppe 55, 111, 26 und 86 konnten trotz teilweise schwerer Erkrankung keine Agglutinine gefunden werden.

Bei den Infekten mit bekannten pathogenen Darmkeimen sind die Agglutininnachweise nicht weniger schwierig. Goebel [1] (1932) verabreichte an Säuglinge eine Paratyphus-B-Vaccine, konnte aber nach 8—10 Tagen im Serum keine Agglutinine nachweisen. Watt und de Capito berichteten über die Entwicklung von Agglutininen gegen Paradysenteriebakterien beim Säugling, sie konnten aber zu keinen verwertbaren Ergebnissen kommen. Bubnova und Korshakova (1950) stellten fest, daß vor allem schlecht ernährte Kinder ungenügend Agglutinine gegen Dysenteriebakterien bildeten. Schließlich seien auch noch die Beobachtungen von Flormann und Shifrin (1950) über eine durch Ps. aeruginosa hervorgerufene Epidemie von Neugeborenendiarrhoe erwähnt, bei der keine Agglutinine gegen den Ps. aeruginosa-Stamm bei den Säuglingen nachgewiesen werden konnten. Bei einer von Robert (1950) beobachteten ähnlichen Epidemie durch Proteusbakterien fanden sich jedoch Agglutinine gegen dieselben in den Rekonvaleszentenseren.

Überblickt man die vorstehenden Angaben, so läßt sich wohl sagen, daß sich die Agglutinationsmethoden zur Beurteilung der Antikörperbildung gegen pathogene Darmkeime, besonders aber gegen Colibakterien, im Säuglingsalter nicht eignen. Soweit Agglutinine gegen Dyspepsiecolibakterien überhaupt nachgewiesen werden, wird man dies zwar als Stütze der Erregernatur dieser Keime auffassen dürfen. Aus den negativen Befunden können jedoch keinerlei Schlüsse gezogen werden. Die Ursache des beschriebenen Verhaltens liegt in der schlecht ausgebildeten Fähigkeit des Säuglings, Agglutinine zu bilden.

Interessant ist in diesem Zusammenhang eine Feststellung von Thjötta und Jonsen (1949). Die Agglutinationsreaktion zwischen Shigellen und Salmonellen sowie homologem Immunserum soll durch einen Faktor im aktiven Serum verhindert werden können, der die Eigenschaften eines Komplements hat und durch Inaktivieren des Serums zerstört werden kann. Wir haben versucht, diese Erfahrung auf die Coliagglutination durch Rekonvaleszentenseren zu übertragen, kamen aber auch hierdurch nicht zu besseren Ergebnissen.

Erwähnenswert ist außerdem auch noch eine Arbeit von Abraham [1] (1929), der fand, daß Meerschweinchen gegen die intraperitoneale Infektion mit Dyspepsiecolibakterien durch Colostrum geschützt werden können. Frauenmilch, Kuhmilch und normales Kaninchenserum hatten nicht diese Wirkung, auch waren im Serum der Mütter keine Agglutinine gegen Dyspepsiecoli nachweisbar. Die schützende Wirkung des Colostrums war nicht spezifisch, aber doch vorwiegend gegen Dyspepsiecolibakterien gerichtet. Diesen Befunden dürfte, sollten sie auch jetzt wieder bestätigt werden können, im Hinblick auf die in den ersten Lebenstagen erfolgende physiologische Colibesiedlung des Säuglingsdarmes (Kleinschmidt [1]) eine besondere Bedeutung zukommen. Nach LOVELL [2] soll auch das Colostrum der Kühe Antikörper gegen die Erreger der Kälberruhr enthalten, wodurch den Kälbern ein wirksamer Schutz gegen Stallinfektionen verliehen wird.

Das Fehlen des Nachweises von Coliagglutininen bedeutet nicht, daß überhaupt keine Antikörper gegen diese Keime gebildet werden. GWAN machte z. B. Versuche an Kaninchen (1938), die er peroral mit Colivaccine behandelte. Hierbei bildeten sie zwar keine Agglutinine aus, aber die Tiere wurden resistent gegenüber wiederholten i.v. Injektionen desselben Colistammes. Von grundsätzlicher Bedeutung für die Infektion mit Dyspepsiecoli 111 : B 4 sind gerade wegen der schlechten Verwertbarkeit der Agglutinationsproben die bisher nur wenig beachteten Ergebnisse von GILES und SANGSTER. Sie fanden in den Seren der Kinder, die eine Gastroenteritis mit E. coli 111 : B 4 durchgemacht hatten, ein *spezifisches Präcipitin* gegen ein Bakterienextrakt aus diesen, aber nicht aus anderen Colistämmen. 5 Kontrollseren gaben nur in einem Fall eine positive Reaktion gegen den körpereigenen Colistamm, jedoch nicht gegen E. coli 111 : B4. Bis zur Nachprüfung dieser Befunde muß man ihnen in der Beurteilung der Antikörperbildung bei der inf. Colienteritis eine führende Rolle einräumen, da sie bis jetzt der einzig sichere Beweis eines humoralen Abwehrstoffes gegen die Dyspepsiecolibakterien darstellen.

Neuerdings ist von NETER und Mitarbeitern [1, 5] eine sehr empfindliche Reaktion angegeben worden. Wie bereits erwähnt (siehe S. 106), können durch erhitzte Dyspepsiecolikultur filtrate Erythrocyten sensibilisiert werden, so daß sie in antikörperhaltigen Seren agglutinabel werden. Durch Zugabe von Komplement tritt eine Hämolyse ein. Die Hämolysereaktion ist hierbei noch wesentlich empfindlicher als die Hämagglutinationsreaktion. Mit dieser empfindlichen Methode gelang es NETER, Antikörper in einigen Rekonvaleszentenseren nachzuweisen bei negativer Agglutinationsreaktion! Allerdings bedarf die Methode noch einer Nachprüfung ihrer Brauchbarkeit auf breiter Basis.

Von untergeordneter Bedeutung sind Versuche über den Wert einer *Hautprobe*, wie sie von BRAUN und HENCKEL [1] mitgeteilt wurden. Nach der intracutanen Verabfolgung von Kulturfiltraten aus Dyspepsiecoli 111 : B4 sowie einem Kontrollstamm ergaben sich für beide geprüften Stämme bei Rekonvaleszenten nach Dyspepsiecoliinfektion positive, aber sieher ganz unspezifische Resultate (allerdings sind nur 5 Kinder geprüft worden). Nach den Untersuchungen von PACHECO, STEINBERG und WITSIE sowie STELZNER wissen wir, daß fast alle gesunden Kinder und Erwachsene eine positive Hautreaktion gegenüber Colikulturfiltraten zeigen. So haben auch die Versuche von BLECKMANN keinen Zusammenhang zwischen Colihautreaktionen und Auftreten von Ernährungsstörungen beim Säugling aufdecken können. Mehr verspricht die Versuchsanordnung von GATTO, der mit reinen Gluco-Lipoidextrakten (BOIVIN und MESROBEANU) arbeitete. Extrakte aus Colistämmen dyspeptischer Kinder ergaben bei intracutaner Anwendung nur bei den darmgesunden Säuglingen eine positive Hautreaktion. Bei den an Gastroenteritis leidenden Kindern war sie jedoch weniger ausgesprochen oder fehlte ganz. CERVELLATO fand eine streng spezifische Hautreaktion gegen das Gluco-Lipoidantigen bei einer graviden Frau mit einer Coliinfektion. So scheint es also auch auf dem Gebiete der inf. Colienteritis nicht ausgeschlossen, daß man bei Anwendung einer brauchbaren Methodik bzw. eines geeigneten Antigens noch zu einer verwertbaren Hautprobe kommen wird. Auch die Erfolge von GINDERS und BELOGLASOV bei der bacillären Ruhr ermutigen hierzu; sie fanden, daß mit einem Autolysat aus Ruhrbakterien ziemlich spezifische Hautreaktionen bei Säuglingen erhalten werden, die bei den nicht infizierten Kindern durchweg negativ waren.

Unter den Beweisen zur Erregernatur der Dyspepsiecolibakterien ist die spezifische Antikörperbildung bisher noch nicht zu verwerten, wenn auch einiges dafür spricht, daß die Kinder humorale Abwehrstoffe bilden. Möglicherweise hat auch die antibiotische Therapie einen nicht unwesentlichen Einfluß auf die Agglutininbildung, da z. B. auch bei der Chloromycetinbehandlung des Typhus sowie bei der Penicillinbehandlung des Scharlachs die typischen Antikörperreaktionen abgeschwächt sein können. Im Tierexperiment sah LUISE einen Abfall des Agglutinintiters bei Kaninchen, die nach der Immunisierung mit Typhusbakterien mit Chloromycetin behandelt worden waren. Im Gegensatz hierzu

konnten allerdings Vorlaender und Schmitz keine Beeinflussung der Antikörperbildung von Kaninchen gegen Typhusbakterien durch Chloromycetin
feststellen.

Wie es sich mit der Frage der *Immunität gegenüber Neuinfektionen* verhält,
ist bis heute noch ganz unklar. Auf der einen Seite steht die Tatsache, daß
ältere Kinder praktisch nicht erkranken, wofür man eine in der Säuglingszeit
erworbene Immunität verantwortlich machen könnte. Dagegen spricht aber, daß
nur ein geringer Prozentsatz der Menschen während der Säuglingszeit in einem
Krankenhaus Berührungsgelegenheit mit den Dyspepsiecolibakterien hat. Man
kann noch nicht erklären, wo die Kinder außerhalb des Krankenhauses
durchseucht werden könnten. Zwar befinden sich auch Dauerausscheider in der
Bevölkerung, besonders unter Säuglingen, die eine Säuglingsanstalt verlassen
haben. Doch sind die Erkrankungen an infektiöserColienteritis draußen nach unseren
bisherigen Kenntnissen zu selten, als daß man den Bakterienausscheidern außerhalb
des Krankenhauses eine wesentliche Bedeutung zusprechen könnte. Dies müssen
wir aus der relativen Seltenheit schließen, mit der Kinder, die an infektiöser
Colienteritis erkrankt sind, zur Klinikaufnahme kommen. Überdies läßt sich das
seltene Erkranken der Erwachsenen, trotz Berührung mit erkrankten Kindern,
gut erklären, da die Erregermenge nach den Versuchen von Ferguson und June
eine wesentliche Rolle spielt, während bei den jungen Säuglingen offenbar kleinste
Erregermengen die Krankheit zum Ausbruch bringen können. So spricht also
das Verschontbleiben der älteren Kinder und Erwachsenen nicht unbedingt für
eine erworbene Immunität. Die Neigung zu Rezidiven bei den Anstaltssäuglingen
(Kirby u. a., Krepler und Zischka), die auch aus vielen anderen Berichten über
epidemische Säuglingsdiarrhoe unbekannter Ätiologie hervorgeht, macht sogar
eine erworbene Immunität eher unwahrscheinlich. Dabei muß man aber bedenken,
daß es sich um die Superinfektion mit einem anderen Dyspepsiecolistamm handeln
kann. Wir haben wiederholt mehrfache Infektionen bei Säuglingen im Abstand
von Wochen erlebt, wobei im Rezidiv ein anderer Dyspepsiecolistamm als bei
der ersten Erkrankung gefunden wurde. So kann uns also auch das Auftreten
einer Zweiterkrankung nicht eindeutig über die Frage der erworbenen Immunität
Auskunft geben, wenn nicht gerade identische bakteriologische Stuhlbefunde
vorliegen. Da aber bei solchen Fällen häufig während der ersten Erkrankung
antibiotisch behandelt wurde, lassen auch sie keine Schlüsse über die Frage der
erworbenen Immunität zu. So haben Krepler und Zischka angegeben, daß die
zu kurz antibiotisch behandelten Erkrankungsfälle besonders leicht zu Rezidiven
neigen. Zur Lösung dieser wichtigen Frage muß erst noch zahlreiches klinisches
Material gesammelt werden; weiter wird es notwendig sein, brauchbare Methoden
des Antikörpernachweises auszuarbeiten. Wir stehen hier noch ganz am Anfang
und es ist zu erwarten, daß bei Ausdehnung dieses Forschungsgebietes auch auf
dem Gebiete der Immunität noch interessante Ergebnisse bekannt werden.

c) Pathologische Anatomie.

Als besonders wichtig zur Beantwortung der Frage, ob es sich bei der Colienteritis der Säuglinge um eine echte Infektionskrankheit handelt, wird von
Adam [6] die *pathologische Anatomie des Darmes* angesehen. Wenn es sich um eine
echte Infektionskrankheit durch pathogene Darmkeime handelt, so muß nach
seiner Ansicht mit pathologisch-anatomischen Befunden am Darm gerechnet
werden. Nun haben fast alle früheren Untersuchungen der pathologischen
Anatomie der Säuglingsintoxikation nur selten oder keine verwertbaren Befunde
im Darm ergeben. Adam fand jedoch zusammen mit Froboese (1925), daß der

Zeitpunkt der Sektion von ausschlaggebender Bedeutung ist. Untersucht man den Dünndarm von Säuglingen, die an einer Intoxikation verstorben sind, mehrere Stunden post mortem, so ist eine Gewebsautolyse eingetreten, die eine Unterscheidung gegenüber den Befunden bei den Säuglingen, die an anderen Erkrankungen zugrunde gegangen sind, nicht mehr zulassen. Mit der Methode der sofortigen postmortalen Untersuchung gelang es dann auch ADAM und FROBOESE, sämtliche Stadien einer akuten Enteritis nachzuweisen; die Dyspepsie-colikeime fanden sich in Reinkultur als Überzug des Darmepithels und innerhalb der Mucosa. Weiterhin konnten bei primären Durchfallserkrankungen eine ulceröse Dickdarmentzündung mit Follickelabscessen und Epithelläsionen festgestellt werden. Bei parenteralen Durchfallserkrankungen fanden sich Epithelnekrosen, Leukocyteninfiltrationen des Stromas und nur vereinzelte Ulcerationen. Die schwerste Form war die Enteritis fibrinosa et purulenta. Bei darmgesunden Kindern wurden gleichartige Befunde nicht erhoben.

In Fortführung dieser Versuche sind die Ergebnisse von ILGNER (1950/51), eines Mitarbeiters von ADAM, von wesentlicher Bedeutung. Er konnte die von ADAM und FROBOESE beschriebene *spezifische Affinität der Dyspepsiecolibakterien zum Dünndarmepithel* bestätigen.

Die Dünndarmepithelien sind von einem dichten Dyspepsiecolirasen überzogen und zeigen neben einer Zerstörung der Cuticula alle Stadien echter Schleimhautentzündung. Niemals beteiligen sich harmlose Darmbakterien an dieser Epitheldestruktion. Auch schwere ulcerierende und nekrotisierende Prozesse bis zu völligem Verlust der Mucosa wurden besonders in den mittleren und unteren Dünndarmabschnitten gefunden. Die Befunde sind bei der sog. parenteralen Dyspepsie die gleichen gewesen, fehlten aber bei parenteralen Infekten ohne Darmerscheinungen. Auf Grund dieser Tatsachen stellte ADAM die Theorie der infektiösen Natur der Dyspepsie und Intoxikation auf, indem er annahm, daß *alle* dyspeptischen Störungen des Säuglings durch Dyspepsiecolibakterien hervorgerufen würden. Als Folgezustand der schweren akuten Darmveränderungen sieht ILGNER die bei chronischen Ernährungsstörungen gefundenen „Verklumpungen des Terminalreticulums", sowie die Degeneration der Dünndarmganglienzellen an, die zu einem toxischen Erschöpfungszustand des Dünndarmepithels führen, der in bestimmten histochemischen Veränderungen zum Ausdruck kommt. Daher sieht ADAM weiterhin die im Anschluß an Dyspepsie und Intoxikation auftretenden chronischen Ernährungsstörungen nicht als Folge des quantitativen oder qualitativen Hungers, sondern der anatomischen Veränderungen durch die schwere enterale Infektion an. ILGNER fand auch toxische Schädigungen und Verfettung des Leberparenchyms und der Nierentubuli, sowie Hämosiderose der Milz. Dyspepsiecolibakterien konnten in den Mesenterialdrüsen, Leber, Milz und Niere im Sinne einer „lymphogenen Abdominalsepsis" nachgewiesen werden. Sie waren dagegen nur selten im Blut, Lunge oder Gehirn zu finden.

Die Untersuchungen ADAMs und ILGNERs sind nun, wenn auch nicht in dem geschilderten Umfang, so doch für die infektiöse Colienteritis durch die Ergebnisse anderer Autoren gut gestützt worden. Bei der von BRAUN und HENCKEL 1950 [1] beobachteten Epidemie mit E. coli 111:B4 imponierte die pathologische Anatomie des Darmes von Anfang an als etwas ganz Besonderes im Vergleich zu der großen Anzahl bei den in früheren Jahren zur Sektion gekommenen akuten Ernährungsstörungen. Es zeigte sich bei 3 Fällen der übereinstimmende Befund einer subakuten katarrhalisch-hämorrhagischen, ulcerösen und fibrinösen Enteritis mit Bevorzugung der mittleren Abschnitte des Ileums. Auch war eine hochgradige Leberverfettung vorhanden. Allerdings hat sich bei einem weiteren Fall, der an der gleichen Krankheit gestorben war, kein gleichartiger Befund erheben lassen, so daß BRAUN und HENCKEL damals vermuteten, daß die schweren Veränderungen nicht obligat zu sein brauchen. Dies wurde auch durch die Untersuchungen von GILES und SANGSTER (1948) deutlich, die unter 24 Sektionsfällen mit E. coli 111:B4 nur 5mal eine hämorrhagische Gastroenteritis fanden. Die übrigen hatten eine milde Hyperämie der Schleimhaut, in einigen Fällen war der Darm ganz normal. Die Leberverfettung war aber bei allen Fällen vorhanden. Die von BRAY 1945 beobachteten postmortalen Befunde (18 Sektionen) waren sogar ausgesprochen gering. Es fand sich lediglich eine Dünndarmdilatation mit Anschoppung der Capillaren, aber keine entzündlichen Veränderungen, ein Bild wie es ähnlich von CRUICKSHANK (1930), RICE, BEST, FRANT und ABRAMSON (1937) sowie HALLOCK (1951) bei der epidemischen Neugeborenendiarrhoe beschrieben wurde. Auch von BRAY wurde regelmäßig die Leberverfettung beobachtet. Etwa gleichartig lauten die Berichte von BRAY und BEAVAN (1948); TAYLOR u. a. konnten 13 Säuglinge mit E. coli D 433 sezieren. Es fand sich eine Hyperämie der Darmschleimhaut, besonders im Dünndarm. In einem Fall wurden auch Läsionen der Magenschleimhaut und in einem anderen oberflächliche Erosionen der Dünndarmschleimhaut festgestellt. In 5 Fällen bestand eine Leberverfettung. Kirby u. a. (1950) sahen 5 Fälle autoptisch. Bei 4 Fällen waren keine schweren Veränderungen zu sehen, außer einer Congestion der Mucosa, hingegen hatte ein Fall im Dünndarm, speziell im Ileum Nekrosen und Hämorrhagien der Darmschleimhaut mit Gasblasen in der Submucosa und in der Muscularis. Die Mesenteriallymphknoten waren geschwollen, die Leber war in diesen Fällen makroskopisch normal, mikroskopisch war mäßige Blutfülle und geringe periportale Lymphocyteninfiltration festzustellen, was auf die prämortale Therapie mit Plasma und Eiweißhydrolysaten zurückgeführt wurde, die eine Verfettung der Leber verhindern soll. Am Gehirn fanden sich keine besonderen Veränderungen. Die von Krepler und Zischka 1951 beobachteten 6 Todesfälle zeigten alle eine schwere katarrhalisch-hämorrhagische Gastroenteritis mit nekrotisierender Entzündung der Darmschleimhaut und mit Nachweis der Dyspepsiecolibakterien in den mesenterialen Lymphknoten, Milz und Lunge. Ocklitz und Schmidt [2] fanden bei 10 an infektiöser Colienteritis gestorbenen Säuglingen (vor Anwendung der antibiotischen Therapie) mehr oder minder schwere Schleimhautveränderungen von mäßigem Ödem und Hyperämie bis zu schweren hämorrhagischen und nekrotisierenden Enterocolitiden. 3 Kinder mit dem Stamm der O-Gruppe 25:K:H6 hatten die schwersten Veränderungen. Leberverfettung wurde, im Gegensatz zu vielen anderen Autoren, in keinem der Fälle beobachtet.

Wir brachten diese Befunde deswegen so ausführlich, weil die antibiotische Therapie in Zukunft das Studium der pathologischen Anatomie der infektiösen Colienteritis auf breiter Basis unmöglich machen wird.

Reizvoll erscheint es, eine Reihe früherer Epidemieberichte aus der Ära vor Bekanntwerden der Bedeutung der Dyspepsiecoliinfektion zum Vergleich heranzuziehen. Finkelstein berichtete 1896 über eine durch coliforme Bakterien hervorgerufene Enteritisepidemie bei Säuglingen, bei der eine echte Colitis gefunden wurde. Catel [1] beobachtete 1927 eine Enteritisepidemie, hervorgerufen durch colihaltige Frauenmilch, bei der eine hämorrhagische Enteritis festgestellt werden konnte. Küpper hob 1935 die Fettleber bei epidemisch auftretenden Intoxikationen hervor, fand jedoch keine besonderen Befunde am Darm. Bei der epidemischen Neugeborenendiarrhoe wurde von Felsen (1939) nekrotisierende Veränderung und Geschwürbildung am unteren Ileum und Colon beschrieben. In den letzten Jahren sind eine Reihe weiterer Berichte von bösartigen, teilweise epidemisch auftretenden Säuglingsenteritiden bekannt geworden, die es nicht ausgeschlossen erscheinen lassen, daß die mitgeteilten Beobachtungen infektiöse Colienteritiden gewesen sind. So berichtete z. B. Willi (1944) über die Zunahme bösartiger Säuglingsenteritiden in der Schweiz, wobei in 72% eine ulceröse Enteritis bestand. Die von Jürgenssen und Berger 1949 in Wien beobachtete Enteritisepidemie mit einer Letalität von 94% zeigte an pathologisch-anatomischen Befunden geringfügige katarrhalische Veränderungen bis zu schwersten nekrotisierenden Enterocolitiden, mit vorwiegender Lokalisation im unteren Ileum und oberen Dickdarm. Einige Male kam es sogar zu einer Peritonitis. Besonders eindrucksvoll war auch hier die Leberverfettung. In Finnland wurden 1950 von Hallmann und Ahvenainen über eine seit 1947 zunehmende Häufung außergewöhnlich schwerer Gastroenteritiden berichtet, die bei 48 Sektionen jedesmal eine Fettleber, aber nur dreimal schwerere Befunde am Ileum boten. Ähnlich lauten die Berichte von Nassau (1951) aus Israel sowie von Schmid aus Deutschland (1951); letzterer sah schwere nekrotisierende Enterocolitiden mit gelegentlicher Perforation, so daß der Eindruck einer „neuartigen Säuglingsenteritis" entstand.

Wir wollen nun nicht behaupten, daß alle diese Beobachtungen Colienteritiden gewesen seien, aber die Ähnlichkeit der pathologisch anatomischen Befunde lassen die Vermutung aufkommen, daß — wenigstens bei den Berichten aus neuerer Zeit — Coliinfektionen im Spiele waren. Allerdings ist dieser Schluß von der pathologischen Anatomie allein her nicht zulässig, da ähnliche Veränderungen z. B. von Weidenmüller (1943) bei einer Epidemie, die durch Ps. aeruginosa bedingt war, oder von Epstein, Hochwald und Ashe bei den Salmonelleninfektionen Neugeborener beobachtet worden sind. So dürfen die Befunde bei der infektiösen Colienteritis im Sinne Adams doch wohl so gedeutet werden, daß sie der Ausdruck einer echten Infektion sind, wenn sie auch nicht Erreger-spezifisch zu sein scheinen. Damit erfährt die Auffassung, daß es sich bei der infektiösen Colienteritis um eine echte Infektionskrankheit handelt, eine wesentliche Stütze.

Ergänzend sei noch angeführt, daß sich die von Hormann, Patzer sowie Hartig für den Säugling beschriebene sog. nekrotisierende Jejunitis bzw. Enteritis (auch unter dem Namen

„akuter Darmbrand" in der Nachkriegsliteratur bekannt geworden), nichts mit der infektiösen Colienteritis zu tun hat. Auch die von CHRISTENSEN und BIERING-SØRENSEN beschriebene schwere Gastroenteritisepidemie in Kopenhagen (1946) muß wohl einem anderen, möglicherweise virusbedingten Formenkreis hinzugerechnet werden, da hierbei Meningo-encephalitische und meningitische Befunde erhoben werden konnten, die nicht zum Bilde der infektiösen Colienteritis gehören.

VI. Die Epidemiologie der infektiösen Colienteritis.

Die vorhergehenden Abschnitte zeigten, daß die Frage der Spezifität des hier zur Rede stehenden Krankheitsbildes und der Erregernatur der beschriebenen Colitypen weder von bakteriologischem oder klinischem Standpunkt aus, noch von der pathologischen Anatomie her allein gelöst werden kann. Erst die synoptische Betrachtung der einzelnen Faktoren ergibt das richtige Bild. Im Rahmen dieser einzelnen Fragestellungen spielt die Epidemiologie eine ganz besonders wichtige Rolle, weil sie allein bei der Beantwortung der obigen Fragen den Ausschlag geben kann. Sie erlaubt fernerhin innerhalb des in klinischer Hinsicht so verwirrenden Fragenkomplexes „inf. Gastroenteritis der Säuglinge" zu sichten und zu ordnen und führt endlich zu der so wichtigen Bekämpfung und Verhütung der Krankheit.

a) Das Vorkommen der infektiösen Colienteritis.

Es wurde bereits auseinandergesetzt, daß es sich um eine vorwiegend an das Säuglingsalter gebundene Infektionskrankheit handelt, die nach unseren bisherigen Kenntnissen bei Erwachsenen eine geringe Rolle spielt. Experimentelle Untersuchungen (FERGUSON und JUNE, KIRBY u. a., BRAUN u.a.) sprechen jedoch dafür, daß die pathogenen Colitypen bei geeigneter Keimdosierung auch für den Erwachsenen fakultativ pathogen sind. Diese Verhältnisse scheinen zunächst schwer erklärbar und erschweren vor allem die Beurteilung der Frage, ob es sich bei den Dyspepsiecolibakterien wirklich um pathogene Darmkeime handelt. Ein Vergleich mit der Salmonellenenteritis zeigt jedoch, daß die Verhältnisse bei dieser nicht grundsätzlich verschieden von der inf. Colienteritis sind. Auch die Pathogenität der Salmonellen ist nur verhältnismäßig gering, da bei einem gesunden Erwachsenen im allgemeinen kleine Erregermengen nicht zu einer Erkrankung führen, sondern die Keime in sehr großer Zahl aufgenommen werden müssen, damit eine Gastroenteritis entstehen kann (BADER [1]). HORMAECHE, PELUFFO und ALEPPO führten an Erwachsenen Experimente durch, die diese von der Epidemiologie her gewonnene Erfahrungstatsache zu bestätigen scheinen. Eine Gruppe von 5 Erwachsenen Personen erhielt 4 Milliarden lebender Breslaubakterien peroral. Nur eine Versuchsperson bekam eine fieberhafte Gastroenteritis, während die anderen nicht erkrankten. Anders jedoch sind die Verhältnisse beim Säugling: HORMAECHE, PELUFFO und ALEPPO fanden auf Grund ausführlicher epidemiologischer Studien, daß beim Säugling die Salmonella-Enteritiskeime auch bei einer Infectio minima zur Erkrankung führen. Sie können drei verschieden klinische Krankheitsbilder verursachen: Akute dysenterische Form; choleraähnliche Form und chronisch septische Form. Diese Erkenntnisse werden als die sog. „Doctrina di Montevideo" bezeichnet. Sie weichen von der sog. Kieler Lehre ab, die besagt, daß die Enteritiskeime beim Menschen nur enteritische Krankheitsbilder hervorrufen. Die altersmäßige Verteilung der Salmonelleninfektion, die von KRISTENSEN, BOJLÉN und FAARUP sowie von HARHOFF studiert worden ist, zeigt, daß auch hier das Kindesalter bis zu 4 Jahren gegenüber den Erwachsenen bevorzugt befallen ist, ja bei Säuglingen kommen nach KRISTENSEN u. a. die Salmonelleninfektionen bis zu 5mal, nach HARHOFF bis zu 8mal häufiger vor, als beim Erwachsenen.

Diese Verhältnisse ähneln denen, die wir auch von der inf. Colienteritis her kennen: Altersmäßige Verteilung, höchste Infektiosität für den Säugling. Wenn bei Erwachsenen mit enteritischen Krankheitsbildern bis jetzt so selten Dyspepsiecolibakterien nachgewiesen werden konnten, so liegt das wahrscheinlich daran, daß diese noch nicht ausreichend untersucht wurde. Bei Nahrungsmittelvergiftungen durch Colibakterien, wie sie in der Literatur angegeben sind (Kathe, Schaede, Schubert und David, Lodenkämper [1, 2]), wird man in Zukunft auf das Vorkommen von Dyspepsiecolibakterien achten müssen. Im übrigen sind von Kähler bei Lebensmittelvergiftungen Dyspepsiecolibakterien, die mit denen von Adam biochemisch und serologisch identisch waren, zweimal in Weißkäse gefunden worden. Auf das Vorkommen von E. coli 55 und 111 bei Enteritis der Erwachsenen wurde bereits oben hingewiesen.

Die größere Häufigkeit der Dyspepsiecoliinfektionen gegenüber den Salmonellosen beim Säugling ist unseres Erachtens eine Frage des natürlichen Standortes der Dyspepsiecolibakterien. Dieser ist offenbar der Mensch, da sie bei Tieren (Kalb) nicht vorzukommen scheinen (Wramby, Taylor u. a. Ørskov [1]), während auf der anderen Seite die Enteritiskeime ihren natürlichen Standort beim Tier haben und nur gelegentlich auf den Menschen übergehen. Vielleicht kann man es dadurch erklären, daß die Dyspepsiecolibakterien nicht in der Milch gefunden werden (Jaschke, Goldschmidt [2], Böhm-Aust, Schönberg)[1]. Der Säugling hat aber wohl seltener Gelegenheit als der Erwachsene, mit der Nahrung tierisches Material aufzunehmen, das Salmonellabakterien enthalten könnte (Fleisch, Eier usw.). Die Milch aber wird in pasteurisiertem oder abgekochtem Zustand verabreicht. Das überwiegende Vorkommen der Dyspepsiecoliinfektionen beim Säugling ließe sich mit diesen epidemiologischen Verhältnissen jedenfalls gut erklären. Es bestehen offenbar, abgesehen von diesen Fragen des natürlichen Standortes, keine grundsätzlichen epidemiologischen Unterschiede zwischen der Dyspepsiecoliinfektion und der Salmonellainfektion des Säuglings. Dem entspricht auch die Tatsache, daß die Ausbreitung der Dyspepsiecoliinfektion und der Salmonellainfektion auf den Säuglingsstationen einander sehr ähnlich sind, wie die Erfahrungen von Pierret, Buttiaux, Breton und Taquet sowie Henckel und Renz zeigen. *Der einzige wesentliche epidemiologische Unterschied zwischen Salmonellosen und Dyspepsiecoliinfektionen liegt in dem natürlichen Standort, der bei den Salmonellen das Tier, bei den Dyspepsiecolibakterien der Mensch ist.*

Die *Zahl der darmgesunden Keimträger*, die von den einzelnen Autoren gefunden wurden, geht aus der Tab. 5 hervor. Von Adam [7] sowie Goldschmidt [2] wurde angegeben, daß 10% der darmgesunden Säuglinge Dyspepsiecolibakterien beherbergen können, ohne daß es zu einer Erkrankung zu kommen braucht. Eine Zahl der gleichen Größenordnung für Dyspepsiecoli 111:B4 wurde später von Braun und Henckel [1] angegeben (9,2%). Die entsprechenden Zahlen der übrigen Autoren liegen, soweit Angaben vorhanden sind, zwischen 3 und 5%; Kirby u. a. geben sogar nur 1,7% an. Damit kann sicher gesagt werden, daß es sich bei den Dyspepsiecolibakterien um keine ubiquitären Darmkeime handelt, eine Tatsache, die wir inzwischen an einem Material von mehreren tausend Stuhluntersuchungen immer wieder bestätigen konnten. Das gilt nach den Untersuchungen von Ørskov [1] sowie Braun und Resemann auch für die Keime der Gruppe O 26:B6 sowie O 86.

Von einigen Autoren wurden allerdings auch bei einer größeren Anzahl von darmgesunden Kindern Dyspepsiecolikeime gefunden, so von Payne und Cook bis zu 23%, Cathie und McFarlane bis zu 20%. Man muß aber bedenken, daß

---

[1] *Anmerkung bei der Korrektur:* Neuerdings ist allerdings von Fey (Zürich) E. coli O 55:B5, O 26:B6 und O 86 bei boviner Mastitis gezüchtet worden.

es sich z. T. um Kinder gehandelt haben konnte, die kürzere oder längere Zeit vor der Untersuchung eine, vielleicht nur ganz leichte, Colienteritis durchgemacht haben. Dies ist z. B. für einige Fälle von PAYNE und COOK, wie ROGERS mitteilte, wahrscheinlich. Weiterhin können die darmgesunden Kinder mit positiven Stuhlbefunden mit Erkrankten in direktem oder indirektem Kontakt gestanden haben. Auf verseuchten Säuglingsstationen kann diese Möglichkeit wegen der hohen Infektiosität der Erkrankung wohl nie sicher ausgeschlossen werden. Diese Frage berührt zugleich das *Verhältnis der darmkranken zu den darmgesunden Keimträgern*, gleiche Exposition vorausgesetzt. Dieses Verhältnis beträgt nach dem Material von BRAUN (s. Tab. 6, S. 103) 3 : 1, d. h. 25 % der infizierten Kinder waren erscheinungsfrei. Von ROGERS, KOEGLER und GERRARD werden hierfür 29 %, von ROGERS 22,8 %, von TAYLOR u. a. 23 % angegeben. KIRBY u. a. fanden für das Verhältnis Darmkrank : Darmgesund = 2 : 1, ebenso lauten die Zahlen von KREPLER und ZISCHKA (31 % darmgesunde Keimträger). Auch hier lohnt ein Vergleich mit den Salmonelleninfektionen, wo derartige Verhältniszahlen nichts Ungewöhnliches sind. IRVINE und GALVIN (1949) fanden während eines Ausbruches von Paratyphus B 13 infizierte Personen, aber nur zwei entwickelten enteritische Krankheitsbilder. Von SMITH, GALLOWAY und SPEIRS wurde ein Ausbruch von einer Infektion mit Salmonella typhimurium in einem kleinen Hospital mit 90 Patienten und Personal beobachtet. Alle hatten von der gleichen vergifteten Nahrung genossen, aber nur 46 erkrankten mit einer Enteritis. RUBBO [1] (1948) untersuchte eine Epidemie von Säuglingsgastroenteritis durch S. derby. Er fand neben 47 Erkrankten 21 gesunde Keimträger, also ein Verhältnis 2 : 1, was den bei der Colienteritis angegebenen Zahlen gut entspricht. Nach den Erfahrungen von MACKERRAS und PASK in Australien hatten von 600 mit Salmonella infizierten Säuglingen nur 33 eine krankenhausbehandlungsbedürftige Salmonellaenteritis. Auch hier zeigen sich also keine grundsätzlichen Unterschiede zwischen den Salmonellosen und den Colienteritiden. Mit einer Anzahl darmgesunder Keimträger muß hier wie dort von vornherein gerechnet werden (KAUFFMANN [4].

Die Frage der *Dauerausscheider* kann heute in der Ära der antibiotischen Therapie nicht mehr ausreichend beantwortet werden, da bei Anwendung der hochwirksamen Antibiotika die Dyspepsiecolibakterien in den allermeisten Fällen prompt aus dem Stuhl verschwinden und nur ab und zu nach dem Absetzen der Therapie wieder zum Vorschein kommen (KREPLER und ZISCHKA). Auch wir konnten im Gegensatz zu LAURELL, MAGNUSSON u. a. in einigen Fällen kurze Zeit nach Aussetzen der antibiotischen Therapie die pathogenen Colikeime wieder im Stuhl auftreten sehen, obwohl der betreffende Stamm nicht resistent gegen das jeweilige Antibioticum gewesen ist. Ohne antibiotische Therapie muß, wenn auch nicht sehr häufig, mit dem Vorkommen von Dauerausscheidern gerechnet werden, die deshalb epidemiologisch von Bedeutung sind, da sie die Infektion von einer Säuglingsabteilung in die andere, bzw. von einer Klinik in die andere verschleppen können. Es empfiehlt sich daher auf jeden Fall auch bei den Keimträgern eine Entkeimungskur mit irgend einem der wirksamen Antibiotika durchzuführen, so wie dies von BRAUN und HENCKEL [1] vorgeschlagen wurde.

Leider liegen in der Literatur keine Angaben über den *Contagionsindex* der inf. Colienteritis vor. Nur BRAUN und HENCKEL [1] haben diese Frage während ihrer 1950 beobachteten Epidemie studiert. Damals hatte sich ergeben, daß etwa die Hälfte aller der Infektion ausgesetzten Kinder infiziert und erkrankt waren, das entspräche einem Contagionsindex von 50 %. So sind wir auf Vergleiche mit epidemischen Säuglingsenteritiden angewiesen, die an anderen Orten, allerdings ohne Untersuchungen auf Dyspepsiecolibakterien beobachtet wurden,

Cook und Marmion beschrieben 1947 einen Gastroenteritisausbruch unter Säuglingen mit einem Contagionsindex von 32,5%. Besser wurde die Frage der Erkrankungsbereitschaft bei der epidemischen Neugeborenen-Diarrhoe studiert. Hier werden Zahlen von 37% (Anderson und Nelson), 10—30% (Selander,) 40% (Greenberg und Wronker), 44% (Vignec u. a.) angegeben. Von anderen Autoren wurden z. T. niedrigere Morbiditätszahlen beobachtet wie 8,6% (Ensign und Hunter), 18,2% (High, Anderson und Nelson), 14% (Rice, Best, Frant und Abramson), 8,7% (Wegman) und 23% (Scott, Brown und Kessler). Nun stellen die epidemisch Neugeborenen-Diarrhoen als auch die Enteritiden der älteren Säuglinge in ätiologischer und klinischer Hinsicht sicher ein recht komplexes Geschehen dar, wie wir noch zeigen werden. Die Ähnlichkeit der vorliegenden Angaben über die Morbidität mit der von Braun und Henckel [1] angegebenen Zahl ist aber, zumindestens für einen Teil der Angaben, recht auffallend. So möchten wir — unter der Annahme, daß wenigstens einige der hier zitierten Morbiditätszahlen inf. Colienteritiden betreffen, was bei der Häufigkeit dieser Infektion durchaus wahrscheinlich ist — mit aller Zurückhaltung annehmen, daß der Contagionsindex etwa zwischen 30—50% beträgt, was mit der hohen Infektiosität der Erkrankung gut in Übereinstimmung stehen würde.

Eine andere sehr wichtige Frage ist gerade im Hinblick auf die Behauptung von Adam, daß die meisten Dyspepsien durch Dyspepsiecolibakterien hervorgerufen würden, *der Anteil der inf. Colienteritiden innerhalb des großen Komplexes „Dyspepsie".* Die klinische Erfahrung lehrt, daß im Gegensatz zu den infektiösen Colienteritiden die nicht durch Dyspepsiecoli oder andere pathogene Mikroorganismen hervorgerufenen Dyspepsien im allgemeinen nicht ansteckend zu sein pflegen. Der epidemiologische Ablauf der inf. Colienteritis ist, wie wir noch sehen werden, so charakteristisch, daß ein anderes Verhalten der vielen banalen Säuglingsdyspepsien enteraler und parenteraler Natur sicher nicht übersehen worden wäre. Auch sprechen die von den meisten Autoren gewonnenen Zahlen gegen die Auffassung von Adam (s. Tab. 5). Um zu einer richtigen Beurteilung zu kommen, müssen die Angaben, die vorwiegend oder ausschließlich auf epidemische Enteritiden bezogen sind, von der Betrachtung ausgeschlossen werden (Bray, Bray und Beavan, Giles, Sangster und Smith, Taylor u. a., Rogers u. a., Kirby u. a., Laurell, Magnusson u. a., Braun und Henckel [1], Buttiaux u. a. [2], Modica u. a.). Bei ausgesprochenen Enteritisepidemien ergibt sich nämlich, daß praktisch alle oder fast alle erkrankten Säuglinge die pathogenen Colitypen in ihrem Stuhl beherbergen. Andere Zahlen erhält man aber, wenn alle Dyspepsieformen, die in einem bestimmten Zeitabschnitt zur Beobachtung kommen, auf das Vorkommen von Dyspepsiecolibakterien untersucht werden. Leider betreffen die Mehrzahl der bisher zur Verfügung stehenden Angaben nur Beobachtungen über das Vorkommen von E. coli 111:B4. Die Höhe der einzelnen Zahlen ist recht unterschiedlich, je nachdem in den Wintermonaten, also der Zeit größter Häufung, in den Sommermonaten oder das ganze Jahr über, untersucht wurde. In den Wintermonaten sind die Zahlen am höchsten und betragen etwa zwischen 50 und 70% (Giles und Sangster, Payne und Cook, Cathie und McFarlane, Krepler und Zischka). In den Sommermonaten werden niedrigere Zahlen angegeben, so von Drimmer-Herrnheisser und Olitzki 45%; wir selbst haben immer nur einzelne Dyspepsiecolifälle in dieser Jahreszeit erlebt. Bei einer Untersuchung aller Dyspepsien über 1 Jahr fand Smith in 33% positive Stuhlbefunde, Schiavini in 35% (Einzelheiten s. Tab. 5). Für die Infektion mit E. coli 55:B5 liegen bis jetzt noch nicht sehr viele Angaben vor. Smith fand diesen Colityp bei einer Untersuchung über 1 Jahr in 45% aller Dyspepsiefälle, Smith, Galloway und Speirs in 22%, Braun und Henckel [2] in 19,1% und

Drimmer-Herrnheiser und Olitzki in 20,5%. Regelmäßige Untersuchungen über das Vorkommen von Dyspepsiecoli 111 und 55 sind an unserer Klinik über $1^1/_2$ Jahre durchgeführt worden. Hierbei zeigte sich, daß von 446 untersuchten Dyspepsien verschiedener Schweregrade und Ätiologien 128 ($= 27,8\%$) einen positiven Stuhlbefund hatten [E. coli 55 und 111 (s. Tab. 6)]. Es kann danach wohl mit Sicherheit gesagt werden, daß es sich bei der Dyspepsiecoliinfektion zwar um eine recht häufige Erscheinungsform der Dyspepsie handelt, es kann aber gar keine Rede davon sein, daß alle Dyspepsien durch Dyspepsiecolibakterien verursacht werden. *Damit bleibt das Feld für alle pathogenetischen Betrachtungen über alimentäre und parenterale Dyspepsien nach wie vor offen, wenn auch heute diese Ätiologien gegenüber den infektiösen Enteritiden eine wesentliche Einschränkung erfahren müssen.* Hinzu kommt, daß auch noch Infektionen anderer Art (Salmonellen, Shigellen, Proteus, Staphylokokken, Enterokokken, Pyoceaneus und Virusinfektionen) in die Betrachtung mit einbezogen werden müssen.

Bei den infektiösen Colienteritiden besteht nach unseren bisherigen Kenntnissen eine eigenartige *saisonmäßige Verteilung*, indem die meisten Erkrankungen in den *Wintermonaten* auftreten. Hierüber machen viele Autoren entsprechende Angaben (Tab. 5): Bray: Enteritisepidemien März—April; Giles und Sangster: Januar—März; Giles, Sangster und Smith: April—Juli; Kirby u. a.: Februar—März; Rogers: November—Februar; Laurell, Magnusson u. a.: Herbst und Frühjahr; Buttiaux u. a. [2]: November—März; Krepler und Zischka: Oktober—Mai; Braun und Henckel [1] Januar—Mai. In den Monaten Februar, März und April ist die Häufigkeit am größten. Dies ist auch die Jahreszeit, in der die Neigung zu großen Stationsepidemien am ausgesprochensten ist. In den übrigen Monaten des Jahres kommen zumeist nur sporadische Fälle vor, von denen aus allerdings hin und wieder Kontaktinfektionen entstehen können. (Wir selbst haben sogar einmal im August eine kleine Epidemie auf einer Frühgeborenenstation beobachtet.)

Ergänzend hierzu kann mitgeteilt werden, daß diese jahreszeitliche Bindung auch bereits in früheren Berichten über epidemische Säuglingsenteritiden aufgefallen ist (Küpper, Greenthal, v. Canon, Duken, Bonell, Göbell, Weidenmüller, Schimansky, Hinden, Jürgenssen und Berger, Shields). Auch bei der epidemischen Diarrhoe der Neugeborenen wurden Epidemien im Winter und im Frühjahr beschrieben (Greenberg und Wronker, Chastrusse, Gordon u. Rubenstein)[1].

Die Bindung der größten Häufigkeit an die Wintermonate hat zu der spekulativen Anschauung Anlaß gegeben, daß die Grippe bzw. die banalen, grippalen Infekte eine wesentliche Rolle bei der Entstehung der infektösen Enterititiden spielen könnten. Duken stellte aus diesen Gründen den Begriff der sog. „enteralen Grippe" auf, wobei er die Anschauung vertrat, daß das Grippevirus selbst das auslösende Agens der Darmerkrankung sei. Die ausführlichen epidemiologischen Untersuchungen von Smith, Galloway und Speirs sowie von Braun und Henckel [1] haben jedoch ergeben, daß die grippalen Infekte bei Säuglingen mit Dyspepsiecolibakterien nicht häufiger, nach Smith u. a. sogar seltener vorkommen als bei den darmkranken und darmgesunden Kontrollkindern ohne Dyspepsiecolibakterien. Diese Beobachtungen sind neuerdings durch Krepler und Zischka bestätigt worden. Außerdem fanden Braun und Henckel [1] eine deutliche, zeitliche Divergenz zwischen dem Ausbruch einer Gastroenteritisepidemie in der Klinik sowie einer Grippeepidemie unter der Bevölkerung von Heidelberg, die Wochen später erst ihren Anfang nahm. Bestände ein solcher vermuteter Zusammenhang zwischen der Grippe und der inf. Gastroenteritis der Säuglinge, so müßte man nicht nur eine besondere Spitze im Frühjahr,

---

[1] Dieses Verhalten veranlaßten Cook und Marmion z. B. direkt dazu, neben den Begriff der sog. „Sommerdiarrhoe" den der „Winter vomiting disease" zu stellen.

sondern auch eingangs des Winters erwarten, da z. B. auch im November und
Dezember Grippeepidemien sehr häufig vorkommen. So kann also wohl sicher
gesagt werden, daß die Grippe bei der infektiösen Gastroenteritis keine ätiologische Bedeutung hat, wenngleich den grippalen Infekten des Säuglings ein
gewisses disponierendes Moment nicht abgesprochen werden kann, wie wir nach
unseren eigenen Erfahrungen annehmen möchten (siehe auch S. 177).

Wir haben bei unserem eigenen Material die Colienteritiden den gewöhnlichen Dyspepsien mit negativem Stuhlbefund gegenübergestellt (Abb. 1) und kamen
dabei zu dem Ergebnis, daß die früher immer mit Recht angenommene größte
Dyspepsiehäufung in der heißen Jahreszeit auch jetzt wieder bestätigt werden
kann, die Colienteritiden sind jedoch deutlich in den Wintermonaten häufiger.

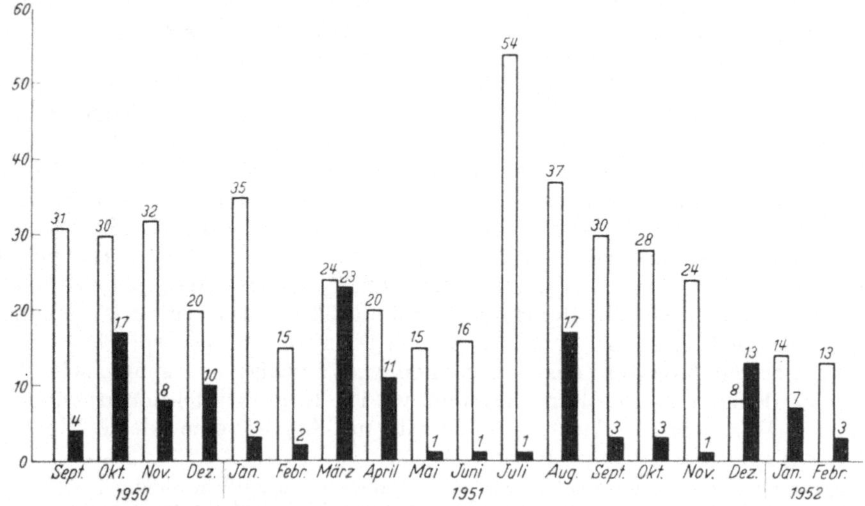

Abb. 1.   Jahreszeitliche Verteilung der infektiösen Colienteriden (schwarze Säulen) und der gewöhnlichen
Dyspepsien mit negativem Stuhlbefund (weiße Säulen) von September 1950 bis Februar 1952. (Material der
Heidelberger Kinderklinik.) Zahlen über den Säulen geben die Absolutwerte an.

Auch die jahreszeitliche Divergenz in der Häufigkeit der Dyspepsien mit
positivem und mit negativem Stuhlbefund spricht dafür, daß es sich um verschiedene Erkrankungen handeln muß, daß also die inf. Colienteritiden nur
einen Teil aller Dyspepsien ausmachen. Der Anteil der inf. Colienteritis an
den Dyspepsien im allgemeinen wird aber noch eine Berichtigung in Zukunft
erfahren müssen, wenn mehr pathogene Colitypen als bis heute bekannt
sein werden. Die Typen der Gruppe 86 z. B. sind bis jetzt nur an einem
kleinen Material nachgeprüft, ebenso die der Gruppe 26. Weitere werden sicher
noch dazukommen, so daß sich dereinst doch einmal andere Zahlen als bisher
ergeben werden, was die Theorien von Adam begünstigen würde, wenn wir auch
nicht glauben, daß sie sich restlos erfüllen werden.

Noch eine andere sehr merkwürdige Erscheinung, die auch bei den Salmonellosen vorkommt, muß hier erwähnt werden: *Das Vorkommen der einzelnen
pathogenen Colitypen ist zeitlich offenbar nicht konstant.*

Adam konnte 1927 in Hamburg ein deutliches Überwiegen der Dyspepsiecolibakterien
des Types A I feststellen, Goldschmidt [2] hingegen fand 1933 in Leipzig überwiegend den Typ
A IV. In den ersten Jahren der Berichte über die serologischen Colitypen von 1945 an wurde
nur die Gruppe 111:B4 gefunden. Das lag z. T. natürlich daran, daß damals und in den folgenden Jahren von den meisten Autoren nur auf diese Typen hin untersucht werden konnte.
Aber schon Smith konnte 1949 darauf hinweisen, daß die Alpha-Typen viel weniger häufig
waren als in dem vorhergehenden „Epidemiejahr" (1947) (Giles, Sangster und Smith).

Seit 1950 werden nun zunehmend immer häufiger Dyspepsiecolikeime der Gruppe 55 und immer seltener die der Gruppe 111 festgestellt. SMITH, GALLOWAY und SPEIRS teilen mit, daß in Aberdeen (Schottland) 1947 94,7% der Fälle von Säuglingsdiarrhoe durch E. coli 111:B4 hervorgerufen waren. In der ersten Hälfte des Jahres 1948 waren es 17 Fälle mit E. coli 111:B4 und 8 mit E. coli 55:B5, in der zweiten Hälfte des Jahres 1948 waren nur 2 Fälle mit E. coli 111:B4 und 18 mit E. coli 55:B5 festzustellen. 1949 wurden 86 Infektionen mit E. coli 55:B5 und nur 4 mit E. coli 111:B4 beobachtet, in der 1. Hälfte des Jahres 1950 waren es 27 Infektionen mit E. coli 55:B5 und keine mit E. coli 111:B4. Die von den Autoren gleichzeitig beobachtete Senkung der Letalität dürfte wohl eher mit der Einführung der antibiotischen Therapie als mit einer Virulenzschwankung der Erreger zu erklären sein. Auch DUPONT teilte 1951 mit, daß seit dem Juni 1950 in Kopenhagen nur noch Typen der Gruppe 55 gefunden werden. Unsere eigenen Erfahrungen in Heidelberg decken sich vollkommen mit diesen Beobachtungen. Eine Infektion mit E. coli 111:B4 zählt z. Z. bei uns zu den Seltenheiten, während die Infektionen mit E. coli 55:B5 an der Tagesordnung sind.

Ähnliches kommt auch bei den Salmonellenenteritiden vor. So wurde z. B. 1950 im Raume Nordbaden ein gehäuftes Auftreten von Salmonella Panama beobachtet, ohne daß geklärt werden konnte, was die Ursache gewesen ist (Mitt. BADER). Einige in der Heidelberger Klinik beobachtete Fälle dieser Epidemie bei Säuglingen und Kleinkindern sind von HENCKEL und RENZ beschrieben worden. Heute sind diese Infektionen praktisch wieder verschwunden. Eine Erklärung für diese Erscheinung kann nicht gegeben werden, sie fehlt aber auch für das wellenförmige Auftreten anderer Infektionskrankheiten wie z. B. der Diphtherie. Wir sehen in diesem Verhalten einen weiteren Beweis dafür, daß es sich bei der inf. Colienteritis um eine echte Infektionskrankheit mit den für Infektionskrankheiten typischen Gesetzmäßigkeiten handelt.

b) Ausbreitungsweise der Coliinfektionen.

Die infektiöse Colienteritis ist eine Erkrankung, deren epidemisches Auftreten bis jetzt mit Sicherheit fast nur in Säuglingsanstalten beobachtet wurde. Dafür sprechen nicht nur unsere modernen Erfahrungen seit Bekanntsein der pathogenen Colitypen, sondern auch zahlreiche Epidemieberichte aus der Zeit vor der regelmäßigen Untersuchung auf Dyspepsiecolibakterien. Im Beginn der pädiatrischen Säuglingsbehandlung gegen Ende des vorigen Jahrhunderts bis nach dem ersten Weltkrieg waren derartige Epidemien der Schrecken der Kinderärzte. Wegen der Gebundenheit an die Säuglingsanstalten sprach man auch von Hospitalismus oder Anstaltsschäden, wobei dieser Begriff allerdings eine größere Krankheitsgruppe umfaßte, da hierunter nicht nur epidemische Gastroenteritiden, sondern auch die so gefürchteten grippalen Infekte verstanden wurden. Bald nach Einführung der ersten Kinderkliniken im letzten Viertel des vorigen Jahrhunderts sind schwere epidemische Durchfallserkrankungen unter den Anstaltsinsassen von hoher Letalität bekannt geworden (ESCHERICH [2, 3], HEUBNER, WIDERHOFER), wenngleich auch ihre Ursache trotz vieler Versuche (ESCHERICH [3], FINKELSTEIN) nicht restlos geklärt werden konnte. Nichts destoweniger wurden diese Erkrankungen als echte Infektionskrankheiten mit einem damals noch unbekannten Erreger angesehen. An diesen Auffassungen hat sich bis heute nichts Wesentliches geändert, wie der neueste Bericht von GRÜNHOLZ über den Hospitalismus der Gegenwart zeigt.

Die anscheinend strenge Ortsgebundenheit der Coliinfektion ist eine wichtige epidemiologische Feststellung fast aller Autoren. Sie hat ihre natürliche Erklärung darin, daß nur in Säuglingsanstalten oder in Säuglingskrippen eine örtliche Massierung von Säuglingen zustandekommt, wodurch erst die Voraussetzungen für epidemisches Auftreten geschaffen werden, da der Säugling unter normalen Bedingungen der häuslichen Pflege ja viel weniger Gelegenheit hat, eine Kontaktinfektion zu erwerben als der Erwachsene. Die Hospitalisierung der Säuglinge ist daher der wichtigste epidemiologische Faktor der epidemischen Säuglingsenteritiden, womit gleichzeitig der wichtigste Hinweis zur Prophylaxe gegeben wird.

Nichts destoweniger kann man sich nicht vorstellen, daß es eine Infektion geben soll, die für ihre Weiterverbreitung auf die Institutionen der Zivilisation allein angewiesen sein soll. Ein noch viel eindrücklicheres Beispiel dieser Art ist die sog. homologe Serumhepatitis, die auf parenteralem Wege durch Spritzen und dergleichen übertragen wird. Sicher sind derartige Übertragungswege möglich. Die Natur hat jedoch wahrscheinlich sicher keine Keime geschaffen, die ausschließlich auf solche Weise übertragen werden. Die durch die Zivilisation geschaffenen Übertragungsmöglichkeiten können daher nur ein Nebenschluß sein, wenn auch derartige Nebenschlüsse, wie im Falle des homologen Serumikterus oder der inf. Colienteritis, sekundär einmal epidemiologisch wichtiger werden können als die natürliche Übertragungsweise. Wir müssen daher wohl annehmen, daß die *inf. Colienteritiden* sowie die pathogenen Dyspepsiecolikeime auch *außerhalb der Klinik* vorkommen. Auch die Epidemien in den Kliniken müssen einmal von solchen von außen aufgenommenen Fällen ihren Ausgangspunkt genommen haben. Es ist sogar wahrscheinlich, daß Coliinfektionen außerhalb der Klinik auch epidemisch auftreten können. Hierauf haben bis jetzt als einzige BRAUN und HENCKEL [1] aufmerksam gemacht. Bei der 1950 in Heidelberg beobachteten Epidemie mit E. coli 111:B4 konnte nachgewiesen werden, daß diejenigen Kinder, die zum Ausgangspunkt der einzelnen Epidemiewellen wurden, alle aus einem Ort kamen und bereits bei der Aufnahme typisch erkrankt waren mit positivem Erregernachweis im Stuhl. Leider konnte damals nicht geklärt werden, wie es zu dieser kleinen Epidemie in dem Heidelberger Vorort kam. (Nur einmal wurde bei dem Vater eines erkrankten Kindes der gleiche Colityp im Stuhl festgestellt.) Auch später konnte wieder beobachtet werden, daß einige der mit E. coli 55:B5 aufgenommenen, teils schweren Erkrankungsfälle aus einem Ort stammten. Die Orte, aus denen wir bis jetzt solche Fälle in die Klinik bekommen haben, liegen z. T. nahe beieinander. Beobachtungen von Dyspepsiecoliinfektionen bei Kindern im Privathaushalt liegen auch von SMITH vor.

Leider sind die epidemiologischen Besonderheiten der Dyspepsiecoliinfektionen außerhalb der Klinik noch gänzlich unbekannt. Nach den Untersuchungen von PRICE, DRAKE und LONG sowie YOUNG wissen wir, daß Säuglingsdyspepsien besonders häufig unter schlechten sozialen und hygienischen Bedingungen auftreten. Hierfür sind nicht nur die Gegebenheiten in den Einzelhaushalten maßgebend, sondern nach PRICE spielt z. B. auch eine gut funktionierende Kanalisation und geordnete rasche Müllabfuhr für den Rückgang der Säuglingsdyspepsien eine ganz wesentliche Rolle. Die interessante Arbeit von MEYER-DELIUS (1951) über die Säuglingssterblichkeit in Hamburg, die über einen Zeitraum von etwa 150 Jahren berichtet, gibt anschauliche Beispiele dafür, wie eng die Säuglingssterblichkeit mit der Verbesserung der hygienischen Verhältnisse einer großen Stadt (Trinkwasserversorgung, Abwässerbeseitigung, Kanalisation usw.) zusammenhängt. (Dieses Material dürfte zumindestens für Deutschland ziemlich einmalig sein.)

Wir müssen annehmen, daß diese wichtigen Zusammenhänge vor allem auch für die Übertragung der inf. Colienteritiden gelten. Dafür mag auch die Beobachtung ein Hinweis sein, daß wir infizierte Kinder, außer aus anderen Säuglingsanstalten, fast immer aus ländlichen Orten bekamen. Daß die Fliegen bei der Übertragung eine Rolle spielen, ist unwahrscheinlich, da diese in den Wintermonaten nicht häufig vorkommen. Außerdem wurde von YLPPÖ u. a. ein Experiment gemacht, indem sie in einer von zwei annähernd vergleichbaren Kleinstädten in Finnland eine intensive Fliegenbekämpfung trieben. Die Dyspepsiehäufigkeit war aber trotzdem in beiden Städten genau gleich. Hiergegen spricht allerdings ein ähnliches Experiment von CORBO in der Provinz Latina (Italien). In dem Bezirk, wo eine intensive Fliegenbekämpfung betrieben wurde (mit DDT), verminderte sich auch die Säuglingssterblichkeit erheblich. Es müssen daher weitere Forschungen auf diesem wichtigen Teilgebiet der Epidemiologie abgewartet werden, bis man ein endgültiges Urteil abgeben kann[1]. Ob die Dyspepsiecoliinfektionen irgendwelche größere geographische Räume bevorzugen, läßt sich bis heute noch nicht erkennen. Die zahlreichen Berichte aus den verschiedensten Ländern lassen jedoch vermuten, daß es sich um eine ganz ubiquitäre Infektion handelt, wobei die warmen Länder (Israel, Australien) nicht ausgeschlossen zu sein scheinen (s. Tab. 5).

Die Ausbreitungsweise der inf. Colienteritis innerhalb der Säuglingskliniken und zwischen den einzelnen Anstalten ist von BRAUN und HENCKEL [1], ROGERS und KOEGLER, SMITH, GALLOWAY und SPEIRS sowie BUTTIAUX u. a. [2] studiert worden. Der Charakter der Epidemiekurve ist nicht explosiver, sondern mehr tardiver Natur. Dies spricht also dagegen, daß die Infektion durch irgendein gemeinsames, infiziertes Nahrungsmittel übertragen wird, wenn auch dieser Weg, wie wir noch sehen werden, nicht grundsätzlich ausgeschlossen ist. Wird ein infiziertes Kind auf eine Station aufgenommen, so werden zunächst gewöhnlich die Bettnachbarn infiziert. Diese können in einer der Inkubation entsprechenden Zeit mit enteritischen Erscheinungen erkranken, wodurch sie zu neuen Infektionsquellen werden. Es ist selten so, daß alle exponierten Kinder gleichzeitig erkranken, sondern erst 1 oder 2, die anderen folgen in relativ regelmäßigen Abständen, die in etwa der Inkubationszeit (s. S. 141) entsprechen. Hierdurch können mehrere Infektgenerationen zustande kommen. Die Infektiosität der Erkrankung ist also offenbar nicht in allen Stadien gleich, sondern — wie BRAUN und HENCKEL [1] bereits 1950 vermuteten — zu Beginn der Erkrankung am größten, eine Ansicht, der sich neuerdings auch OCKLITZ und SCHMIDT [2] angeschlossen haben. Dies steht mit der Tatsache gut in Einklang, daß die Erreger zu diesem Zeitpunkt praktisch in Reinkultur im Stuhl vorhanden sind. Durch Verlegung von Keimträgern in andere Zimmer oder auf andere Stationen wird die Infektion weiterverschleppt. Daneben treten aber auch Neuinfektionen in anderen Zimmern derselben Station auf, ohne daß vorher erkrankte oder darmgesunde Keimträger in diese Zimmer verlegt worden wären.

Vielfach haben wir beobachten können, daß Kinder, die von verseuchten Stationen geheilt entlassen wurden, zu Hause schwer enteritisch erkranken können. Wenn diese Kinder entweder in dieselbe oder in eine andere Säuglingsanstalt zur Wiederaufnahme kommen, können sie dort eine neue Epidemie auslösen. Dieselben Erfahrungen konnten auch von ROGERS und KOEGLER sowie KIRBY u. a. gemacht werden. Entsprechendes Verhalten wurde auch bei der epidemischen Neugeborenendiarrhoe von CLIFFORD sowie FOSTER beobachtet. So darf es nicht verwundern, daß in einem größeren Raume mehrere Kliniken gleichzeitig Enteritisepidemien erleben können, wie es z. B. von BRAUN und HENCKEL [1] in Baden und der Pfalz, von KREPLER und ZISCHKA in Wien oder von ROGERS und KOEGLER in Birmingham beschrieben wurde. Hierbei können überzeugende Infektketten, oft über weitere Entfernungen, verfolgt werden. Wenn die Beobachtungen von SHIELDS über epidemische Säuglingsenteritiden Coliinfektionen betreffen, was nach der Schilderung nicht ausgeschlossen erscheint, so ist es

---

[1] *Anmerkung bei der Korrektur:* FEY teilte neuerdings das Vorkommen von Dyspepsiecolibakterien bei boviner Mastitis mit. In einem Fall, bei dem O26:B6 gezüchtet worden war, gingen die Keime auch auf den Kuhhalter und seine Familie über, allerdings ohne daß Erkrankungen auftraten.

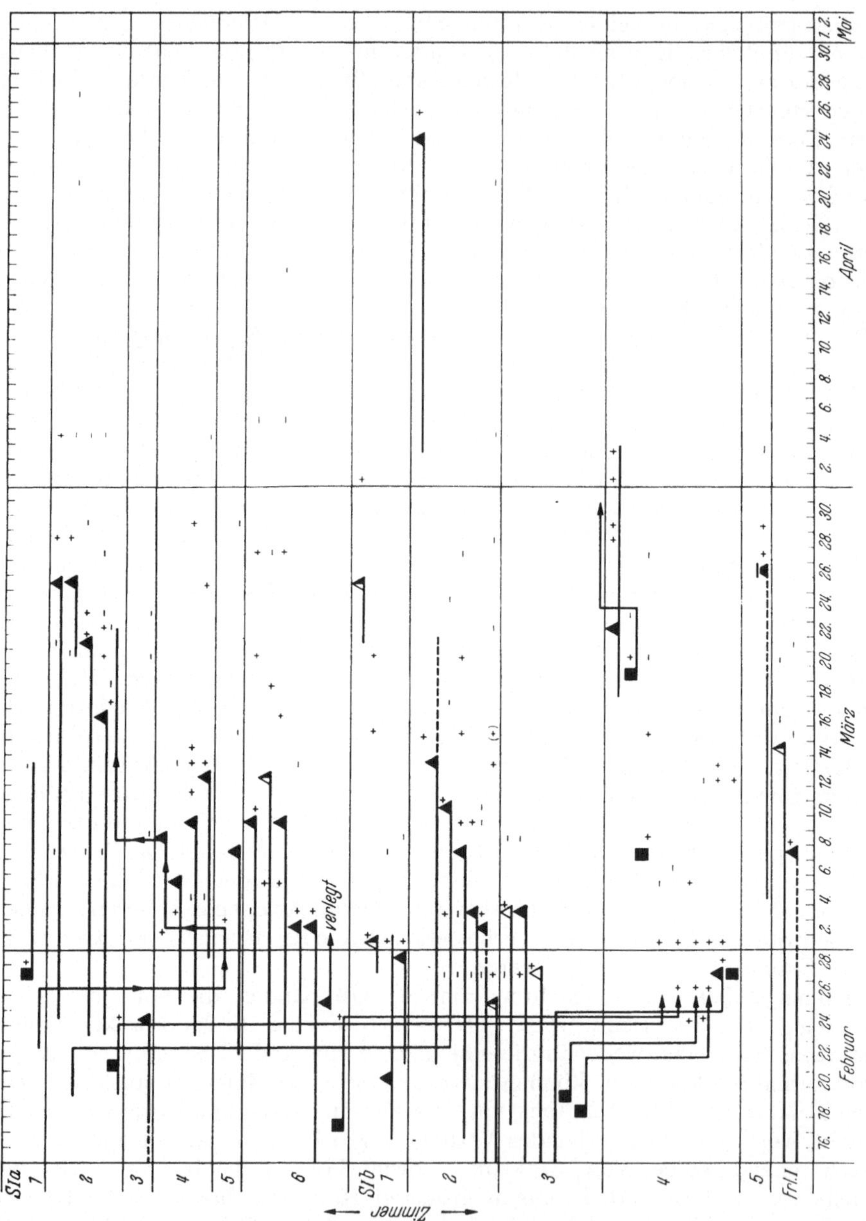

Abb. 2. Ablauf einer Epidemie mit E. coli 111:B4 in der Heidelberger Kinderklinik (1950). Nach Braun und Henckel [1].

sogar möglich, die Infektketten von einem Kontinent zum anderen zu verfolgen. Zwei Säuglinge wurden an Bord eines Schiffes, auf dem sich viele enteritisch erkrankte Säuglinge befanden, von Europa nach USA transportiert (1946—47). Sie kamen in ein Kinderkrankenhaus in Philadelphia zur Aufnahme wegen Enteritis und lösten dort eine schwere Gastroenteritisepidemie aus.

Leider sind die typischen epidemiologischen Verhältnisse nicht immer so klar wie in Epidemiezeiten. Nach dem Erlöschen einer Epidemie treten noch längere Zeit auf den verseuchten

Stationen immer wieder einzelne Fälle endemisch auf. Manchmal liegen die hierbei erkrankten Kinder oft schon längere Zeit auf einer Station und es läßt sich zunächst nicht erklären, wo sie ihre Infektion erworben haben. Wir müssen annehmen, daß ähnlich wie beim Scharlach die Erreger auch nach Erlöschen einer Epidemie längere Zeit auf einer solchen Station vorhanden sind (s. Übertragungsmodus) und daß empfindliche Kinder bei irgendeiner Gelegenheit die Keime aufnehmen. Diese sporadischen Erkrankungsfälle gehören aber zu den Seltenheiten, so daß sie unsere Vorstellungen über die sonst gut bekannte Ausbreitungsweise nicht wesentlich beeinflussen.

Zur Veranschaulichung des Gesagten seien hier zwei typische Infektionsabläufe, wie sie von uns in Heidelberg sowie von ROGERS und KOEGLER in Birmingham erlebt wurden, wiedergegeben; die Verhältnisse sind für die Infektion mit E. coli 55, 86 und 111 grundsätzlich die gleichen (Abb. 2 u. 3).

Die Inkubationszeit läßt sich aus den epidemiologischen Daten mit einiger Genauigkeit errechnen. Die Angaben der einzelnen Autoren lauten folgendermaßen: ROGERS, KOEGLER und GERRARD 11 (4—22) Tage; LAURELL, MAGNUSSON u. a. 8—12 (3—20) Tage; BUTTIAUX u. a. [2] 5—10 Tage; BRAUN und HENCKEL [1] 4,6 (2—10) Tage für die Infektion mit E. coli 111:B4, 9—10 Tage für die Infektion mit E. coli 55:B5; KREPLER und ZISCHKA 6,7 (3—10) Tage; OCKLITZ und SCHMIDT [2] 3—6 Tage. Die Inkubationszeit errechnet sich meistens

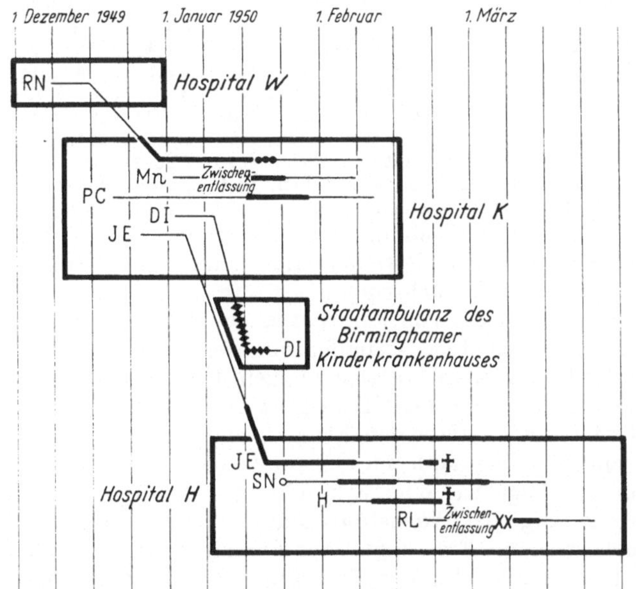

——— keine Diarrhoe, kein Erbrechen, kein α- oder β-Typ von B. coli nachweisbar
•••••••• keine Diarrhoe, kein Erbrechen, α- oder β-Typ von B. coli nachweisbar
——— Diarrhoe und Erbrechen, α- oder β-Typ von B. coli nachweisbar
•••••••• keine Diarrhoe, aber Erbrechen, α- oder β-Typ von B. coli nachweisbar

Abb. 3. Ablauf einer Epidemie mit E. coli 111:B4, beobachtet und wiedergegeben von ROGERS und KOEGLER (Birmingham).

aus dem Termin des Erkrankungsbeginns des infizierenden Kindes bis zu dem des infizierten Kindes. Hieraus erklären sich die nicht ganz unwesentlichen Divergenzen zwischen den Angaben der einzelnen Autoren. Der bakteriologische Stuhlbefund pflegt nämlich bei regelmäßiger Untersuchung dem Beginn der klinischen Erscheinungen etwas vorauszugehen, wie wir selbst und andere feststellen konnten. Diese Differenz beträgt nach KIRBY u. a. 3 Tage, nach ROGERS bis zu 11 Tagen. nach KREPLER und ZISCHKA 2 Tage. In dieser Zeit sind aber die Kinder bereits infektiös, wenn auch die Ausscheidung der Keime noch nicht so massiv ist wie auf dem Höhepunkt der Erkrankung. Da außerdem innerhalb kurzer Zeit nach Auftreten eines Krankheitsfalles die pathogenen Colikeime im Krankenzimmer überall vorhanden sind (ROGERS), muß die Bestimmung der Inkubationszeiten zunächst mit Vorsicht betrachtet werden, da nie genau gesagt werden kann, wann ein Kind infiziert wurde. Nur in ganz bestimmten Fällen ist dies möglich, z. B. wenn ein Kind mit noch negativem Stuhlbefund nach Hause entlassen wird und dann zu Hause erkrankt, oder wenn ein frisch erkranktes Kind in eine bis dahin von der Infektion freigebliebene Station zur Aufnahme kommt. Die Inkubationszeitberechnung an Hand solcher präziser Fälle deckt sich nun aber weitgehend mit den obigen Zahlen (BRAUN und HENCKEL [1]), so daß diese als relativ verbindlich angesehen werden können. Ein Unterschied in der Inkubationszeit zwischen den einzelnen Dyspepsiecolitypen scheint nicht zu bestehen, dies gilt auch für die Infektion mit dem Colistamm der Gruppe O 86 (BRAUN und RESEMANN).

Die für die infektiösen Colienteritiden berechneten Inkubationszeiten wurden auch früher schon bei epidemischen Säuglingsenteritiden unbekannter Genese gefunden. Für die epidemischen Neugeborenen-Diarrhoe werden angegeben: BEST 2—6 Tage, FORBES und OLSEN 6 Tage, SELANDER 6 Tage, ANDERSON und NELSON 3—4 Tage, ENSIGN und HUNTER 6 Tage, FOSTER 6 Tage, ROBERT 5 Tage, VIGNEC u. a. 4—5 Tage, SCOTT u. a. 4—6 Tage, HALLOCK 12 Tage. Für die epidemischen Diarrhoen der älteren Säuglinge lauten die Angaben: THOMAS 7 Tage, CHRISTENSEN, BIERING-SØRENSEN 3—5 Tage, WUNDERWALD [1] 4—8 Tage, JÜRGENSSEN und BERGER 8 Tage, ANDERSON 5—10 Tage. Diese auf klinischem und epidemiologischem Wege gewonnenen Daten, meist ohne Kenntnis irgendeines bekannten Erregers, zeigen wieder interessante Parallelen zur inf. Colienteritis und lassen den Schluß zu, daß die für diese oben angegebenen Zahlen trotz einiger theoretischer Bedenken als verbindlich angesehen werden können.

Das Vorhandensein einer so relativ langen Inkubationszeit ist zunächst etwas überraschend, wenn man bedenkt, daß die Inkubationszeit der Salmonellenenteritis der Erwachsenen meist nur wenige Stunden beträgt, ja sogar — wie die Untersuchungen von KIRBY u. a. sowie BRAUN u. a. ergeben haben — daß auch die experimentelle Coliinfektion der Erwachsenen bereits innerhalb weniger Stunden Krankheitserscheinungen hervorrufen kann. Nach unserer Meinung ergibt sich aber diese Divergenz der Inkubationszeit aus der unterschiedlichen Größe der infizierenden Erregermenge. Die Epidemiologie der inf. Colienteritis beim Säugling kann nur erklärt werden, wenn bereits eine minimale Keimmenge in der Lage ist, eine Erkrankung auszulösen. Die Keime brauchen natürlich einige Tage des Wachstums und der Vermehrung, bis sie die gesamte Darmflora beherrschen. Erst dann aber kommt es zu Krankheitserscheinungen. Ähnlich ist es ja auch bei der Besiedlung des Neugeborenendarmes mit Colibakterien. Am Ende der ersten Woche tritt die sog. initiale Diarrhoe auf, zu einer Zeit also, die der Inkubationszeit der inf. Colienteritis einigermaßen entspricht. Auch hier sind die Colibakterien schon wesentlich früher im Darmkanal vorhanden (KLEINSCHMIDT [1]), ähnlich wie auch bei der inf. Colienteritis die Dyspepsiecolibakterien schon einige Tage vor Ausbruch der Erkrankung im Stuhl nachweisbar sein können. Die Infektion mit einem der Dyspepsiecolistämme ist also unmittelbar vergleichbar mit der natürlichen Colibesiedlung des Darmes nach der Geburt oder nach der vorhergehenden Sterilisierung des Darmes durch Antibiotika. Der Unterschied besteht lediglich darin, daß es sich im Falle der Dyspepsiecolibesiedlung des Darmes um pathogene Keime handelt. Die Inkubationszeit kann also gut erklärt werden. Ihre unterschiedliche Länge wird einmal abhängen von der jeweiligen Disposition der Kinder sowie von dem Widerstand, den die Dyspepsiecolibakterien von der übrigen Darmflora entgegengesetzt bekommen. Die Auslösung der Krankheit beim Säugling ist genau wie beim Erwachsenen von einer bestimmten Erregerkonzentration im Darm abhängig.

c) Übertragungsmodus der Dyspepsiecoliinfektionen.

Der Übertragungsmodus der Dyspepsiecoliinfektion ist wegen der großen Rasanz der Ausbreitung, die an Virusinfektionen erinnert, sowie wegen des

Fehlens von Zwischenträgern beim Personal einer Säuglingsstation lange Zeit sehr unklar gewesen, so daß sich gerade von dieser Seite her wesentliche Bedenken gegen die spezielle Erregernatur der Dyspepsiecolibakterien ergaben. Die Übertragungsweise kann aber heute als weitgehend aufgeklärt gelten. Die verschiedensten Übertragungswege sind aufgedeckt worden, deren Vermeidung schon immer das Ziel einer optimalen Säuglingspflege gewesen ist.

Häufig wurde auf die Möglichkeit einer *Übertragung von Darminfektionen durch die Milch* hingewiesen (FLÜGGE, BESSAU [1], CATEL, ABRAHAM, SCHÖNFELD, CLIFFORD, LEMBCKE, CUMMING). ABRAHAM [2] sowie CATEL [1] beobachteten Gastroenteritisausbrüche durch eine mit Colibakterien verunreinigte Flaschennahrung. ENSIGNE und HUNTER fanden bei einer Enteritisepidemie unter Neugeborenen, daß die Milch mit ps. aeruginosa verunreinigt war. Gleichzeitig erkrankten auch Erwachsene, die von derselben Milch genossen hatten. Natürlich können auch Salmonelleninfektionen auf diese Weise übertragen werden, besonders wenn unerkannte Dauerausscheider in den Infektionsgang eingeschaltet sind (EPSTEIN, HOCHWALD und ASHE). Im allgemeinen sind aber derartige Berichte selten und regelmäßig können dabei schwere Fehler in der Milchküchenhygiene oder der Behandlung der Nahrung auf den Stationen festgestellt werden. Die Abstellung derartiger Fehler ist heute eine Selbstverständlichkeit und das Ziel der sog. terminalen Hitzebehandlung der Flaschennahrung (WRIGHT [1]). Sie sollte auch in den Privathaushaltungen gefordert werden, wenn auch die Untersuchungen von JASCHKE gezeigt haben, daß stark mit Colibakterien verunreinigte Flaschennahrungen nicht zu einer Dyspepsie zu führen brauchen. Die Betonung liegt aber auf dem Worte *brauchen*, denn eine mit Colibakterien verunreinigte Flaschennahrung zeigt eben an, daß jederzeit durch den bösen Zufall pathogene Darmkeime in die Milch gelangen können. Sicher ist aber die Übertragung von Darminfektionen auf den Säuglingsstationen durch die Milch nur von geringer Bedeutung. Dies gilt im besonderen Maße auch für die Dyspepsiecoliinfektionen. Wir haben in mehrfachen Untersuchungen keine Verunreinigung der Flaschennahrung mit Dyspepsiecolibakterien gefunden, das gleiche konnte z. B. auch von KREPLER u. ZISCHKA und GOLDSCHMIDT [2] festgestellt werden.

Besondere Beachtung verdienen auch die häufig an die Säuglinge verabreichten *Gemüse- und Obstsäfte*, die, wie wir uns selbst überzeugen konnten, bei ungeeigneter Behandlung fast immer stark bakteriell verunreinigt sind, soweit es sich nicht um stark saure Säfte (Citronensaft, Orangensaft) handelt (siehe auch SCHÖNFELD sowie HONERLA und H. ADAM). LEMBCKE u. a. sowie WEGMAN konnten auch Epidemien bei Brustkindern beobachten, die durch eine *fehlerhafte Brustpflege* (Verwendung bakteriell verunreinigter Abwaschlösungen für die Brustwarzen u. dergl.) hervorgerufen waren. BARENBERG, LEWY und GRAND konnten bei einer Epidemie von inf. Neugeborenen-Diarrhoe Colibakterien an einem Fieberthermometer feststellen, das gleichzeitig von 7 Schwestern bei den von ihnen gepflegten Kindern gebraucht wurde. Alle diese Infektionswege stellen aber Einzelbeobachtungen dar und sollten bei einer exakten Säuglingspflege, wie sie zumindestens bei uns in Deutschland seit Jahrzehnten gefordert wird, vermeidbar sein.

In der Mehrzahl der Epidemieberichte bleibt jedoch der Übertragungsmodus unklar, und es ergibt sich allgemein, daß auch bei sorgfältigster Pflege die Neuinfektionen nicht vermieden werden können. Diese Tatsache hat viele Autoren dazu veranlaßt, Virusinfektionen anzunehmen (s. Tab. 11). Die Ausbreitungsweise stellt man sich dabei als aerogene Infektion (airborn infection) vor (ANDERSON, CAMPBELL, SELANDER). Wieder andere Autoren nahmen mehr eine Schmier- und Kontaktinfektion durch die Pflege an (DICK, DICK und WILLIAMS, GÖBELL, SHIELDS, McCLURE).

Die Untersuchungen über den *Übertragungsmodus der inf. Colienteritis* haben ergeben, daß *grundsätzlich alle denkbaren Übertragungswege möglich* sind. Hierüber sind genaue Untersuchungen vor allem von ROGERS angestellt worden. Er konnte feststellen, daß nach der Aufnahme eines erkrankten Kindes in ein bis dahin von der Coliinfektion freies Krankenzimmer die pathogenen Colitypen innerhalb 18 Std. überall nachweisbar sind. Sie wurden vor allem im Luft- und Bodenstaub gefunden, aber auch sonst praktisch an allen Gegenständen: Decken, Bettücher, Spielzeug, Thermometer, Puderdosen, Fensterrahmen, Handtücher, Badewanne, Badestöpsel, Waage und anderes mehr. Die Verunreinigung des Luftstaubes war besonders groß nach dem Baden der Kinder oder nach dem Bettenmachen. Fernerhin konnten die Keime auf den Reinigungsgeräten (Besen u. dgl.) sowie auf den Händen des Pflegepersonals nachgewiesen werden. Krepler und Zischka kamen zu grundsätzlich den gleichen Ergebnissen; sie fanden die pathogenen Colitypen an Kleidungsstücken und Händen der Schwestern, auf dem Fußboden, Matratzenstaub, auf dem Wickeltisch usw. In der Heidelberger Klinik wurden ähnliche Befunde, wenn auch nicht mit der gleichen Regelmäßigkeit und Häufigkeit erhoben (Braun und Henckel [2]). Nach Ocklitz und Schmidt [2] sollen besonders die Griffe der Windeleimer Knotenpunkte der Infektionsverbreitung sein, an denen sich die Schwestern immer wieder die Hände infizieren. Von Müller wurde besonders darauf hingewiesen, daß die Schürzen der Schwestern mit Dyspepsiecolibakterien verunreinigt seien. Ferner fand auch er, ähnlich wie Rogers, während des Fertigmachens der Säuglinge ein Maximum in der Verunreinigung der Luft mit Dyspepsiecolibakterien.

Besonders bemerkenswert erscheint die Tatsache, daß auch nach Lysolabwaschungen eines Besens (Rogers) sowie einer Wickeltischauflage (Krepler und Zischka) noch lebende Dyspepsiecolibakterien gefunden wurden.

Mit diesen Befunden ist die Möglichkeit einer Schmierinfektion praktisch nicht ausschließbar und es erklärt sich hierdurch, daß auch die exaktesten Pflegebedingungen zwar die Infektion einschränken, aber nicht völlig verhindern können. Auch die Tatsache der Verschleppung der Infektion ohne die Verlegung von Keimträgern findet hierdurch eine zwanglose Erklärung, da mit den Reinigungsgeräten oder auch mit den Schuhsohlen die Keime leicht von einem Zimmer in das andere getragen werden können, ohne daß grobe Pflegefehler vorzuliegen brauchen.

Die ubiquitäre Verbreitung der Erreger ist eine Funktion der massiven Keimausscheidung während der akuten Erkrankung, da die Kinder die Dyspepsiecolibakterien praktisch in Reinkultur im Stuhl beherbergen. Aber nicht nur mit dem Stuhl werden die Erreger ausgeschieden, sondern auch über den oberen Respirationstrakt. Sie können nämlich in großer Zahl sowohl im Rachen als auch im Nasenraum nachgewiesen werden (Taylor u. a., Laurell, Magnusson u. a., Braun und Henckel [2], Neter u. a., Krepler und Zischka). Nach Neter u. a. sowie Laurell, Magnusson u. a. sollen die Keime sogar recht häufig im Nasen-Rachenraum vorkommen. In dieser Tatsache muß nach den interessanten Untersuchungen von Laurell [5, 6, 7]) ein epidemiologisches Moment von höchster Bedeutung gesehen werden. Er konnte nachweisen, daß Säuglinge innerhalb kurzer Zeit nach·Aufnahme auf eine Säuglingsstation bestimmte Colitypen im Rachen und der Nase beherbergen, die auch bei den anderen Kindern der Station dort vorkommen. Die gleichen Keime werden im Luftstaub gefunden. Auf Grund dieser Untersuchungen kam Laurell zu dem Schluß, daß der *Keimübertragung durch den Luftstaub* eine noch größere Bedeutung zukomme als der Schmierinfektion. Von Neter hinwiederum wurde nachgewiesen, daß auch bei den Salmonelleninfektionen des Säuglings die Erreger im Nasen-Rachenraum vorkommen. Mit diesen Befunden ist für die Infektion mit pathogenen Darmkeimen die Möglichkeit der Übertragung durch den Luftstaub im Sinne der sog. ,,airborn infection" als erwiesen anzusehen. Die hohe Infektiosität der infektiösen Colienteritis erheischt nicht unbedingt die Annahme einer primären Virusinfektion.

Die aufgezeigten Infektionswege setzen allerdings eine ganz besondere *Resistenz der Erreger gegen äußere Einflüsse*, besonders gegen Austrocknung voraus. Eine entsprechende Untersuchung von Rogers ergab, daß lebende Dyspepsiecolibakterien bis zu 27 Tagen aus dem Zimmerstaub herausgezüchtet werden können.

BRAUN [4] fand, daß dieselben in ausgetrocknetem Zustand noch nach 8 Monaten kulturell nachweisbar sind. Nach einer früheren Untersuchung von PARR[1] (1937) halten sich Colibakterien in Stuhlaufschwemmung bei 37° C bis zu einem Jahr und 8 Monaten, in Kühlschranktemperatur bis zu 2 Jahren und 8 Monaten[1]. Diese außerordentlich hohe Resistenz gegenüber Austrocknung, die den Dyspepsiecolibakterien in gleichem Maße wie den kommunen Colibakterien zuzukommen scheint, erklärt auch, warum in einmal verseuchten Krankenzimmern oder Stationen auch noch viele Wochen nach Erlöschen einer Epidemie Kinder plötzlich, anscheinend ohne bekannte Infektionsquelle, erkranken können. Diese Möglichkeit scheint auf einer befallenen Station über Monate hinweg gegeben zu sein und kann nur durch gründliche Desinfektion unterbunden werden.

In der beschriebenen Ausbreitungsweise der Dyspepsiecolibakterien darf jedoch nicht etwa ein für diese streng spezifisches Verhalten gesehen werden. Das spezifische ist nur ihre Pathogenität, denn auch mit den apathogenen Typen kommt es innerhalb einer Säuglingsabteilung zu dauernden Kreuzinfektionen. Dies geht aus den Untersuchungen von STUART und VAN STRATUM sowie LAURELL [5, 6, 7] hervor. Erstere untersuchten die Coliflora des Stuhles in 2 verschiedenen Säuglingsabteilungen (A und B). Von 115 Kulturen der Abteilung A waren 47,8% serologisch identisch mit der einen oder anderen Kultur, mit der Immunseren hergestellt wurden. 69,8% von 139 Kulturen der Abteilung B waren ebenfalls serologisch identisch mit den homologen Stämmen verschiedener Antiseren der Abteilung B. Jedoch waren nur 4% der Kulturen der Abteilung B identisch mit Kulturen der Abteilung A. Es handelte sich also nicht etwa um ubiquitäre Colistämme, sondern um dauernde Kreuzinfektionen. LAURELL [7] kam bei Untersuchungen der Rachenflora von Säuglingen auf einer Säuglingsstation zu ganz ähnlichen Ergebnissen. Die Colitypen im Rachen und in der Nase dieser Kinder waren relativ einheitlich. Eine gleiche Einheitlichkeit konnte bei Säuglingen außerhalb der Klinik nicht festgestellt werden.

Eine bereits erwähnte Arbeit von SMITH, LOOSLI und RITTER über Infektionen mit Aerobakter „Carter" zeigt, daß auch hier die Ausbreitungsweise ganz ähnlich ist wie bei der Coliinfektion. Die Keime wurden vorwiegend durch den Luftstaub übertragen und waren in großer Menge in der Umgebung der Kinder, d. h. an allen Gegenständen im Krankenzimmer zu finden. Interessanterweise fiel auch hier das Maximum der Infektion bei den Kindern in die Monate März und April. Zwar konnte also auch hier die Epidemiologie der Keimverbreitung gut verfolgt werden, sichere Anhaltspunkte für deren Pathogenität wurden jedoch nicht gewonnen, da unter 361 infizierten Kindern nur 12 klinische Erscheinungen boten.

Diese Untersuchungen zeigen wohl eindeutig, daß das Vorkommen gemeinsamer Colitypen bei Kindern einer Station noch kein Beweis dafür ist, daß es sich um pathogene Keime handelt. Dies ist auch dann nicht der Fall, wenn die untersuchten Kinder eine Gastroenteritis haben. Zum Beweis der Pathogenität müssen eine Reihe von weiteren Bedingungen erfüllt werden (siehe S. 108). In diesem Zusammenhang ist vor allem auf die *Wichtigkeit des Nachweises fraglich pathogener Typen an verschiedenen Orten* hinzuweisen.

Ob *Dauerausscheider unter dem Pflegepersonal* als Überträger eine Rolle spielen, kann bis jetzt noch nicht präzise beantwortet werden. BRAUN und HENCKEL [1] sowie KREPLER und ZISCHKA haben trotz mehrfacher Untersuchungen niemals Keimträger unter den Pflegepersonen (Ärzte und Schwestern) auffinden können. Hingegen fanden LAURELL, MAGNUSSON u. a. die Keime auch im Stuhl eines Arztes sowie bei einer Schwester im Rachenabstrich. Auch OCKLITZ und SCHMIDT[2] sahen eine Enteritis bei einer infizierten Schwester. Mit diesem Infektionsweg muß also ebenfalls ab und zu gerechnet werden, besonders bei unsauberem Verhalten der betreffenden Pflegepersonen. Jedoch scheint dieser Infektionsweg keine größere Rolle zu spielen. Auch das Umgekehrte scheint vorzukommen, nämlich der Übergang der Keime vom Kind auf den Erwachsenen. Dafür spräche eine Untersuchung von STEVENSON [2], der Dyspepsiecolibakterien bei den Pflegepersonen niemals fand, jedoch in 10% der Mütter infizierter Kinder.

---

[1] Nach LODENKÄMPER [4] sind die Ruhrbakterien in angetrocknetem Zustand bis 107 Tage, die Typhusbakterien bis zu 8 Monaten überlebensfähig.

Bei der ubiquitären Verbreitung der Dyspepsiecolibakterien auf den Säuglingsstationen muß auch noch mit anderen Infektionswegen durch Vermittlung von Zwischenträgern gerechnet werden. Bei den Salmonelleninfektionen der Säuglinge in Australien ist durch Mackerras und Mackerras [1] sowie Rubbo [2] auf die wichtige Rolle der Küchenschaben und Mäuse als Infektionsüberträger hingewiesen worden. Auch Graffar fand, daß Küchenschaben mit Salmonellen infiziert sein können. Schmidt, Ocklitz und Husslein konnten Dyspepsiecolibakterien an Küchenschaben nachweisen. So lassen sich bei starkem Ungezieferbefall diese Möglichkeiten nicht ausschließen. Unwahrscheinlich ist auf Grund der saisonmäßigen Bindung der Coliinfektionen eine Übertragung durch Fliegen, obwohl Bray BCN (111:B4) in solchen nachweisen konnte. Auch Ocklitz und Schmidt [2] fanden Fliegen, die mit Dyspepsiecolibakterien verunreinigt waren.

Auf Grund der bisherigen Erfahrungen können wir uns folgendes Bild von der Übertragung der infektiösen Colienteritis machen: Die Infektion erfolgt mit der Aufnahme eines erkrankten Kindes auf die Säuglingsstation, das in der Regel die Erreger sowohl mit dem Stuhl als auch gelegentlich über den oberen Respirationstrakt in Massen an die Umgebung abgibt. Innerhalb kurzer Zeit kommt es zu einer Verseuchung des Krankenzimmers, in dem sich die Erreger praktisch an allen Gegenständen nachweisen lassen. Schließlich erlangt die Verseuchung der unmittelbaren Umgebung einen solchen Grad, daß die Infektion anderer Säuglinge auch bei sorgfältigster Pflege nicht mehr vermieden werden kann, denn sie haben reichlich Gelegenheit mit den Erregern in Berührung zu kommen, z.B. beim Fertigmachen auf gemeinsamem Wickeltisch oder bei gemeinsamer Benutzung der Badewannen, schließlich auch durch den Luftstaub. Durch Zwischenträger (Personen), Reinigungsgeräte oder mit dem Staub wird die Infektion in andere Zimmer verschleppt. Auf dem Höhepunkt der Durchseuchung kann nur noch die Schließung der Abteilung für Neuaufnahmen, Ausbrennenlassen der Epidemie sowie gründliche Schlußdesinfektion diese zum Erlöschen bringen. Erfolgt dies nicht, so können oft nach Ablauf von Wochen immer wieder einzelne Erkrankungsfälle auftreten, die dann unter Umständen zu neuen Epidemien Anlaß geben. Von Rubbo [2] ist jüngst eine schematische Aufstellung aller hier genannten Infektionswege auf der Säuglingsstation gegeben worden, die in gleicher Weise für die Übertragung der pathogenen Colibakterien wie aller anderen pathogenen Darmkeime Geltung hat.

Welcher der vielfachen Infektionswege nun auch in Frage kommen möge, eine unmittelbare Voraussetzung für alle der genannten Möglichkeiten ist jedenfalls, daß bei den Säuglingen schon geringste Keimmengen zur Auslösung der Krankheit führen können. Nachdem bei den Salmonellosen diese Möglichkeit als erwiesen angesehen werden kann (Hormaeche, Peluffo und Aleppo), steht einer gleichartigen Annahme bei den Colienteritiden nichts im Wege.

d) Prophylaxe.

Die sich aus der Epidemiologie der Colienteritiden ergebenden prophylaktischen Konsequenzen gelten zugleich auch bei der Bekämpfung von epidemischen Enteritiden anderer Genese. Denn die Forderungen, die zur Verhütung der inf. Colienteritiden zu stellen sind, müssen so streng sein, daß wohl jede andere Darminfektion durch dieselben Maßnahmen bekämpft werden kann. Die epidemiologischen Feststellungen bei der inf. Colienteritis und ihre Folgerungen für die Prophylaxe sind daher von grundsätzlicher Bedeutung, da sie geeignet sind, den seit Jahrzehnten als Schrecken der Säuglingsstationen bekannten Hospitalismus wirksam zu bekämpfen bzw. zu beseitigen. Darin liegt überhaupt einer der wesentlichen Fortschritte dieser ganzen Forschungsrichtung.

1. Die Expositionsprophylaxe.

Das Kernübel bei der Entstehung aller epidemischen Säuglingsenteritiden liegt in der „widernatürlichen und uniformierenden Massenpflege" (PFAUNDLER 1924 [2]) und der damit vermehrten Exposition gegenüber infektiösen Erkrankungen. Ist erst einmal eine Enteritisepidemie ausgebrochen, so sind alle Maßnahmen — sofern nicht eine offensichtliche Infektionsquelle bekannt ist — zu ihrer Beendigung zwecklos. Hierin sind sich fast alle Autoren einig. Die einzige Möglichkeit, die sicher wirksam ist, besteht in der völligen Schließung und Desinfektion einer befallenen Abteilung (SHIELDS, FOSTER, SELANDER, GREENBERG und WRONKER, ANDERSON und NELSON, BREHME und PANOS). Einige Autoren (FORBES und OLSEN, HIGH, ANDERSON und NELSON, CRON, SHUTTER und LAHMANN) verlangen sogar darüber hinaus eine völlige Renovierung der betreffenden Station. Dies gilt — wie erwähnt — vor allem auch für die infektiöse Colienteritis.

Eine Reihe von Maßnahmen haben sich jedoch als wirksam erwiesen, das Auftreten von Epidemien größeren Ausmaßes zu verhindern bzw. die Kontaktinfektionen auf ein Mindestmaß einzuschränken. Sie gehören teilweise wohl auch heute schon zum Rüstzeug einer modernen, hygienisch einwandfrei geführten Säuglingsstation, teilweise stellen sie aber neuartige Konsequenzen dar, die sich aus der Epidemiologie der Coliinfektionen ergeben. Selbstverständlich sollte die Behandlung der Flaschennahrungen der Säuglinge einwandfrei sein. Hierunter ist nicht nur eine einwandfreie Sterilisation in der Milchküche, sondern auch die Vermeidung neuer Verunreinigungen auf den Stationen selbst zu verstehen (BESSAU). Gerade hier bestehen noch mannigfache Verunreinigungsmöglichkeiten, die um so gefährlicher sind, als ja dort die pathogenen Colikeime in sehr großer Zahl vorhanden sein können. Die Flaschen müssen geöffnet werden, um die Sauger überzuziehen; sie werden in nicht sterilen Sammelgefäßen aufbewahrt usw. Eine besondere Gefahr liegt auch in den Saugern selbst, die gewöhnlich in den Krankenzimmern in Glasgefäßen u. dgl. aufbewahrt werden. LEMBCKE u. a. beobachteten z. B. eine Enteritisepidemie unter Neugeborenen, die durch verunreinigte Sauger hervorgerufen war. Diese waren auch noch nach den üblichen Reinigungsmethoden bakteriell verunreinigt. Wir haben bei einer entsprechenden Untersuchung in der Heidelberger Klinik recht häufig eine Verunreinigung der Saugeroberfläche mit Colibakterien feststellen können, wenn auch keine Dyspepsiecolibakterien nachgewiesen werden konnten. (Siehe auch die gleichartigen Beobachtungen von LAURELL, MAGNUSSON u. a.) Die Möglichkeit der Verunreinigung mit Dyspepsiecolibakterien ist aber grundsätzlich gegeben, sobald hierzu infolge großer Keimmengen in der Umgebung und in der Luft Gelegenheit gegeben ist. Man muß daher eine jedesmalige Sterilisierung der Sauger vor der Nahrung verlangen. Noch besser und sicherer zur Gewinnung einer einwandfreien Flaschennahrung scheint uns der Weg der neuerdings häufig vorgeschlagenen „Terminal Sterilisation" („Terminal Heating") der gesamten trinkfertigen Nahrung für einen Tag (WRIGHT [1], SHIELDS) zu sein. Diese Methode wurde nach den Vorarbeiten von ROURKE, SMITH, FINLEY, WRIGHT und LOUDER sowie anderen Autoren 1949 von der American Hospital Association bekanntgegeben und gesetzmäßig durch die New Yorker Gesundheitsbehörden in Säuglingsanstalten und Krankenhäusern eingeführt. Die Nahrung wird mit einer sauberen, aber nicht unbedingt aseptischen Technik hergestellt, in saubere, aber nicht notwendigerweise sterilisierte Flaschen eingefüllt. Die Sauger werden in USA durch Kunststoffkappen mit Bajonettverschluß an den Flaschen befestigt, und zwar so, daß auch die Außenfläche der Sauger vor Berührung und Luftkeimen geschützt wird. Darnach werden alle Flaschen 25—30 min bei 100° C im strömenden Dampf oder im Wasserbad behandelt. Statt dessen kann die Nahrung auch für 10 min auf 110° C erhitzt werden. Es werden dabei mit Sicherheit alle pathogenen Keime, jedoch nicht alle hitzeresistenten Sporen entfernt. Deswegen ist es notwendig, die Nahrung im Eisschrank aufzubewahren. Der absolute Keimgehalt soll $100/cm^3$ nicht übersteigen. Die Methode hat gegenüber der von CUMMING vorgeschlagenen aseptischen Technik der Nahrungsherstellung den Vorzug der größeren Einfachheit. Sie wird in den USA auch schon in den Privathaushaltungen durchgeführt und dürfte für jede Säuglingsanstalt ein leicht erreichbares Ziel darstellen. (Einzelheiten siehe bei J. WRIGHT [1].)

Die gleiche Aufmerksamkeit muß auch der *abgepumpten Frauenmilch* gewidmet werden. KIRBY u. a. haben eindrucksvoll gezeigt, daß die Kinder, die abgepumpte Frauenmilch erhielten, sehr viel häufiger mit Dyspepsiecolibakterien infiziert wurden, als die Kinder an der Brust. Dies kann in einer erhöhten Exposition seine Ursache haben. Zweckmäßig erscheint es daher, hier das gleiche Verfahren wie bei der künstlichen Ernährung anzuwenden. Es ist unwahrscheinlich, daß durch eine Hitzebehandlung die Frauenmilch sehr viel von ihrem ursprünglichen Wert in der Aufzucht, besonders von Frühgeborenen verlieren soll (M. E. KAYSER). Dies wurde allerdings von CATEL [2] bestritten[1]. Daher dienen neuere Konservierungsversuche dazu, die Frauenmilch auch in rohem Zustand keimarm und zumindest frei von Colibakterien zu halten. PÖTSCHKE sowie LINNEWEH [2] und BINDEWALD verwenden hierzu das Streptomycin, OCKLITZ und SCHMIDT [1] das Aureomycin. ROOS und KINDLER konservieren die Frauenmilch mit Citronensäure, ein Verfahren, das früher bereits von ADAM [3] vorgeschlagen wurde. Recht brauchbar scheint auch das Verfahren von RITSCHEL zu sein, der eine Pasteurisierung der Frauenmilch für 30 min bei 65° C vorschlägt, wobei die Frauenmilch nicht nennenswert denaturiert werden soll und in ihrem klinischen Gebrauch der gekochten Frauenmilch überlegen sei. Nach W. SAUER allerdings reicht auch 75 min Pasteurisieren bei 75—80° C nicht aus, die Colibakterien restlos abzutöten, weswegen er 5 min Kochen bei 100° C vorschlägt. Welches Verfahren man nun auch wählen mag, grundsätzlich muß man nach den Erfahrungen von Coliinfektionen nach der Verabreichung von abgepumpter Frauenmilch für diese Nahrung dieselben hygienischen Anforderungen stellen, wie für die künstliche Flaschennahrung. Eine geringe Werteinbuße z. B. durch Kochen scheint uns von minderer Bedeutung zu sein als die Gefahr einer Verunreinigung mit pathogenen Colibakterien.

Was über die Milchnahrungen gesagt wurde, gilt in gleicher Weise auch für die Verabreichung roher Obst- und Gemüsesäfte, die häufig, wenn es sich nicht gerade um saure Säfte handelt, mit Bakterien aller Art, auch Colibakterien, verunreinigt sind (HONERLA und ADAM). Zur Vermeidung dieser Infektionsquelle wurden von HONERLA und ADAM die folgenden praktischen Vorschläge gemacht: Verwendung von Citronen- oder Apfelsinensaft. Gemüse und Fruchtsäfte nicht saurer Natur werden auf 10 min ins kochende Wasserbad gebracht. Leider können bei diesem Verfahren wichtige Vitamine, wie das Vit. C, zerstört werden. Es wird daher in der Heidelberger Klinik ein sog. Dampfentsafter der Firma Wagner-Winke in Eßlingen verwendet, der einen praktisch keimfreien Gemüse- oder Obstsaft mit nur unwesentlicher Einbuße an Vitamin C liefert.

Die Infektionsprophylaxe auf der Säuglingsstation selbst muß zunächst in einer einwandfreien Pflegetechnik bestehen, die allen Anforderungen der modernen

---

[1] Nach SØDERHJELM soll die Erhitzung der Frauenmilch keinen Einfluß auf die Fettabsorption bei Frühgeborenen ausüben.

Hygiene gerecht wird. Eine besondere Belehrung und Erziehung der Schwestern und des sonstigen Pflegepersonals ist hierzu erforderlich. So konnten wiederholt an den Händen der Schwestern Dyspepsiecolibakterien nachgewiesen werden (OCKLITZ und SCHMIDT [2], ROGERS), auch nach sog. Händedesinfektion. Man lege daher besonderen Wert auf eine richtige Technik der Händedesinfektion, wobei beachtet werden muß, daß auch die sog. Desinfektionslösungen, selbst bei richtiger Konzentration, noch lebende Colibakterien enthalten können (GEIGER und SAPPINGTON, OCKLITZ und SCHMIDT [2]). Von DUPONT [3] wird neuerdings eine quaternäre Ammoniumbase, sog. „Rodalon", als Desinfektionsmittel vorgeschlagen, das besonders bei Dyspepsiecolibakterien wirksam sein soll. Wir selbst prüften mehrere Desinfektionsmittel auf ihre Wirksamkeit: Oxycyanat, Baktol, Lysol, Cephirol, Laudamon. Das Laudamon (ebenfalls eine quaternäre Ammoniumbase) war gegen Dyspepsie- und Normalcolibakterien völlig unwirksam (3%ige Lösung bei 10 min Einwirkungsdauer). Das Baktol zeigte bei E. coli 111:B4:H2 bei 5 min Einwirkungsdauer noch Wachstum. Alle übrigen Mittel waren auch in 1%iger Konzentration und 5 min Einwirkungsdauer noch voll wirksam. In Anbetracht der Tatsache jedoch, daß eine genügend wirksame Händedesinfektion zeitlich nicht immer ausreichend lange durchgeführt werden kann, empfiehlt sich wohl in jedem Falle eine gründliche Waschung mit Bürste und Seife, entweder zusätzlich zur Desinfektion oder für sich allein. OCKLITZ und SCHMIDT [2] fanden jedenfalls, daß diese wirksamer sei, als die Waschung mit Desinfektionslösung.

Als Grundforderung sollte weiterhin gelten, daß jeder Gegenstand, der mit dem Munde des Kindes in Berührung kommt (Sauger, Spatel, Schnuller, Löffel usw.) absolut steril ist (MCCLELLAND). In diesen Dingen weicht die Technik der Prophylaxe der Coliinfektionen in keiner Weise von dem ab, was schon immer das Ziel einer guten Führung von Säuglingsstationen gewesen ist. Darüber hinaus ergeben sich einige weitere Gesichtspunkte, die als neuartig, wenn z. T. auch schon von einigen früheren Autoren erkannt und vorgeschlagen, angesehen werden müssen. Grundsätzlich sollte angestrebt werden, daß jeder Fall von Dyspepsie, der zur Aufnahme kommt, bis zur Feststellung des bakteriologischen Stuhlbefundes erst einmal in einem besonderen Zimmer unter besonders strenger Quarantäne isoliert wird, um die Einschleppung von Darminfektionen, die ja rein klinisch nicht erkannt werden können, zu vermeiden (SHIELDS, HALLOCK und PANOS). Besondere Aufmerksamkeit erheischen die Gegenstände in den Krankenzimmern, die bei mehreren Säuglingen Gebrauch finden. Dies gilt vor allem für die gemeinsame Benutzung von Badewannen, Wickeltischen u. dgl. die wichtige Infektionsvermittler sein können (MCCLURE, HALLOCK, BREHME). HALLOCK, der seine Erfahrungen bei der epidemischen Neugeborenendiarrhoe sammelte, verlangte direkt eine Abschaffung gemeinsamer Wickeltische und Badewannen. Bei der Infektion mit E. coli 111 : B4 konnten BRAUN und HENCKEL [1] die Übertragung der Infektion von einem Zimmer in das andere über den Weg eines gemeinsam benutzten Wickeltisches wahrscheinlich machen. KREPLER und ZISCHKA fanden selbst nach Lysolabwaschungen einer Wickeltischauflage noch pathogene Colikeime. Wo also die gemeinsame Benutzung derartiger Gegenstände noch nicht abgeschafft werden kann, ist eine besonders strenge Desinfektion zu verlangen. Das hier Gesagte gilt natürlich sinngemäß auch für zahlreiche andere Gegenstände in den Krankenzimmern, wie Bürsten, Kämme, Salben, Puderdosen, Fieberthermometer u. a., an denen pathogene Colibakterien nachgewiesen werden konnten. Jedes Kind muß daher von den genannten Gegenständen seine eigenen haben und auch diese müssen einer ständigen Säuberung und Desinfektion, soweit als möglich, unterworfen werden.

Neben der Pflegetechnik spielt auch die Art der *Reinigung und Grobdesin-
fektion* einer Säuglingsstation eine wesentliche Rolle. Die Abwaschungen der
Fußböden, Wände u. dgl. mit desinfizierenden Lösungen wie Lysol haben sich
bei der Infektionsbekämpfung als nicht ausreichend wirksam erwiesen. Tatsächlich konnten sowohl von ROGERS als auch von KREPLER und ZISCHKA auch nach
Lysolabwaschungen noch pathogene Colibakterien nachgewiesen werden. Ob
sich die von ADAM neuerdings benutzten Formalin-Seifenabwaschungen des Fußbodens bewähren, muß erst noch abgewartet werden. Eine große Bedeutung in
der Weiterverbreitung der Infektion kommt der Staubentwicklung zu, soweit sie
beim Fertigmachen der Kinder oder beim Reinigen der Zimmer und Flure entsteht. Eine Ölbehandlung des Fußbodens zur Vermeidung des Bodenstaubes
hat sich bisher nicht bewährt (ROGERS). Dies ist auch für die Übertragung von
Streptokokkenerkrankungen schon früher von LAURELL [1] festgestellt worden.
Besser ist es daher, die Fußböden feucht aufzuwischen. Nach ROGERS sollten die
Besen ganz von der Säuglingsstation verschwinden. Er empfiehlt statt dessen
eine besondere Art von Staubsaugern vom Zylinder-Vacuumtyp, da die Staub-
sauger mit Beutel häufig beim Auswechseln der Beutel an der Oberfläche mit
Dyspepsiecoli-haltigem Staub verunreinigt werden können. Damit werden diese
Keime gerade wieder in die Station neu eingeschleppt. Ganz besonders wichtig
ist auch die richtige Abfuhr und Desinfektion der Säuglingswäsche, die in gut
desinfizierbaren Kübeln, für jedes Zimmer getrennt, gesammelt und wie Wäsche
einer richtigen Infektionsstation behandelt werden sollte. DUPONT und ESKE-
LUND haben eine Methode zur Imprägnierung von Wäsche, besonders Windeln,
mit „Rodalon" (S. 149) ausgearbeitet, die besonders gegen Dyspepsiecoli 55 wirksam sein soll. KREPLER und ZISCHKA schlagen eine Formalindesinfektion der
Windelkübel nach Gebrauch vor. Da sich nach OCKLITZ und SCHMIDT [2] die
Schwestern besonders an den Griffen der Windeleimer immer wieder die Hände
infizieren, benutzen sie solche mit Fußbedienung.

Zu den geschilderten Maßnahmen kommt als wichtige Ergänzung die *laufende
bakteriologische Kontrolle einer Säuglingsstation,* die Bakterienausscheider heraus-
finden soll und die richtige Ausführung aller Pflegemaßnahmen überprüft. In der
Heidelberger Klinik wird zur Zeit jeder neu aufgenommene Säugling auf Dyspepsiecolibakterien untersucht. Bei Auftreten eines Erkrankungsfalles oder
auch eines positiven Stuhlbefundes ohne Erkrankung werden sämtliche anderen
Kinder in dem gleichen Zimmer untersucht, um weitere Bakterienausscheider
aufzudecken. Jeder erkrankte oder nicht erkrankte Bakterienausscheider wird
antibiotisch behandelt und der bakteriologische Erfolg durch dreimalige, in
Abständen von wenigen Tagen durchgeführte Stuhluntersuchungen kontrolliert.
Eine prophylaktische Behandlung aller Kinder einer verseuchten Station mit
Antibioticis hat leider auf die Ausbreitung der Infektion keinen Einfluß, wovon
sich ROGERS überzeugen konnte. Grundsätzlich sollte man Verlegungen kranker
Kinder zwecks Isolierung vermeiden. Dies scheint zunächst im Widerspruch zu
dem Vorhergesagten zu stehen. Aber durch die dauernden Verlegungen erkrankter Kinder in andere Zimmer wird die Ausbreitung der Infektion begünstigt. Das
befallene Zimmer ist ja nach den Untersuchungen von ROGERS innerhalb ganz
kurzer Zeit (18 Std.) von den Erregern vollkommen durchseucht, so daß auch
durch die Entfernung des erkrankten Kindes die anderen Kinder vor der Infektion
nicht geschützt werden können. Es sollten daher, wie bereits gefordert, nur die
Neuaufnahmen isoliert werden. Bei Auftreten eines Erkrankungsfalles in einem
Krankenzimmer wird am besten so wenig wie möglich an der Situation geändert.
Das betreffende Zimmer wird in toto unter Quarantäne gehalten und von einer
eigenen Schwester versorgt. Die anderen noch nicht erkrankten Kinder in diesem

Zimmer zu belassen, kann man heute ruhig verantworten, da wir ja mit Hilfe der antibiotischen Therapie ein sicher wirkendes Mittel in der Hand haben, die Erkrankung in ihrem Beginn, vielfach ohne Änderung der Nahrung, zu heilen.

Alle die beschriebenen Maßnahmen können bei richtiger Ausführung zwar die Übertragungsmöglichkeit stark einschränken, aber nicht ganz verhindern, was bereits ausführlich begründet wurde. Die Erkenntnisse epidemiologischer Art, die bisher bei den inf. Colienteritiden gewonnen wurden, verlangen in Zukunft im Hinblick auf die große Häufigkeit dieser Infektion besondere Aufwände. Dies betrifft vor allen Dingen den Neubau von Säuglingsstationen. Säuglingssäle u. dgl., wie sie früher üblich waren, entsprechen nicht mehr unseren heutigen Kenntnissen. Geeigneter sind bereits die modernen Boxensysteme, aber auch sie genügen nicht allen Anforderungen, da die Übertragung von Zimmer zu Zimmer nicht vermieden werden kann. Von LAURELL, MAGNUSSON u. a. ist der Stationsplan eines Stockholmer Kinderkrankenhauses wiedergegeben worden, der durch eigene Luftschleusen in jedem Zimmer die Verbreitung der sog. „airborn infection" verhindern soll. Außerdem sind Isolierungszimmer mit eigenem Eingang vorhanden, die eine verläßliche Quarantäne der Neuaufnahmen ermöglichen. Neben diesen Dingen wäre anzustreben, daß möglichst wenig Kinder (2) in einer Box liegen. Zu jeder dieser Boxen sollten eigene komplette Pflegeeinrichtungen vorhanden sein, eine Bauweise, wie sie von ADAM zur Zeit versucht wird. Die Zukunft wird zeigen, ob es gelingt, mit derartigen baulichen Verbesserungen die Infektionshäufigkeit auf den Säuglingsstationen herabzusetzen. Das Prinzip jeder Bauweise wird jedenfalls darin bestehen müssen, die Kinder möglichst weit auseinander zu legen und in möglichst geringer Zahl zusammenzufassen, da jede Massierung die Gefahr von Epidemien heraufbeschwört. Neben Vermeidung der Darminfektionen wird sich auch eine Verringerung der nicht weniger gefährlichen Infekte des Respirationstraktes ergeben.

Es lassen sich aber noch zwei weitere Konsequenzen ziehen, die leider bis jetzt noch nicht in den Bereich der allgemeinen Möglichkeiten gerückt sind. Die eine wäre die völlig aseptische Betreuung der Säuglinge im Sinne der Pflegetechnik von DICK (L. W. SAUER). Es handelt sich hierbei um ein Vorgehen wie im Operationssaal: Sterile Nahrung, sterile Pflegemäntel, Gummihandschuhe usw., besondere Bauart der Zimmer. Auf 12 Kinder werden 6 Schwestern verlangt. Die sog. Anstaltsdurchfälle sollen hierdurch ganz vermeidbar sein. „Die Nahrung zu sterilisieren und kein aseptischer Pflegeaufwand, ist wie ein Operationssaal, in dem nur die Instrumente sterilisiert werden" (L. W. SAUER). Auch andere Autoren wie BEST, McCLELLAND verlangen eine Pflegetechnik in chirurgischaseptischem Sinne. Von FELSEN wird sogar die Anstellung eigener Epidemiologen empfohlen. Nun werden sich derartige Methoden wohl kaum als Regelfall einführen lassen, und zwar sowohl aus finanziellen Gründen als auch, wenigstens bei uns in Deutschland, wegen des allgemeinen Mangels an geeignetem Pflegepersonal. Daher erscheint uns ein anderer, von BRENDLE gemachter Vorschlag diskutabel. Sie empfiehlt, Säuglingsstationen im alten Sinne überhaupt nicht mehr einzurichten, sondern die Säuglinge mit den älteren Kindern zusammen unterzubringen. Mit dieser Belegungsart, die von der Erfahrungstatsache ausging, daß die älteren Kinder im allgemeinen seltener an den Darminfektionen der Säuglinge erkranken, hat BRENDLE in einem kleinen Kinderkrankenhaus beste Erfahrungen gemacht und die Anstaltsdurchfälle fast vollkommen ausrotten können. Auch die gefürchteten grippalen Infekte der Säuglinge sollen weniger schwer verlaufen. Sicherlich könnten die Coliinfektionen mit einer solchen Belegungsweise vermindert werden, da sie die Massierung der Säuglinge auf engem

Raum weitgehend vermeidet. Aber es ergeben sich doch zahlreiche Bedenken gegen diese Methode und es tauchen neue Gefahren für die Kinder auf, so daß auch damit eine endgültige Lösung des Problems nicht möglich sein dürfte.

2. Die Dispositionsprophylaxe.

Die Dispositionsprophylaxe ist nicht minder wichtig als die Expositionsprophylaxe, sie kann hier aber kurz besprochen werden, da sie von den Grundsätzen einer optimalen, modernen Säuglingspflege nicht abweicht. Fast alle Autoren sind sich darüber einig, daß Frühgeborene und dystrophische Kinder besonders für die Infektion disponiert sind. Hierin kann vielleicht ein weiterer Grund gesehen werden, warum die Kinder außerhalb der Klinik wohl wesentlich seltener von der Infektion betroffen werden, da es sich draußen doch meistens um gesunde Kinder handelt, wenngleich auch die Erfahrungen der Klinik zeigen, daß auch völlig eutrophische Kinder erkranken können. Die Methoden der modernen Dystrophiebehandlung und Verhütung stellen auch die beste Dispositionsprophylaxe der Coliinfektion dar. Das gleiche gilt wohl auch von der Bekämpfung der Rachitis. Weiterhin scheint auch die *Ernährung an der Brust* einen gewissen schützenden Einfluß auszuüben (Goldschmidt [2], Kirby u. a., Craig, Stern).

Auch die *Verminderung der grippalen Infekte* auf den Säuglingsstationen spielt eine nicht unwesentliche Rolle. Einmal wird durch das Vorhandensein grippaler Infekte wahrscheinlich die Ausbreitung der Dyspepsiecolibakterien an die Umgebung sehr gefördert, da dieselben auch im oberen Respirationstrakt gefunden werden. Außerdem können wir auf Grund klinischer Erfahrungen vermuten, daß die grippalen Infekte bei dem Angehen von Darminfektionen eine wesentliche Rolle spielen. Als drittes wäre noch zu bedenken, daß die grippalen Infekte auch öfters eine Dystrophie im Gefolge haben können und auf diesem Wege den enteralen Infektionen durch Erhöhung der Disposition Vorschub leisten. So wird man also auch vor allen Dingen die grippalen Infekte vermeiden müssen, wenn man die enteralen Infektionen wirksam bekämpfen will. Diese Forderung dürfte jedoch nicht allzu schwer fallen, da dieselben Methoden, mit denen die Coliinfektionen bekämpft werden können, auch zur Bekämpfung der grippalen Infekte geeignet sind, wenn frisch erkrankte Pflegepersonen von der Pflege ausgeschlossen werden können.

Eine optimale Expositionsprophylaxe stellt daher gleichzeitig auch eine optimale Dispositionsprophylaxe dar. Wie weit die neuerdings von Adam angewandte Impfung mit Dyspepsiecolivaccinen aller zur Aufnahme kommenden Säuglinge einen prophylaktischen Wert haben, kann bis jetzt noch nicht beurteilt werden.

e) Die Beziehungen der epidemischen Neugeborenendiarrhoen und der epidemischen Säuglingsenteritiden zu der infektiösen Colienteritis.

Die zahlreichen Literaturberichte über epidemische Enteritiden bei Säuglingen aus der Zeit, als noch nicht auf pathogene Colitypen untersucht wurde, erheischen eine Sichtung und Ordnung aus verschiedenen Gründen. Einmal sind die epidemiologischen Gegebenheiten denen der Colienteritis häufig so ähnlich, daß der Gedanke naheliegt, daß viele derartige Beobachtungen Colienteritiden gewesen seien, was bei der Häufigkeit des Vorkommens pathogener Colitypen bei der Säuglingsdyspepsie nicht verwundern würde. Sicher darf man aber nun nicht erwarten, bei allen derartigen Erkrankungen pathogene Colitypen im Stuhl zu finden. Fernerhin hoffen wir auch etwas Licht in den bis in die neuere Zeit so unklaren Begriff des sog. Hospitalismus der Säuglinge zu bringen

(GRÜNHOLZ, BREHME), wenngleich auch dieser sicher einen ätiologisch und klinisch keineswegs einheitlichen Begriff umfaßt. Durch Herausstellung wichtiger älterer und moderner Beobachtungen glauben wir auch epidemiologische Gesichtspunkte über größere Zeiträume gewinnen zu können, ähnlich wie bei anderen Infektionskrankheiten, z. B. der Diphtherie, wodurch sich der Charakter der inf. Colienteritis als echter Infektionskrankheit erneut bestätigen würde.

Eine Einteilung der epidemischen Enteritiden nach klinischen oder pathologisch-anatomischen Gesichtspunkten ist, wie wir bereits ausführten, leider nicht möglich. Sie lassen sich noch nicht einmal von den Infektionen mit bekannten pathogenen Darmkeimen sicher abgrenzen (WATT und CHARLTON). Auch die von RUBBO [2] gegebene Einteilung nach der Ätiologie kann nicht befriedigen, da sie die Epidemiologie nicht berücksichtigt. KIRBY u. a. haben ein Einteilungsprinzip gegeben, das neben klinischen Besonderheiten auch die ätiologischen und epidemiologischen Daten mit in die Betrachtung einbezieht. Es enthält einige wesentliche Gesichtspunkte: 1. Epidemien durch bekannte pathogene Darmkeime. 2. Schwere Enteritisepidemien von hoher Letalität, die nur auf den Säugling, nicht aber auf den Erwachsenen übergehen; relativ typisch klinisches Bild. (Hierunter werden die Colienteritiden gerechnet.) 3. Leichtere Ausbrüche von milderer Verlaufsart, bei denen auch Erwachsene betroffen sind. 4. Eine Reihe von vorwiegend klinischen Einzelheiten gestatteten ihnen weitere Unterscheidungen, die wir jedoch nach unseren heutigen Kenntnissen nicht mehr für möglich halten. Grundsätzlich wichtig ist aber, daß KIRBY u. a. daneben den Versuch gemacht haben, nach ätiologischen *und* epidemiologischen Gesichtspunkten einzuteilen. Unserer eigenen Besprechung sei die folgende Tab. 11 zu Grunde gelegt, die die wesentlichen epidemiologischen und ätiologischen Angaben der uns zugänglichen Berichte über epidemische Säuglingsenteritiden enthält.

Zunächst einmal schien eine Unterteilung in die sog. epidemischen Neugeborenendiarrhoen und die epidemischen Enteritiden der älteren Säuglinge zweckmäßig, wenngleich auch sie weder in epidemiologischer noch in ätiologischer oder klinischer Hinsicht abgegrenzt werden können. Es bestehen aber wichtige geographische Verteilungsunterschiede sowie Unterschiede in den Ursachen hierzu, so daß eine solche Einteilung gerechtfertigt ist.

a) Betrachten wir die 40 Berichte über epidemische Neugeborenendiarrhoe, so lassen sich die folgenden Formen gut voneinander abgrenzen:

1. Die zahlenmäßig stärkste Gruppe[1] (2, 3, 4, 5, 6, 7, 8, 9, 12, 14, 17, 18, 20, 23, 24, 29, 31, 32, 37, 39), insgesamt also 20 Berichte, betreffen Epidemien von meist unbekanntem Übertragungsmodus und vielfach unbekannter Ätiologie, mit hoher Letalität und Morbidität. Die epidemiologischen Angaben, soweit vorhanden, zeigen dabei teilweise das von der infektiösen Colienteritis her bekannte Verhalten. So z. B., daß erst die Schließung der Abteilung mit anschließender Desinfektion zum Abklingen der Epidemie führte (4, 9, 18, 20, 23, 39). Andere Angaben betreffen den Nachweis des Übertragungsmodus durch infizierte Gegenstände im Krankenzimmer (2, 12, 17) oder die Übertragung durch den Luftstaub (18). Zwei Beobachtungen (7, 29) stammen aus derselben Jahreszeit, in der auch die Colienteritiden gehäuft auftreten, während von anderen Autoren irgendeine jahreszeitliche Gebundenheit nicht angegeben wird (5, 9). Wir halten es nicht für ausgeschlossen, daß viele der hierhergehörigen Epidemien durch Colibakterien verursacht waren, wobei von einzelnen Autoren (2, 17) direkt mit Colibakterien verunreinigte Gegenstände als Krankheitsüberträger wahrscheinlich gemacht werden konnten (ob allerdings die Beobachtung von WEGMANN (38) hierher gehört, ist fraglich, da sie nur Brustkinder betraf und die Korrektur einer fehlerhaften Brustwarzenbehandlung die Epidemie zum Erlöschen brachte). Daß echte Colienteritiden auch unter dem Bilde der epidemischen Neugeborenendiarrhoe auftreten können, geht aus den Berichten von TAYLOR u. a., KIRBY u. a. sowie MODICA u. a. über Infektionen mit E. coli 111:B4 hervor.

---

[1] Die in Klammern angeführten Zahlen entsprechen den lfd. Nr. in Tab. 11.

Tabelle 11. *a) Epidemische Neugeborenendiarrhoe.*

Lfd. Nr.	Autor Land Ort	Be-richts-jahr	Material-bezeichnung des Autors	Zahl der Fälle	Kon-tagions-index	† %	Inkuba-tionszeit (Tage)	Erreger	Übertragungsmodus Infektionsquelle	Prophylaxe	Jahreszeit Bemerkungen
1	Hotz Schweiz, Zürich	1932	Inf. Ernährgs.-störung	11	—	36	—	Staph. aureus	infizierte Wöchnerin	—	—
2	Barenberg, Lewy u. Grand USA	1936	Epidem. inf. Diarrhoe	32	—	—	—	unbekannt Virus?	Mit Coli verun-reinigtes Fieb.-thermometer	—	Morbidität unab-hängig von Er-nährungsweise
3	Craig England	1936	Akuter Darm-katarrh	41	—	—	—	unbekannt	—	—	Bei Brustkind. selten
4	Roddy, Forre-ster u. Landov USA	1939	Epidemie inf. Neugeb.-Diarrhoe	14	10 (Früh-geb.) 35 (reife Kind.)	0	—	unbekannt	—	Unterbringung aller Neuauf-nahmen auf anderer Station	Morbidität un-abhängig von Ernährungsw.
5	Rice, Best, Frant u. Abramson USA, New York	1937	Epid. Diarrhoe	505	14	—	—	unbekannt	—	—	Keine jahres-zeitl. Häufung
6	Best USA, New York	1938	Epidem. Neu-geb.-Diarrhoe	750	14,7	47,5	2—6	unbekannt	—	—	—
7	Greenberg, Wronker USA	1938	Epidem. Neu-geb.-Diarrhoe	52	40	29	—	unbekannt	—	Alle Maßnahm. erfolglos, bis Neuaufnahmen gesperrt wurden	Januar und Februar
8	Baker USA, New York	1939	Epidem. Neu-geb.-Diarrhoe	85 (3 Epi-dem.)	17,5 81,0 6,0	—	—	unbekannt	—	—	—
9	Forbes u. Olsen USA	1939	Epidem. Neu-geb.-Diarrhoe	8 Epi-dem.	—	45	6	unbekannt	—	Völl. Schließg. d. Heimes. Ex. Pflegebedinggn.	Keine jahres-zeitl. Häufung
10	Felsen USA	1939	Inf. Neugeb.-Diarrhoe	3 Epi-dem.	—	—	—	teils unbek., teils Flexnerruhr Hämolyt. Streptok.	—	—	—
11	Cron, Shutter u. Lahmann	1940	Epidem. Neu-geb.-Diarrhoe	22	56	82	—		unbekannt	Schließg. und Renovierung d. Abteilung	Sept. 38 Brust-kinder seltener erkrankt
12	Lembcke USA, New York	1941	Epidem. Neu-geb.-Diarrhoe	139	36,5	4,2	—	unbekannt	Ungenügende Saugersterilisg.	Beseitigen der schlecht. Verh.	—

Nr.		Jahr									
13	CROWLEY, FULTON, DOWNIE u. WILSON, England	1941	Epidem. Neugeb.-Diarrhoe	—	—	—	—	—	—	—	→
14	LYON u. FOLSOM USA	1941	Epidem. Neugeb.-Diarrhoe	3 Epidem.	—	33,0	—	unbekannt	—	—	Epidem. gleichzeitig m. Influenzaausbruch
15	FELSEN u. WOLARSKY USA	1942	Epidem. Neugeb.-Diarrhoe	—	—	—	—	Staphylokokken	—	—	—
16	SAKULA USA	1943	Ausbruch von Gastroenteritis	—	—	—	—	Staphylokokken	—	—	—
17	McCLURE Kanada	1943	Epidem. Neugeb.-Diarrhoe	4 Epidem.	—	—	—	Hämolyt. Colibakt.	Schlechte Pflege. Baden in 1 Badewanne	Gemeinsame Badewannen u. Wickeltische abschaffen!	—
18	SELANDER Schweden	1944	Epidem. Neugeb.-Diarrhoe	—	10—30	30—60	6	unbekannt Virus?	unbekannt aerogene Infektion	Schließung der d. Anstalt für einige Zeit	—
			Selbst beob.:	9	82	46	—				
19	GEIGER u. SAPPINGTON USA	1944	Epidem. Neugeb.-Diarrhoe	—	—	—	—	—	—	—	—
20	ANDERSON u. NELSON USA Philadelphia	1944	Epidem. Neugeb.-Diarrhoe	28	37	3,6	3—4	Paracolibakterien?	unbekannt	Ende d. Epid. bei Stoppen d. Neuaufnahmen	—
			48 Statistiken aus USA	2985	—	43	—				
21	CAMPBELL Australien	1945	Epidem. Neugeb.-Diarrhoe	54 (3 Ausbrüche)	—	24	—	unbekannt	„Airborne infection"	—	Gleichzeitig unt. Erw.-Bevölk. Gastroenteritis
22	ENSIGN u. HUNTER USA	1946	Epidem. Neugeb.-Diarrhoe	24	8,6	37,5	6	Ps. aeruginosa?	Ein Erwachs., durch den die Milch verunreinigt wurde	Abstellen des Mißverhältniss.	Auch Erwachs. erkrankt
23	HIGH, ANDERSON u. NELSON USA	1946	Epidem. Neugeb.-Diarrhoe	63	18,2	23,5	—	—	unbekannt	Schließung und Desinfektion der Abteilung	September (44)
24	RUBENSTEIN u. FOLEY USA Massachusetts	1947	Epidem. Neugeb.-Diarrhoe	—	—	—	—	—	Verunreinigte Sauger und Nahrung	—	Ältere Kinder auch bei Kontakt nicht erkrankt
25	CLIFFORD USA, Boston	1947	Epidem. Neugeb.-Diarrhoe	—	—	—	—	Ps. aeruginosa	Verunreinigte Milch	—	—

Ausgang von erkrankten Müttern und Schwestern

Tabelle 11. (Fortsetzung.)

Lfd. Nr.	Autor Land Ort	Berichtsjahr	Materialbezeichnung des Autors	Zahl der Fälle	Kontagionsindex	† %	Inkubationszeit (Tage)	Erreger	Übertragungsmodus Infektionsquelle	Prophylaxe	Jahreszeit Bemerkungen
26	Meiklejohn USA, Californ.	1947	Epidem. Neugeb.-Diarrhoe	256	—	—	—	Virus	—	—	—
27	Swentker USA, Cincinnati	1947	Epidem. Neugeb.-Diarrhoe	—	—	—	—	Virus	—	—	—
28	Mayes USA, New York	1947	Epidem. Neugeb.-Diarrhoe	17	—	53	—	Staphylokokken?	Ursache: Vermehrter Gebrauch der Vaginalantiseptica unter der Geburt?		
29	Chastrusse Frankreich	1947	Epidem. Neugeb.-Diarrhoe	22	—	—	—	unbekannt	unbekannt	—	März (1946)
30	Gostof, Gallia u. Svabenska Ungarn	1949	Epidem. Neugeb.-Diarrhoe	3 Epidem.	—	40	—	unbekannt Virus?	Gleichzeitig Herpes bei den Müttern	—	Frühjahr!
31	Brehme Deutschland	1947	Epid. Massensterben unter Neugeborenen	129	—	32	—	unbekannt Virus?	unbekannt	Zulassung von Säuglingsheimen nur in Notzeiten!	—
32	Mitschell u. a. USA	1948	Neugeb.-Diarrh.	1 Epidem.	—	—	—	unbekannt	—	—	—
33	Abramson u. Fuerst USA	1948	Epidem. Neugeb.-Diarrhoe	1 Epidem.	—	—	—	—	Ausgangsquelle erkrankt. Mutt.	—	Auch Personal u. a. Mütter erkrankt
34	Foster USA	1949	Epidem. Neugeb.-Diarrhoe	35	—	22,4	6 (2-22)	B. dispar	unbekannt	Nach Schließg. der Abtlg. Erlösch. d. Epid.	13 Kinder nach Entlassung zu Hause erkrankt
35	Robert Schweiz	1950	Epidem. Neugeb.-Diarrhoe	5	—	20	5	Proteus mirabilis	Übertragung aus benachb. Säuglingssaal	—	—
36	Cumming USA	1949	Epidem. Neugeb.-Diarrhoe	128	—	—	2	unbekannt	Verunreinigte Flaschennahrg.	Einwandfreie, asept. Zubereit. der Nahrung	Gleichzeitig in d. Stadt 10000 Erw. erkrankt
37	Vignec u. a. USA	1950	Epidem. Neugeb.-Diarrhoe	33	44	12,1	4—5	unbekannt	unbekannt	—	Auch Säugl. üb. 4 Woch. erkr.
38	Wegman USA	1951	Epidem. Neugeb.-Diarrhoe	30	8,7	0	—	unbekannt Staphylokokken?	Abwaschen d. Brustwarzen mit verunrein. Borwass.tupf.	—	Nur Brustkind. betroffen
39	Hallock USA	1951	Epidem. Neugeb.-Diarrhoe	—	—	—	6	unbekannt	Auch bei sehr guter Pflege Entst. v. Epid.	Strenge Isolrg.! Zeitw. Schließ. der Abteilung	—
40	Scott, Brown u. Kessler, USA	1952	Epidem. Neugeb.-Diarrhoe	53	23	39	4,6	möglicherw. Salmonellen	Schwester war Salmonellenausscheiderin	—	Aug. u. Nov.

Tabelle 11. *b) Epidemische Säuglingsenteritis.*

Lfd. Nr.	Autor Land Ort	Berichtsjahr	Materialbezeichnung des Autors	Zahl der Fälle	Kontagionsindex	† %	Inkubationszeit (Tage)	Erreger	Übertragungsmodus Infektionsquelle	Prophylaxe	Jahreszeit Bemerkungen
41	FOTHERGILL USA	1929	„Sommerdiarrhoe"	104	—	—	—	Paracolibak. (Serol. nicht einheitlich)	—	—	—
42	HASSMANN u. HERZMANN Österreich, Wien	1934	Enterale Säugl.-Erkrankungen (eine Epidemie)	—	—	—	—	Paracolibakterien	—	—	—
43	KÜPPER Deutschland	1935	Gehäufte Toxikosen. „Grippetoxikosen"	—	—	—	—	Grippevirus ?	Kinder, die aus ein. Kinderheim aufgenommen wurden	—	Gehäuftes Auftreten von Jan. bis April
44	GREENTHAL USA	1936	Epidemic vomiting and diarrhea	—	—	—	—	unbekannt	—	—	Auftreten vorwiegend im Frühjahr!
45	v. CANON USA	1937	Epidem. Gastrointestin. Intoxikation	—	—	—	—	unbekannt	—	—	Häufung im Frühjahr
46	DUKEN, BONELL Deutschl.,Heidelb.	1939	„Enterale Grippe"	über 100	—	55	—	unbekannt Grippevirus ?	Erkrankte Sgl. aus einem Heim	—	Dez. bis Jan.
47	BRENNER u. HARPE Deutschland	1940	„Gelbe Stühle"	30	—	83	—	unbekannt	—	—	Meist. Flaschenkinder
48	KONSEK Deutschland	1941	schwere inf. Ernähr.störgn.	35	—	31,5	—	B. proteus	unbekannt	—	Keine jahreszeitl. Häufung
49	GÖBELL Deutschland	1941	Inf. Durchfälle bei Säuglingen	—	—	—	—	unklar B. Proteus ?	Kontakt- und Schmierinfekt. Proteus i. Luftstaub!	—	Winter 39—40 u. 40—41. Im Mai Abklingen der Epidemie
50	WEIDENMÜLLER Deutschland	1941	Endemische Mag.-Darm-Inf.	—	—	—	—	Pyoceaneus ?	—	—	Vorwieg. in den Wintermonaten
51	WILLI Schweiz	1944	Bösart. Sglgs.-Enteritis im 1. Trimenon	—	—	—	—	unbekannt	Hausinfektion.	Trotz sorgfält. Prophylaxe Ep. nicht vermeidb.	Vorwieg. Dez. und Januar
52	KLEINSCHMIDT Deutschl.,Götting.	1947	Durchfallsepid. bei Säuglingen	97	—	37	—	unbekannt Virus ?	—	—	Auch Erw. häufig betroffen
53	WUNDERWALD	1946	Krankheitsbild der „gelben Stühle"	8	—	—	4—8	unbekannt „wildgewordene Coli" ?	—	—	—
54	STERN England	1947	Epidem. Enter. bei Säuglingen	3 Epidem.	—	—	—	unbekannt	—	—	Brustkinder nicht erkrankt Juli-Dezember
55	COOK u. MARMION England	1947	Gastroenteritisausbruch	—	32,5	—	2—3	unbekannt Virus ?	unbekannt Unmittelbarer Kontakt ?	—	Auch Erw. erkr.

Tabelle 11. (Fortsetzung.)

Lfd. Nr.	Autor Land Ort	Berichts-jahr	Material-bezeichnung des Autors	Zahl der Fälle	Kon-tagions-index	† %	Inkuba-tionszeit (Tage)	Erreger	Übertragungsmodus Infektionsquelle	Prophylaxe	Jahreszeit Bemerkungen
56	Biering-Sørensen u. a. Dänemark	1947	Maligne epid. Gastroenteritis bei Säuglingen	etwa 200	—	50	—	unbekannt Virus?	—	—	—
57	Andersen	1947	Epid. maligne Gastroenteritis bei Säuglingen	650	—	38,2	5—10	Virus?	Übertragung durch die Luft	—	—
58	Goeters Deutschland	1947	Infekt. Enterit. „Gelbe Stühle"	17	—	0	—	Colibakt.?	unbekannt	—	Mai und Juni
59	Schimansky	1947	Inf. Gastroent.	150	—	60—70	—	unbekannt Virus?	Übertragung v. Mensch zu Mensch	Kinder weit auseinanderlegen! Keine Massierg.	Vorwieg. Wintermon. Auch Erw. erkrankt
60	Mores, Jadrníček u. Čoudcová Rußland	1950	Epid. Säuglgs.-Diarrhoe	40	—	50	—	unbekannt in 2 Fällen Shigellen Virus?	—	—	—
61	Hinden England	1948	Epid. Gastroenteritis bei Säuglingen	—	—	—	—		—	—	Wintermonate 1938—40
62	Jürgenssen u. Berger Österreich	1949	Inf. Enterocolitiden bei Säuglingen	41	—	93	8	unbekannt Virus?	unbekannt	Sperrung und Desinfektion d. Abtlg. brachte Epid. z. Erlösch.	März-April
63	Flormann u. Shifrin USA	1950	Ausbruch von Sgl.-Diarrhoe	5	—	20	—	Ps. aeruginosa	Übertragg. dch. unsaub. Hände u. Instrumente	Waschungen d. Hände in 90%-igem Alkohol	Mai
64	Shields USA	1950	Sgl.-Diarrhoe 2 Ausbrüche	33	—	—	—	unbekannt	Trotz exakter Pflege wahrscheinl. Kontaktinfektion	Strenge Isolierung	Januar—Juni
									Infektion ging von 2 Kindern aus, die mit dem Schiff aus Europa kamen!		
65	Rubenstein u. Britten USA	1951	Epid. Diarrhoe bei Säuglingen	48	—	29	2 (1-21)	unbekannt	Ausgangspunkt war eine Ent.-Epid. unter Erw. Auch ält. Kinder erkrankt	—	Häufung: Januar—April
66	Nassau Israel	1951	Tox. Gastroenteritiden	—	—	—	—	Proteus? Paracolibakterien? Virus?	—	—	Seit März 1949 beobachtet
67	Schmid Deutschland	1951	„Neuartige Sgls.-Enterit."	—	—	—	—	Virus?	—	—	—

2. Eine kleinere Gruppe betrifft solche Epidemien, bei denen gleichzeitig auch Erwachsene erkrankten, bzw. bei denen die Epidemien unter den Neugeborenen nachweislich von erwachsenen Personen ihren Ausgangspunkt nahmen (21, 22, 25, 30, 33, 36). CAMPBELL (21) sowie CUMMING (36) beobachteten sogar, daß außerhalb der Klinik eine große Epidemie von Gastroenteritis bei allen Altersstufen herrschte; die Neugeborenen wurden dabei von erkrankten Müttern oder Pflegepersonen angesteckt. Solche Epidemien haben mit der inf. Colienteritis nichts zu tun, sondern sind nach der Annahme der genannten Autoren Virus infektionen, wofür auch experimentelle Belege vorliegen (siehe später). — Die Beobachtungen von ENSIGN und HUNTER sowie CLIFFORD zeigen, daß auch einmal die Verunreinigung von Milch mit Ps. aeruginosa bei Erwachsenen und Kindern zu einer Enteritis führen kann.

3. Die kleinste Gruppe betrifft Beobachtungen, die trotz gewisser Ähnlichkeiten in der Berichterstattung nicht als inf. Colienteritiden aufgefaßt werden können, da andere Keime als Erreger angesehen werden müssen, wie Staphylokokken (1, 15, 16, 28, 38), hämolytische Streptokokken (11), ein Virus (26, 27), Proteus mirabilis (35), Salmonellen (40), Flexnerruhr (10) und C. dispar (34).

b) Ein in epidemiologischer Hinsicht einheitlicheres Bild scheint sich für die epidemischen Durchfallserkrankungen der Säuglinge jenseits der Neugeborenenperiode zu ergeben. Unter den 26 hier angeführten Berichten sind es 21 (41, 42, 43, 44, 45, 46, 47, 51, 53, 54, 55, 56, 57, 58, 59, 60, 61, 62, 64, 66, 67), die auf Grund der vorliegenden Angaben als infektiöse Colienteritiden aufgefaßt werden könnten: Jahreszeitliches Auftreten wie bei den Coliinfektionen (43, 44, 45, 46, 51, 59, 61, 62, 64, 66). Hohe Letalität (bei JÜRGENSSEN und BERGER bis 94%). KÜPPER (43) sowie DUKEN u. a. (46) bekamen die schweren Erkrankungsfälle aus einem Kinderheim. Trotz sorgfältigster Pflege waren Neuinfektionen nicht vermeidbar (51, 59, 62). Ob das von BRENNER und HARPE zuerst beschriebene Krankheitsbild der „gelben Stühle" (eine epidemische Säuglingsenteritis von besonders schwerer Verlaufsform) in den Formenkreis der infektiösen Colienteritiden gehört, ist nicht sicher zu sagen. Von WUNDERLAND sowie GOETERS wird die ätiologische Bedeutung virulenter Colitypen auch hierbei für möglich gehalten.

Die Beobachtungen von KLEINSCHMIDT [3] (52) sowie RUBENSTEIN und BRITTEN (65) zeigen, daß das Übergreifen von weitverbreiteten Enteritisepidemien unter Erwachsenen nicht nur auf Neugeborene, sondern, wie verständlich, auch auf ältere Säuglinge möglich ist. Die von KLEINSCHMIDT hierbei beobachteten blutigen Stühle sind ein in klinischer Hinsicht von der infektiösen Colienteritis abweichendes Symptom. Schließlich betreffen noch einige Berichte Epidemien mit anderen Darmkeimen, so B. proteus (48, 49) oder Ps. aeruginosa (50, 63). Gerade mit diesen Keimen kommen offenbar ganz ähnliche epidemiologische Erscheinungsbilder zustande, wie z. B. das vorwiegende Auftreten in den Wintermonaten zeigt (49, 50). Derartige Ähnlichkeiten sind aber z. B. bei B. proteus, das auch in den Kreis der gramnegativen Darmkeime gehört, nicht verwunderlich.

Da eine Einteilung der epidemischen Enteritiden klinisch nicht möglich ist, möchten wir den Versuch machen, nach epidemiologischen Gesichtspunkten einzuteilen:

1. Infektiöse Enteritiden, hervorgerufen durch Keime von ubiquitärer Verbreitung bei Mensch und Tier und in der Umgebung derselben. Hierher gehören die Infektionen durch B. proteus oder Ps. aeruginosa, die gelegentlich bei besonders toxischen Eigenschaften der einzelnen Stämme oder bei sehr massiver Infektion (Nahrungsmittel) eine Enteritis auslösen können.

2. Infektiöse Enteritiden durch Keime, die zwar an den Menschen (bzw. an das Tier) gebunden sind, aber ihren eigentlichen Standort außerhalb des Darmkanals haben. Nur gelegentlich kommt es auf Grund von besonderen Enterotoxinen zu einer Enteritis. Hier gehören die Darminfektionen mit pathogenen Staphylokokken. Die Infektionsquellen sind bei den Säuglingen gewöhnlich eine Pflegeperson mit offenen Eiterungen (Furunkel), beim Erwachsenen vergiftete Lebensmittel (Konserven). (Die Enterotoxine sind mit Hilfe des sog. Dolmantestes oder Froschtestes nachweisbar) (s. S. 89).

3. Infektiöse Enteritiden durch Keime, die ihren Standort beim Menschen haben und an den Darmkanal gebunden sind. Hierher gehören die folgenden Gruppen:

a) Die Virusenteritiden. Die Säuglingsinfektionen sind gewissermaßen nur ein Nebenschluß, Haupterkrankungskontingent bilden die Erwachsenen, die die Infektion auf die Säuglinge übertragen, sowohl innerhalb als auch außerhalb des Krankenhauses. Von erkrankten Säuglingen ausgehend kann sich die Krankheit auf den Säuglingsstationen weiterverbreiten. Hierher gehört auch wahrscheinlich die in Dänemark beschriebene „Roskildekrankheit" (Ballowitz), sowie das in bestimmten Teilen Japans vorkommende „Ekiri" (Kawata, Kazuo, Ogasawara u. a.). Von einigen Autoren konnten bei solchen Epidemien Viren aus Stuhlfiltraten isoliert werden, die sowohl bei freiwilligen Erwachsenen (Reimann, Price und Hodges) als auch beim Kalb (Light und Hodes, Cummings, Sztanojevits und Kormos), schließlich auch bei Mäusen (Köttgen) enteritische Krankheitssymptome auslösen. Bei einer Enteritisepidemie unter Erwachsenen und Neugeborenen machte ein aus Stuhlfiltraten isoliertes Agens bestimmte Veränderungen an der Kaninchencornea (Budding, Budding und Dodd). Diese Ergebnisse konnten auch von Meiklejohn bestätigt werden, während Cummings sowie Clifford die Methoden von Budding als unbrauchbar ablehnten. Von klinischer Seite schließt Keitel auf Grund des Vorkommens von Streptococcus M. G. Agglutininen und Kälteagglutininen im Blut bei Säuglingsdyspepsien auf deren mögliche Virusnatur. Wenn auch die angegebenen Verfahren in praktischer Hinsicht noch keine Bedeutung besitzen und im einzelnen noch sehr umstritten sind, kann jedoch heute als erwiesen angesehen werden, daß es virusbedingte Säuglingsenteritiden epidemischer Natur gibt.

b) Die infektiösen Colienteritiden. Diese machen nach den vorliegenden zahlenmäßigen Feststellungen den größten Anteil der epidemischen Säuglingsenteritiden aus. Sie kommen, wie alle anderen der oben angeführten Enteritisformen, sowohl bei Neugeborenen wie bei den älteren Säuglingen vor.

c) Die Shigellosen.

4. Infektiöse Enteritiden durch Keime, die ihren eigentlichen Standort beim Tier haben und nur gelegentlich auf den Menschen übergehen. Dies sind die Infektionen durch die Enteritiskeime der Salmonellagruppe. Bei Säuglingen kommt es meist durch Kontakt mit Dauerausscheidern oder Erkrankten, beim Erwachsenen über den Weg eines vergifteten Nahrungsmittels zur Infektion.

Wir glauben, daß die gegebene Einteilung den bisherigen Kenntnissen über die epidemischen Enteritiden gut entspricht und möchten sie deshalb zur Diskussion stellen. Leider sagt sie dem Kliniker zunächst nur wenig, gibt aber doch eine gewisse Hilfe, im Einzelfalle die richtige Infektionsquelle aufzudecken.

Die Beziehungen der epidemischen Säuglingsenteritiden im allgemeinen und der inf. Colienteritiden im besonderen zu dem sog. Hospitalismus oder Hospitalschaden der älteren deutschen Literatur sind offenbar sehr eng. Zwar wird unter Hospitalismus ein ganzer Komplex der verschiedensten Krankheitserscheinungen verstanden, hier soll jedoch nur soweit die Rede davon sein, als es sich um die in Anstalten auftretenden Durchfälle, ein wesentliches Teilgebiet des Hospitalismus, handelt. Nach einer von Grünholz unlängst gegebenen Beschreibung (1950) versteht man hierunter jede deutliche Verschlechterung der Stühle nach einem erscheinungsfreien Intervall von mindestens 3 Tagen Klinikaufenthalt, sofern nicht ein Zusammenhang mit der ursprünglichen oder einer sonstigen Erkrankung ersichtlich ist. Als weitere Kriterien werden von Grünholz gefordert: Gewichtsstillstand bzw. -verlust, Temperatursteigerung oder irgendein hinzutretender Infekt, besonders dann, wenn die initialen Diarrhoen in Ausnahmefällen fehlten. Bei Wiederholung dieses Ereignisses wird von rezidivierendem Hospitalschaden gesprochen. Es fällt nicht schwer, schon rein nach diesen Angaben die Ähnlichkeit der Beschreibung mit der der inf. Colienteritis festzustellen. Man muß sich aber trotzdem darüber im klaren sein, daß auch der Hospitalismus weder in klinischer, noch in ätiologischer Hinsicht eine Einheit darstellt. Da wir aber annehmen dürfen, daß die Mehrzahl der epidemischen Enteritiden durch pathogene Colitypen hervorgerufen werden, liegt die Bedeutung dieser Keime für die Entstehung des Hospitalismus auf der Hand. Einige epidemiologische Angaben mögen dies noch veranschaulichen: „Inkubation" beim Hospitalismus nach Grünholz 9—13 Tage, nach Thomas 7 Tage. Kontagionsindex nach Grünholz 50%, Thomas 37%. Die Angaben von Grünholz sowie Thomas über Altersgrenzen, Letalität und anderes mehr entsprechen ebenfalls den von der Colienteritis her bekannten Zahlen. So kann man wohl heute sagen, daß das Gespenst des Hospitalismus der letzten Jahrzehnte durch moderne bakteriologische und möglicherweise auch virologische Untersuchungen eine Aufklärung erfahren wird. Die guten Erfahrungen der antibiotischen Therapie bei den Colienteritiden versprechen auch den sog. Hospitalismus, soweit es sich um enteritische Störungen handelt, in Zukunft zu einer harmlosen Krankheit zu machen.

Einer besonderen Besprechung bedarf noch der merkwürdige Unterschied in der Altersverteilung der epidemischen Enteritiden zwischen den USA und den europäischen Ländern. Von den in der Tab. 11 angeführten 40 Berichten über epidemische Neugeborenendiarrhoen stammen 27 aus den USA. Von den Säuglingsenteritiden nach der Neugeborenenperiode stammen nur 6 aus den USA, 20 aus Europa und 1 aus Israel. Dieser Unterschied ist so deutlich, daß er nicht zufällig bedingt sein kann. TAYLOR hat hierfür eine plausible Erklärung gegeben. Er ist nach ihrer Ansicht bedingt durch die große Anzahl von Entbindungsheimen in den USA bei einer recht kleinen Anzahl von Säuglingsheimen für ältere Säuglinge. Umgekehrt seien die Verhältnisse in England und, wie wir hinzufügen möchten, auch bei uns in Deutschland. In den USA geht die Zunahme der epidemischen Neugeborenen-Diarrhoen Hand in Hand mit der Abnahme der Entbindungen im Privathaushalt. Einige Beobachtungen zeigen dies. CLIFFORD z. B. berichtete aus Boston, daß 1935 1015 Hausentbindungen, 1945 nur 47 und 1946 nur 9 vorgenommen wurden; er versuchte die Zunahme der epidemischen Neugeborenen-Diarrhoen mit dieser Erscheinung zu erklären. Auch von PAYLING und WRIGHT sowie von FEEMSTER wurde die Ansicht vertreten, daß die zunehmende Benutzung von Entbindungsheimen in den USA zwar zu einer Verminderung der Sterblichkeit der Mütter, aber zu einer Vergrößerung der Gefahr für die Neugeborenen geführt habe. MAYES sieht ein weiteres Moment zur Vermehrung der Neugeborenen-Diarrhoen in dem wachsendem Gebrauch von Vaginalantisepticis, da es in einem von ihm beobachteten Hospital vor dem Gebrauch der Vaginalantiseptica keine epidemischen Neugeborenen-Diarrhoen gegeben habe. Durch die Vaginalantiseptica sollen die Kinder der Bakterien verlustig gehen, die sie normalerweise unter der Geburt erhalten, so daß das Meconium keine gramnegativen Bakterien enthält. Auch von FRANT und ABRAMSON [3] werden ähnliche Ansichten vertreten. In Europa, besonders in England und Deutschland, stehen die Entbindungsheime hinter der Zahl der Kinderkrankenhäuser und Säuglingsheime immer noch zurück, da die Klinikentbindung hier noch nicht die Regel darstellt und das Kind im allgemeinen auch im Falle einer Klinikentbindung nur wenige Tage bis zur Entlassung der Mutter in der Klinik bleibt. Die beschriebenen Verhältnisse sind ein neuer Hinweis dafür, welche Gefahr mit der Massierung von Säuglingen heraufbeschworen wird und daß das zentrale Problem der epidemischen Säuglingsenteritiden hierin begründet liegt. Die richtige Konsequenz aller prophylaktischen Bemühungen sollte daher in der Vermeidung der Massierung der Säuglinge bestehen, wie wir dies ausführlich auseinandersetzten.

Schließlich seien uns noch einige Betrachtungen spekulativer Art gestattet, die so etwas wie einen zeitlich verschiedenartigen Genius epidemicus der inf. Colienteritiden betreffen. Wie schon ausgeführt, spielte vor allem in der Zeit vor dem Ersten Weltkrieg der sog. Hospitalismus in den deutschsprachigen Ländern eine große Rolle. Durch die großen Erfolge auf prophylaktischem und therapeutischen Gebiete konnte jedoch Ende der zwanziger Jahre der Hospitalismus als überwunden angesehen werden (BREHME, GRÜNHOLZ). Die Berichte sind jedoch seitdem wieder häufiger geworden, zunächst in den USA, kurz vor dem Zweiten Weltkrieg auch in Europa, wobei es so aussieht, als ob nunmehr die epidemischen Enteritiden der Säuglinge eine besonders bösartige Form angenommen hätten, da die mitgeteilten Letalitätszahlen bis zum Beginn der antibiotischen Ära erschreckend hoch sind. Hierfür einige Beispiele:

In den USA nehmen die Berichte über die epidemische Neugeborenendiarrhoe seit etwa 15—20 Jahren dauernd zu, wobei die Letalität in dieser Altersstufe außerordentlich hoch ist. ANDERSON und NELSON errechneten z. B. aus 48 Statistiken in den USA eine mittlere Letalität von 43%. Die Zunahme der Neugeborenendiarrhoen läßt sich auch statistisch erweisen.

Frant und Abramson [3] teilten mit, daß die Todesfälle an Diarrhoen bei den Säuglingen von 1 Monat bis 1 Jahr von 8,6°/₀₀ auf 0,6°/₀₀, bei den Kindern unter 1 Monat von 1,2°/₀₀ nur auf 0,5°/₀₀ zurückgegangen seien. Auch von Gordon und Rubenstein wird auf die starke Zunahme der Durchfälle im 1. Lebensmonat hingewiesen. Nach Feemster sind 30,4% aller Todesfälle bei Säuglingen durch die Diarrhoen der Kinder unter 1 Monat bedingt. Die sog. perinatale Sterblichkeit dürfte sich auf diese Zahlen wohl kaum nennenswert auswirken, da sie hauptsächlich die ersten Lebenstage betrifft, während die epidemischen Diarrhoen entsprechend ihrer Inkubationszeit erst etwa nach 1 Woche auftreten. Außerdem haben wir gesehen, daß die Zunahme der epidemischen Enteritiden bei Neugeborenen in den USA zwanglos durch äußere Einflüsse erklärt werden kann.

Anders ist es jedoch mit alarmierenden Nachrichten, die etwa seit dem Beginn des Zweiten Weltkrieges aus Europa kommen und die Zunahme bösartiger Säuglingsenteritiden, meist epidemischer Natur, betreffen. Göbel [2] teilte mit, daß die Durchfallserkrankungen in Düsseldorf von 67 im Jahre 1937 auf 131 (1938), 197 (1939) und 300 (1940) zugenommen hätten. Gleichzeitig war damit ein Anstieg der Letalität von 13% (1937) auf 27% (1938), 28% (1939) und 40% (1940) zu verzeichnen. Diese Zunahme war durch das Auftreten von außergewöhnlich schweren Toxikosen, sog. „Sonderformen" bedingt, bei denen der spermatoide Geruch der Stühle besonders auffiel. Über das plötzliche Auftreten gehäufter, bösartiger Gastroenteritiden in Kopenhagen seit 1943 berichteten Biering-Sørensen. Die Letalität betrug 50%. Ebenfalls aus Dänemark stammen die Beobachtungen von Schimansky (1945/46) über bösartige Gastroenteritiden mit einer Letalität von 60—70%. Hierbei sollen auch Erwachsene häufig erkrankt sein. Aus der Schweiz konnten ähnliche Beobachtungen von Willi (1944) und von v. Meyenburg (1946) mitgeteilt werden. Diese Angaben datieren etwa von 1939—40 an und betreffen bösartige, pathologisch-anatomisch ulceröse Enteritiden. Aus Österreich wurden sowohl von Zederbauer (1946) wie von Lorenz (1947) von einem starken Anstieg der Letalität und Morbidität der Säuglingsenteritis gesprochen. Nach Lorenz soll die Letalität auf das 5fache angestiegen sein. Diese Beobachtungen nehmen 1944—45 ihren Anfang. Jürgenssen und Berger erlebten 1949 eine schwere Enteritisepidemie mit 93% Letalität in Wien. Mores u. a. (Rußland) beobachteten bis 1948 eine fallende Tendenz der Säuglingsmortalität. Diese wurde plötzlich 1948 durch einen scharfen Anstieg unterbrochen, der durch das Auftreten schwerer Enteritisepidemien in der Klinik während der Frühjahrsmonate hervorgerufen war, wobei etwa 50% aller Kinder von der Infektion betroffen wurden. Michaličkova (Tschechoslowakei) erlebte im Winter 1949/50 eine schwere, streptomycinresistente Dyspepsieart, bei der besondere Colistämme (?) eine Rolle spielten. Schließlich sind ähnliche Verhältnisse auch von Nassau [2] in Israel (1951) beobachtet worden. In Deutschland hat zuletzt Schmid (1951) über eine neuartige, durch besondere pathologisch-anatomische Befunde gekennzeichnete Säuglingsenteritis berichtet.

Was allen Autoren besonders aufgefallen ist, war der neuartige und ungewohnte Schweregrad sowie die Resistenz gegenüber den sonst wirksamen diätetischen Maßnahmen. Hinzu kam bei einigen Autoren (Willi, Jürgenssen und Berger, Schmid) auch noch die Schwere des pathologisch-anatomischen Befundes, der von dem üblichen Bild bei den akuten Ernährungsstörungen abwich. Es sind dies im großen und ganzen dieselben Feststellungen, die wir bei unserer ersten schweren Colienteritisepidemie machen konnten, wobei schon bei den ersten Fällen das Ungewöhnliche des klinischen Verlaufes und der anatomischen Befunde aufgefallen war (Braun und Henckel [1]). Man wird daher nicht fehlgehen, wenn man vermutet, daß wahrscheinlich der größere Teil der in den letzten 10 Jahren mitgeteilten Beobachtungen in Europa Coliinfektionen gewesen sind, da auch zahlreiche sonstige Einzelheiten in den einzelnen Mitteilungen denen entsprechen, die bei der inf. Colienteritis gemacht wurden. Die Zunahme der schweren Enteritisepidemien wird also nicht etwa dadurch vorgetäuscht, daß in den letzten Jahren sehr häufig auf pathogene Colibakterien untersucht wurde, diese Beobachtungen wurden vielmehr teilweise völlig unabhängig von der Entwicklung der Coliforschung gemacht. Man wird einwenden, daß sich hier der Zweite Weltkrieg unheilvoll ausgewirkt habe. Das mag auch bis zu einem gewissen Grade richtig sein, jedoch spricht auf der anderen Seite wieder gegen diese Deutung, daß die Beobachtungen teilweise schon aus der Zeit vor dem Zweiten Weltkrieg stammen (Göbel [2]) und daß sie auch aus den Ländern kamen, die — wie die Schweiz — vom Kriege weitgehend verschont blieben. So liegt die Annahme nahe, daß wir in den letzten 10 Jahren eine epidemiologische Welle schwerer Säuglingsenteritiden vor uns haben, die etwa 1939 begann und offenbar bis heute noch im Ansteigen begriffen ist. Es wäre weiterhin denkbar, daß in den ersten beiden Jahrzehnten des Jahrhunderts eine ebensolche Welle ablief, die im 2. und 3. Jahrzehnt von einem Wellental gefolgt war. Hierdurch ließe sich leicht die scheinbare Überwindung des Hospitalismus nach dem Ersten Weltkrieg erklären, die demnach nicht, wie man lange Zeit geglaubt hat, ein Erfolg der optimalen diätetischen Therapie und Säuglingshygiene gewesen wäre, sondern die Folge eines Rückganges des Schweregrades und der Häufigkeit der epidemischen Säuglingsenteritiden. Dafür spricht, daß trotz ständiger Verbesserung der Säuglingsernährung der Rückschlag Ende der dreißiger Jahre wieder einsetzte und die schweren Enteritisepidemien schlimmer als je zuvor wieder ihr Haupt erhoben. Da sich diese in den letzten Jahren praktisch alle als Colienteritiden herausgestellt haben, dürfen wir einen solchen epidemiologischen Wellengang für letztere in Betracht ziehen. Diese Ausführungen und Annahmen sind bis jetzt noch reine Hypothese, die aber durch das angeführte Beobachtungsmaterial gut gestützt wird. Die Lücke liegt darin, daß der Erreger der Erkrankung erst seit ein paar Jahren regelmäßig gesucht werden kann. Wir sind aber überzeugt, daß uns die Forschungen der nächsten Jahrzehnte auf diesem Gebiete der Epidemiologie noch wichtige Erkenntnisse bringen werden. Die routinemäßige Untersuchung auf Dyspepsiecolibakterien an vielen Stellen ist dazu erforderlich.

VII. Pathogenetische Probleme der Coliinfektion.

a) Endogene — exogene Infektion.

Die alte Lehre von der endogenen Infektion in der Pathogenese der akuten Ernährungsstörungen des Säuglings erheischt unter dem Gesichtspunkt der Infektion mit pathogenen Colitypen eine erneute Besprechung. MORO stellte 1916 fest, daß der Dünndarm darmgesunder Säuglinge frei von Colibakterien ist, ein Befund, der früher auch schon von SITTLER erhoben worden war und später auch von HOEFERT und OLIVET beim Erwachsenen bestätigt werden konnte. Im Gegensatz hierzu fand MORO bei toxischen Säuglingen die Darmwand auch in den oberen Abschnitten mit einem Rasen von Colibakterien überzogen. Nachdem von HAHN, KLOCMANN und MORO auch bei tierexperimentell erzeugten Durchfällen derartige Veränderungen festgestellt werden konnten, stellte MORO die Lehre von der sog. *endogenen Infektion des Dünndarmes* auf, wobei er offenlassen mußte, ob dieser eine primäre oder sekundäre Bedeutung bei der Entstehung von akuten Ernährungsstörungen zukomme und ob die in den oberen Darmabschnitten angetroffenen Bakterien durch Aufwanderung aus den unteren Darmabschnitten oder durch örtliche Wucherung schon vorher in geringer Zahl, etwa in den Darmtaschen vorhandener Keime hierher gekommen wären. Wenn gleich die MOROschen Untersuchungen an Leichen ausgeführt wurden und die Ergebnisse deshalb später als postmortal entstanden angesehen worden sind, so hat die Lehre von der endogenen Infektion doch einen starken Widerhall gefunden. Die MOROschen Untersuchungen konnten nämlich mit der Methode der Duodenalsondierung (HESS) auch am lebenden Kinde bestätigt werden. Eine Reihe von Autoren (BESSAU und BOSSERT, SCHEER [1, 2], KRAMÁR [1], PLONSKER und ROSENBAUM, GRÄVINGHOFF, DEÁK, BESSAU, ROSENBAUM und LEICHTENTRITT, MOOK, HAUSCHILD) konnten mit dieser Methode feststellen, daß im Magen und Duodenalinhalt darmkranker Säuglinge massenhaft Colibakterien nachgewiesen werden können, jedenfalls häufiger als dies bei darmgesunden Kindern der Fall ist.

Bessau und Bossert sowie Scheer zogen hieraus den Schluß, daß ein unmittelbarer Zusammenhang zwischen diesen Befunden und der Pathogenese der Dyspepsie bestände. Bei Kindern, die trotz des Colibakteriennachweises darmgesund waren, nahmen sie eine Dyspepsiebereitschaft an. Als Ursache der endogenen Infektion wurde von Bessau u. a. eine Coliascension bei einer Stagnation des Chymus angesehen. Andere Autoren (Kramár, Grävinghoff, Plonsker und Rosenbaum, Mook) sahen in der Colibesiedlung des Magens und des Duodenums nur eine sekundäre Erscheinung einer bereits in ihrem Entstehen begriffenen Dyspepsie. Auch Adam [4] konnte die Moroschen Befunde bei seinen sofort post mortem ausgeführten Untersuchungen bestätigen. Hingegen sah er aber auch schwere, teils toxische Durchfallserkrankungen, bei denen die abnorme Besiedlung des Dünndarmes nicht vorhanden war. Auf der anderen Seite konnte sie auch bei darmgesunden Kindern vorkommen. Adam schloß daraus, daß die Dünndarmbesiedlung mit Colibakterien für sich allein kein ausreichendes Kriterium für deren pathogenetische Bedeutung darstelle, sondern daß noch andere Kriterien sowohl in Bezug auf die gefundenen Colibakterien als auch in Bezug auf die auftretenden pathologisch-anatomischen Veränderungen gefunden werden müßten, wenn man solchen Befunden eine maßgebliche Bedeutung beimessen wolle. Entsprechende tierexperimentelle Untersuchungen von Stransky bestätigten zwar ebenfalls die Colibesiedlung des Dünndarmes bei dyspeptischen Tieren, sie war aber nur bei allgemeiner Resistenzverminderung zu beobachten, so daß sie ebenfalls nicht als die Ursache einer Darmstörung angesehen wurde, sondern höchstens als deren Folge. Auch in der neueren Zeit sind diesem Problem Untersuchungen gewidmet worden (Blacklock, Guthrie und McPherson, Nitsch, Graffar), die im wesentlichen die alten Untersuchungen von Bessau und Bossert noch einmal bestätigten. Zu anderen Resultaten kam jedoch Braun zusammen mit Hessig und Straub.

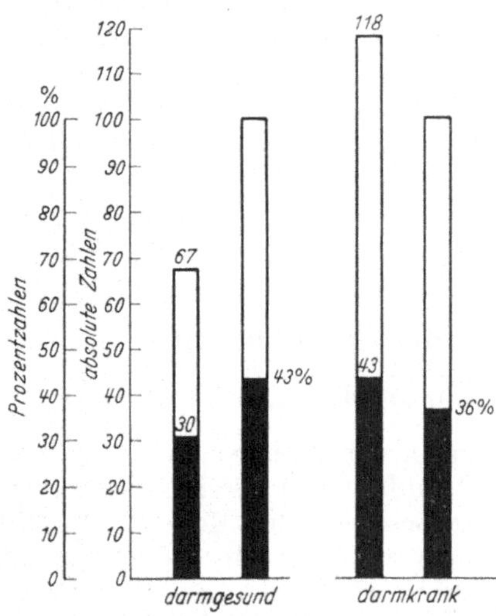

Abb. 4. Colibakteriennachweis im Magen- und Duodenalsaft bei darmkranken und darmgesunden Säuglingen. (Nach Braun, Hessig und Straub.) Die erste Säule gibt die Absolutwerte, die zweite die Prozentzahlen an. (Schwarz = positive Befunde bzw. Colibakterien in Magen- oder Duodenalsaft.)

Sie konnten in einer ersten Versuchsreihe feststellen, daß im Gegensatz zu den hohen Werten der älteren Autoren (Bessau und Bossert z. B. in 70%) bei darmkranken Kindern in nur 35% der Fälle Colibakterien im Magen- oder Duodenalsaft nachweisbar waren. Bei darmgesunden Kindern wurden sie in 46% der Fälle nachgewiesen. In einer zweiten Versuchsreihe (Straub) konnten diese Befunde vollauf bestätigt werden (s. Abb. 4). Damit stehen wir in Übereinstimmung mit älteren Untersuchungen von Demuth sowie Seiffahrt, die bei darmgesunden Säuglingen sowie Frühgeborenen sehr häufig Colibakterien im Magensaft feststellen konnten. Auf Grund dieser Befunde kam Braun zu dem Schluß, daß dem Nachweis von Colibakterien im Magensaft oder Duodenalsaft darmkranker Kinder keinerlei pathogenetische Bedeutung beizumessen sei.

Auch der Frage der Entstehung der Colibesiedlung des Dünndarmes wurden Versuche gewidmet, die zu der Anschauung führten, daß diese in erster Linie auf peroralem Wege zustande kommt. Hierfür sprechen die von Braun ausgeführten

Versuche, bei denen apathogene Colibakterien (Mutaflorcoli, NISSLE) an Säuglinge verabreicht wurden, ohne daß es zu Darmerscheinungen kam. Der verabreichte Colistamm war bis zu 9 Tagen im Magensaft nachweisbar. Auch auf tierexperimentellem Wege konnte wahrscheinlich gemacht werden, daß die Colibesiedlung der oberen Intestinalabschnitte nicht durch Ascension der Keime zu erklären ist. Zwar hatte BERNHEIM-KARRER gezeigt, daß es möglich ist, sowohl vom Darme her durch Verabreichung von hochprozentigen Zuckerlösungen oder Podophyllin als auch auf dem Blutwege (Vergiftung mit Diphtherietoxin) eine Coliinfektion des Dünndarmes mit Entzündung der Darmschleimhaut zu erzeugen. BRAUN und HESSIG aber fanden, daß diese Schlüsse nicht zwingend sind. Sie ahmten die gleichen Versuche nach, mit dem Unterschied, daß auf operativem Wege vorher ein mehrere Zentimeter langes Stück Duodenum oben und unten scharf abgebunden wurde. Die Colibesiedlung war am stärksten oberhalb des abgebundenen Darmstückes sowie in diesem selbst, wenn auch hier nicht regelmäßig, nachweisbar. Unterhalb der Abbindung waren immer nur einzelne oder keine Colibakterien festzustellen. Ganz ähnliche Versuche waren früher schon von PFAUNDLER und SCHÜBEL an der abgebundenen Darmschlinge des Zickleins gemacht worden. Wenn sie artfremde Milch in eine solche Darmschlinge brachten, fanden sie eine bakterioskopisch deutlich feststellbare Vermehrung der Colibakterien. BRAUN und HESSIG haben die Versuche am Meerschweinchen noch weiter modifiziert. Nach Laparatomie wurde ein serologisch identifizierbarer Colistamm in das untere Ileum injiziert. Sodann erzeugten sie mittels Crotonöl auf peroralem Wege eine Enteritis. Die injizierten Keime konnten bei keinem der Versuche in den oberen Darmabschnitten nachgewiesen werden. So unphysiologisch diese Tierversuche auch gewesen sein mochten, so ließen sie doch die Deutung zu, daß das vermehrte Auftreten von Colibakterien in bestimmten Abschnitten des oberen Intestinaltraktes bei Darmstörungen nicht die Folge des Aufwanderns der Keime ist. Es handelt sich vielmehr um örtliches Überwuchern schon vorher in geringer Zahl vorhandener Colibakterien, sobald die Darmschleimhaut geschädigt ist. Im gleichen Sinne wären demnach auch die Versuche von BERNHEIM-KARRER sowie GUTSCHER über die experimentelle Erzeugung einer sog. Coliascension beim Tiere zu deuten. BRAUN und HESSIG konnten in Bestätigung früherer Ergebnisse von ESCHERICH (zit. nach MORO) mit der Methode der sofortigen postmortalen Sektion feststellen, daß auch bei darmgesunden Säuglingen kulturell Colibakterien in den oberen Darmabschnitten nachweisbar sind, wenn sie auch bakterioskopisch nicht in Erscheinung treten. Diese Versuche veranlaßten uns damals dazu, zusammen mit den am Säugling ausgeführten Untersuchungen, der Colibesiedlung des Darmes nur eine sekundäre Rolle zuzuerkennen, die allenfalls als Indikator einer gestörten Darmfunktion angesehen werden konnte. Der obere Dünndarm sowie der Magen wird hauptsächlich auf peroralem Wege mit Colibakterien besiedelt. Die Ascension als solche wurde zwar nicht als grundsätzlich unmöglich angesehen, jedoch dürfte sie zumindestens nicht die Regel darstellen und nur bei schwersten Darmprozessen in Frage kommen. Die Lehre von der endogenen Infektion nach MORO sowie die Lehre von der Coliascension nach BESSAU konnte als revisionsbedürftig angesehen werden, wobei sich die Möglichkeit der peroralen Infektion mit *pathogenen* Colitypen als die wahrscheinlichere Ursache einer Colidyspepsie dann auch bald anbot.

Die Entwicklung der modernen Dyspepsiecoliforschung hat diesen Anschauungen im wesentlichen Recht gegeben, so daß es heute fast müßig erscheint, den gesamten Fragenkomplex noch ausführlich zu diskutieren. Dafür sind auch die Beobachtungen von BRAUN und HENCKEL [2] ein Hinweis, die ergaben, daß bei den inf. Colienteritiden gewöhnliche, nicht spezifische Colibakterien im Magen- oder Duodenalinhalt gefunden werden können. Nur zum kleineren Teil fanden sie Dyspepsiecolibakterien im Magensaft. Dies ist verständlich, da sich ja der hauptsächliche pathologische Prozeß im unteren Ileum abspielt. Die in den oberen Darmabschnitten nachweisbaren communen Colibakterien sind eine Folge peroraler Infektion bei Zusammenbruch der bactericiden Funktion des Magensaftes (Braun und Lehnert).

Wir führten bereits aus, daß nach der Epidemiologie der Coliinfektionen angenommen werden muß, daß sich die Dyspepsiecolikeime in geringer Zahl längere Zeit auch ohne Darmerscheinungen im Darm aufhalten können. Aus äußeren Anlässen, die eine Änderung der Disposition bedingen, kann es zu einer Resistenzverminderung und hierdurch zum Ausbruch der Erkrankung kommen. Dies erklärt auch, weshalb sich der pathologische Prozeß vorwiegend im unteren Dünndarm abspielt. Hier halten sich die Colibakterien auch in gesunden Tagen auf, da sie hier die ihnen angemessenen Lebensbedingungen vorfinden. Somit wird dies auch zunächst der Aufenthalt der Dyspepsiecolibakterien sein, wenn sie auf peroralem Wege in den Darm gelangt sind. Nur hier können sie anscheinend, übliche Milieuverhältnisse vorausgesetzt, die zur Auslösung der Infektion notwendige Konzentration erreichen. Da eine Aufwanderung im allgemeinen, wie wir wahrscheinlich machen konnten, wohl nicht in Frage kommt, bleibt der pathologische Prozeß im wesentlichen auf den unteren Dünndarm beschränkt. Man sieht, daß sich diese Vorstellungen gut mit den von Braun und Hessig sowie anderen am Tier gewonnenen Ergebnissen in Einklang bringen lassen.

Wir werden daher die Probleme folgendermaßen formulieren können: Die *Dyspepsiecoliinfektion* des Darmes ist *immer exogen*, da diese Keime ja normalerweise nicht im Darm vorkommen. Bei dem größeren Teil der Fälle entwickelt sich hierbei eine Darmerkrankung, ein kleinerer Teil bleibt klinisch erscheinungsfrei. Bei längerem Persistieren der Keime im unteren Ileum kann es aus irgendwelchen Anlässen, die die Resistenz oder die Darmfunktion des Kindes schwächen, zu einem örtlichen Wuchern der vorher in geringer Zahl vorhandenen Dyspepsiecolibakterien an Ort und Stelle und damit zur Erkrankung kommen. Nur in den schwersten Fällen ascendieren die Keime, womit sich der pathologisch-anatomische Prozeß der Darmschleimhaut auch auf die höheren Darmabschnitte ausbreitet. Die bei den infektiösen Enteritiden und auch bei anderen Darmstörungen in den oberen Intestinalabschnitten gefundenen harmlosen, nicht spezifischen Colikeime sind eine Folgeerscheinung der Darmstörung und haben nichts mit der Auslösung der Dyspepsie zu tun. Die Ursache für dieses Auftreten der Colibakterien in den höheren Darmabschnitten muß in dem Erliegen der keimabwehrenden Funktionen des Magen-Darm-Kanals gesehen werden, die wir unter dem Begriff der sog. Bactericidie zusammenfassen und die Gegenstand des nächsten Abschnitts sein sollen.

b) Die Bactericidie des Magen- und Darmsaftes.

Die Bactericidie des Magen- und Darmsaftes hängt engstens mit der peroralen Infektion sowie der Haftungsmöglichkeit der Keime im Darm zusammen, so daß sie ein einigermaßen faßbares Substrat dessen darstellt, was wir in dem Falle der Darminfektionen als Resistenz des Organismus verstehen. Die oberen Darmabschnitte sind, wie bereits erwähnt, sowohl bei den Erwachsenen als auch bei den Säuglingen normalerweise frei von Colibakterien; dieses Verhalten ist auf das Vorhandensein besonderer, bactericider Kräfte zurückgeführt worden, die das Ansiedeln darmfremder Keime sowie das Aufwandern der darmeigenen Keime verhindern sollen (Rolly und Liebermeister, Bogendörfer und Buchholz, Olivet, Löwenberg). Als Ursache der Bactericidie sind einmal besondere Funktionen der lebenden

Darmschleimhaut angesehen worden (ROLLY und LIEBERMEISTER, RADEL). KELLER [1] sowie PRAUSNITZ und VAN DER REIS wiesen im Duodenalsaft Lysine nach, deren Vorhandensein bereits von MORO vermutet wurde. BOGENDÖRFER gelang es, aus Duodenalsaft Erwachsener mit Äther, Alkohol und Aceton lösliche Substanzen zu extrahieren, die er „Bacteriostanine" nannte und die eine keimtötende Wirkung hatten. Die Existenz der „Bacteriostanine" wurde allerdings von RADEL bestritten, jedoch konnten derartige Substanzen auch von LÖWENBERG, sowie RUSSEL isoliert werden, worunter thermostabile, alkohollösliche und keimhemmende Stoffe im Duodenalsaft verstanden werden. REICHEL hinwiederum versuchte die bactericide Funktion des Darmsaftes auf Grund von Tierversuchen mit Vibrio Metschnikoff im Sinne einer unspezifischen Immunität der Darmschleimhaut selbst zu erklären.

Sicher spielt die *Acidität des Magensaftes* beim Zustandekommen der Bactericidie eine wichtige Rolle, wofür die Tatsache spricht, daß bei anacidem Magensaft, besonders bei Carcinom oder Perniciosa, häufig das Duodenum über die Norm bakteriell besiedelt ist (LÖWENBERG, GRUNKE, KAYSER, BOGENDÖRFER und BUCHHOLZ u. a.).

Nach BACH soll dabei nicht so sehr das p_H als vielmehr die nicht ionisierte Säuremenge des Magensaftes für die Bactericidie verantwortlich sein. Die Säureempfindlichkeit der Colibakterien liegt nun nach SCHEER [3] bei p_H 4,6, nach BOCK und BINDER zwischen p_H 4,7 und p_H 3,9. Damit ist sicher, daß die Acidität des Magensaftes sowohl beim Erwachsenen als auch beim Säugling normalerweise ausreichen würde, die Colibakterien abzutöten. Sie ist jedoch nach den Untersuchungen von KELLER [1] sowie BRAUN und LEHNERT nicht allein verantwortlich für die bactericide Funktion, da diese in vivo nicht immer der H-Ionenkonzentration des Magensaftes parallel geht und in vitro auch nach Neutralisierung noch nachweisbar ist.

Ob neben der bactericiden Funktion des Magensaftes auch noch eine besondere des Duodenalsaftes vorhanden ist, kann nicht sicher entschieden werden. Von LÖWENBERG, RUSSEL sowie BOGENDÖRFER wurden auch im Duodenalsaft eine von der Magensaftwirkung unabhängige Bactericidie gefunden. Nach KENDALL u.a. besteht jedoch kein Anhaltspunkt dafür, daß der Duodenalsaft als solcher bactericid wirkte. BRAUN und LEHNERT wollen eine, wenn überhaupt nachweisbare Bactericidie des Duodenalsaftes durch Magensaftbeimengungen erklären, da diese ja nie sicher ausgeschlossen werden können. ADAM [1] vermutet eine unspezifische Bactericidie des Darmes auf Grund der dort vorhandenen alkalischen Valenzen, hiergegen muß aber festgestellt werden, daß nach VAN DER REIS und SCHEMBRA auch noch im unteren Dünndarm ein schwach saures p_H (6,2—7,3) besteht, die ein Coliwachstum ohne weiteres zulassen. So muß also die Frage, ob der Dünndarmsaft selbst bactericide Funktionen ausübt, offengelassen werden. BRAUN und LEHNERT haben sich die Vorstellung gebildet, daß der Magensaft als bactericides Prinzip, gewissermaßen als Bakterienschranke, dem übrigen Darm vorgeschaltet sei und sie erklären sich die Keimfreiheit der oberen Darmabschnitte durch eine Fortwirkung des bactericiden Prinzips des Magensaftes im Chymus. Eine unspezifische Immunität der Darmwand im Sinne von REICHEL mag hier noch dazukommen, die die Mucosa vor der Invasion pathogener Keime schützen kann. Diese mag auch im unteren Dünndarm vorhanden sein, kann aber allein nicht den Aufenthalt von Bakterien im Darm verhindern, wozu die humorale Abwehrkraft des Magensaftes erforderlich ist. Da diese nach unten zu immer schwächer wird, nimmt die Colibesiedlung in den unteren Darmabschnitten allmählich zu.

Die *bactericide Funktion des Magen- und Duodenalsaftes des Säuglings* ist von KELLER [1] sowie RUSSEL studiert worden. KELLER kam zu dem Ergebnis, daß bereits beim darmgesunden Säugling sehr große Schwankungen der Bactericidie vorkommen, so daß ein Vergleich mit den Verhältnissen beim darmkranken Säugling nicht möglich ist. Zu ähnlichen Resultaten kam mit etwas anderer Methodik auch RUSSEL. BRAUN und LEHNERT haben nun mit der Methodik von KELLER gerade die Frage des Unterschiedes zwischen darmkranken und darmgesunden Säuglingen studiert. Ein solcher konnte nicht festgestellt werden. Es zeigte sich aber, daß bei den Fällen, die im Magensaft keine nachweisbare Bactericidie hatten, regelmäßig Colibakterien im Magen oder Duodenum vorhanden waren. Fehlte der Colibakteriennachweis, so war auch die bactericide Funktion des Magensaftes sehr ausgeprägt. Im Duodenalsaft war sie nicht, oder nur bei stärkerer Magensaftbeimengung, vorhanden. Ein Absinken der bactericiden Funktion des Magensaftes ist wahrscheinlich die Folge einer allgemeinen Resistenzverminderung bei Erkrankungen verschiedener Art. Eine Dyspepsie brauchte bei Fehlen der Bactericidie nicht unbedingt vorhanden zu sein, andererseits fehlte sie nicht bei allen Dyspepsien. Demnach konnte die Störung der bactericiden Funktion als brauchbarer und faßbarer Indicator für eine allgemeine Resistenzminderung angesehen werden, die einem Eindringen von apathogenen und pathogenen Darmkeimen Tür und Tor öffnet. Eine solche Störung kann auch durchaus für das Angehen einer Dyspepsiecoliinfektion verantwortlich sein. Sie wird aber keine Conditio sine qua non sein, da das Passieren von geringsten Keimmengen genügen kann, die Infektion in den unteren Darmabschnitten angehen zu lassen.

Im Hinblick auf diese Ergebnisse interessierte uns auch besonders die Frage der *Empfindlichkeit der Dyspepsiecolibakterien gegenüber der Bactericidie des Magensaftes* im Vergleich zu gewöhnlichen Colibakterien sowie zu einem pathogenen Darmkeim (Typhus). Zusammen mit Straub konnten wir feststellen, daß sich die pathogenen Colitypen bezüglich ihrer Empfindlichkeit gegenüber Magensaft und Duodenalsaft in keiner Weise von normalen Colibakterien unterscheiden lassen. Hingegen zeigte sich, daß Typhusbakterien geringfügig empfindlicher waren. Das gleiche wie für die Bactericidie wurde auch für die Empfindlichkeit gegenüber der H-Ionenkonzentration festgestellt. Durch die gleichen p_H-Werte, durch die gewöhnliche Colibakterien zur Abtötung kommen, werden auch die Dyspepsiecolibakterien abgetötet. Mit diesen Feststellungen entfällt die Möglichkeit, die pathogene Wirkung der Dyspepsiecolibakterien mit einer erhöhten Resistenz gegenüber den Abwehrfunktionen des Darmes zu erklären. Es kann abschließend gesagt werden, daß zwar der Bactericidie des Magensaftes eine Bedeutung als Schutz vor Coliinfektionen zukommt, daß sie jedoch eine untergeordnete Rolle spielt, da sie am Krankheitsort, wo das größte Wachstum der Dyspepsiecolibakterien herrscht, nicht zur Wirkung kommt. Sicher können auch bei intakter Bactericidie einzelne Keime den Magen passieren, was auch aus der Tatsache hervorgeht, daß sowohl von Mook als auch von Plonsker und Rosenbaum bei p_H-Werten unter 4 noch lebende Colibakterien im Chymus aufgefunden wurden.

c) Antagonismus der Colibakterien.

Seit Nissle 1916 gefunden hatte, daß Colibakterien unter Umständen das Wachstum von Typhusbakterien unterdrücken können, waren die antagonistischen Eigenschaften der Colibakterien sowohl gegenüber anderen Darmkeimen als auch gegenüber anderen Stämmen der eigenen Art bekannt. Das zahlenmäßige Verhältnis der in einer Bouillonkultur gleichzeitig gewachsenen Typhus- und Colibakterien wurde als „Antagonistischer Index" bezeichnet. Die antagonistische Wirkung ist jedoch nicht auf Typhusbakterien beschränkt, sondern richtet sich auch gegen Ruhrbakterien (Mauer) und andere gramnegative Darmkeime, sowie gegen andere Colibakterien von schwächerem antagonistischem Index. Diese Erkenntnisse führten zur Therapie mit dem „Mutaflorcoli" (Nissle), einem Colistamm mit hohem antagonistischem Index, zu dem Zweck, eine sog. entartete durch eine hochwertige Darmflora zu ersetzen. Die theoretischen Voraussetzungen der antagonistischen Wirkung der Colibakterien sind erst in neuerer Zeit geklärt worden. Gratia und Frédéricq stellten bei etwa 20% der Colistämme aus pathologischen Stühlen oder Urin eine für andere Colistämme sowie für Shigellen und Salmonellen antibiotisch wirksame Substanz fest, die „Colicin" genannt wurde. Die chemische Natur konnte bisher nicht aufgeklärt werden. HALBERT und SWICK zeigten, daß identische Colicine nicht nur in vitro, sondern auch in vivo gebildet werden können. In vitro nicht antibiotisch wirksame Stämme waren es auch in vivo nicht. Weitere Versuche zur Aufklärung der Natur des Colicins wurden von BORDET und BEUMER gemacht. Sie konnten feststellen, daß die Empfindlichkeit von Bakterien gegenüber diesem Antibioticum aus Colibakterien an die Gegenwart eines Receptors bei den empfindlichen Bakterien gebunden ist. Dieser befindet sich in einem Extrakt aus den empfindlichen Bakterien und wird durch Präcipitation gewonnen. Dieser Stoff kann das von den antagonistisch wirksamen Colibakterien gebildete Antibioticum neutralisieren. Der Erwerb einer Resistenz ist mit dem Verlust des Receptors verbunden. Später wurde gefunden, daß ein Stamm zwei verschiedene antibiotische Substanzen enthielt, von denen die eine thermostabil war, die andere durch 60° C zerstört wurde. Die letztere besaß ein breites Wirkungsspektrum und es war schwierig, hiergegen einen resistenten Stamm aufzufinden. Eine andere, antimycotisch wirksame Substanz aus Colibakterien konnte neuerdings von THALHAMMER gefunden werden.

Ob der antagonistischen Wirkung der Colibakterien bei der Pathogenese der Säuglingsdyspepsien eine besondere Bedeutung zukommt, ist sehr fraglich. MERTZ hatte ursprünglich gefunden, daß die Colistämme bei Säuglingsdyspepsien einen niedrigen antagonistischen Index hatten. LANGER sowie SCHEER [4] fanden hinwiederum das umgekehrte Verhalten. Von VANIČEK u. a. wurden neuerdings wieder bei Dyspepsien Colistämme mit schwachen antagonistischem Index festgestellt. Dadurch soll es zu einem Wuchern von Proteusbakterien kommen, die ihrerseits wieder die Dyspepsie auslösen würden. Auch HOFF-MANN u. a. fanden, daß die Colibakterien von darmkranken Säuglingen häufiger antagonistisch wirksam seien als die von darmgesunden. In dieser Eigenschaft wird ein Zeichen von Virulenz der Keime gesehen, die sich mit dem Verschwinden der Dyspepsie vermindert. Wir selbst haben zusammen mit KREBS festgestellt, daß die Colistämme bei den darmgesunden Kindern im allgemeinen etwas stärker antagonistisch wirksam waren als die Colistämme von darmkranken Kindern. Bei einem Vergleich der pathogenen Colistämme mit anderen saccharosevergärenden Colibakterien von darmkranken Kindern konnte jedoch kein verwertbarer Unterschied im antagonistischen Verhalten gefunden werden. Auch ØRSKOV [2] hat diesem Problem eine Studie gewidmet und kam dabei zu interessanten Ergebnissen. Er ließ Dyspepsiecoli (O 111 : B4, O 55 : B5 und O 26 : B6) zusammen mit äqualen Mengen Normalcoli bekannter O-Gruppen (aus den Stühlen darmgesunder Kinder) in einem Medium wachsen, das vorher durch Beimpfung und Bebrütung mit einem saccharosevergärenden Colistamm, anschließender Zentrifugierung und Sterilisation bei 62° C seiner wesentlichen Nährstoffe beraubt worden war. In diesem Medium zeigten alle untersuchten sog. Normalcolistämme intensiveres Wachstum als die Dyspepsiecolistämme. Hatte aber das Medium vorher Saccharose enthalten, so zeigten die Dyspepsiecolibakterien stärkeres Wachstum, mit Ausnahme der Fälle, wo die Normalcolistämme die Saccharose schneller angriffen als die Dyspepsiecolistämme. Diese Ergebnisse zeigen, daß das Wachstumsmilieu von entscheidendem Einfluß auf das Wachstumsoptimum ist, aber auch sie lassen — was auch ØRSKOV selbst betont — keine pathogenetischen Schlüsse auf die Verhältnisse im Darm zu. Wir glauben jedenfalls, daß die pathogenen Eigenschaften der Dyspepsiecolibakterien nicht ohne weiteres durch mehr oder weniger starkes Wucherungs- bzw. Überwucherungsvermögen, im Sinne des antagonistischen Index erklärt werden können. Eine Therapie der Ernährungsstörungen mit Colistämmen von hohem antagonistischem Index, wie sie von MERTZ und neuerdings von VANIČEK u. a. vorgeschlagen wurde, scheint uns aus diesen Gründen gegenstandslos geworden zu sein, ganz abgesehen davon, daß das Verhalten der normalen Darmflora (s. S. 91) vom theoretischen Standpunkt aus gegen eine solche Therapie spricht.

d) Die Tierpathogenität der Dyspepsiecolibakterien.

Die Schwierigkeiten der Beurteilung der Pathogenität der Colibakterien nach ihrem Verhalten im Tierversuch wurde bereits eingehend dargestellt, wobei wir zu der Feststellung kamen, daß es bis heute keine brauchbare Methode gibt, im Tierversuch pathogene von apathogenen Colistämmen mit Sicherheit zu unterscheiden (Lodenkämper [3], Weiland). Nur bei Colistämmen aus Nahrungsmittelvergiftungen wurde zuweilen bei peroraler Verabreichung eine sicher pathogene Wirkung beim kleinen Laboratoriumstier festgestellt (s. S. 89). Daß aus diesen Schwierigkeiten keine Argumente gegen die Erregernatur bestimmter Colistämme abgeleitet werden können, ist so klar wie der Satz, daß pathogene Wirkungen beim Tier nicht ohne weiteres auf den Menschen übertragen werden können.

Die Auffindung der Dyspepsiecolistämme machte ihre Prüfung im Tierversuch mit dem Ziele einer biologischen Unterscheidung von saprophytären Colibakterien und der Auffindung eventuell vorhandener besonderer Toxine notwendig.

Goldschmidt [2] prüfte ihre 1933 in Leipzig gefundenen Dyspepsiecolistämme der Gruppe A IV an Mäusen, Ratten, Meerschweinchen sowie an einem jungen Halbaffen. Die Versuche verliefen bei enteraler Infektion völlig negativ. Bei Ratten und bei Affen waren die Keime noch nicht einmal zur Ansiedlung im Darm zu bringen. Catel und Pallaske (1933) brachten Colikeime in die abgebundene Dünndarmschlinge von Meerschweinchen. Hierbei zeigte sich, daß sowohl mit Normalcolistämmen als auch mit Dyspepsiecolistämmen eine makroskopisch und histologisch nachweisbare Entzündung des Darmes auftrat, die Befunde waren aber mit den Dyspepsiecolibakterien wesentlich stärker. Diese Versuchsanordnung dürfte jedoch so unphysiologisch sein, daß man aus den Versuchen keinerlei Schlüsse ziehen sollte, zumal die Ergebnisse von Denecke nicht bestätigt werden konnten.

Auch in den letzten Jahren sind die Dyspepsiecolistämme von mehreren Autoren im Tierversuch geprüft worden.

Bray prüfte „B.C.N." peroral bei säugenden Mäusen, Kücken und Kaninchen mit negativen Resultaten. Giles und Sangster gaben E. coli 111:B4 neugeborenen Mäusen und Kücken, sie fanden weder per os noch per rectum eine pathogene Wirkung. 1 cm³ gekochte Bouillonkultur, einem Kaninchen i.v. injiziert, führte jedoch zum Tode, ebenso starben Mäuse bei intraperitonealer Infektion. Taylor berichtete neuerdings über Versuche mit dem Stamm D 433 (111:B4) im Vergleich mit anderen Colistämmen. Alle Stämme gaben bei Meerschweinchen, Mäusen, Kaninchen und Affen dieselben Resultate, so daß sich hiernach die Dyspepsiecolistämme nicht von den gewöhnlichen Colibakterien unterscheiden ließen. Die Applikationsart war hierbei gleichgültig. Krepler und Zischka teilten Versuche mit einem Colistamm der Gruppe 111:B4 mit, den sie an jungen Katzen des gleichen Wurfes prüften. Die Tiere erhielten durch 14 Tage hindurch täglich den Stamm mit Milch per os, wobei die Tiere während dieser Zeit eine Blähung des Abdomens zeigten. 1 Tier, das von vornherein schwächer war, starb 10 Tage nach Absetzen der Verfütterung. Die Obduktion ergab den Befund einer Gastro-Enterocolitis. Braun und Henckel [1] konnten mit den Stämmen der Gruppe 111:B4 keinerlei Krankheitserscheinungen bei Verfütterung an Mäuse und neugeborene Meerschweinchen feststellen. Auch die intraperitoneale Infektion von Mäusen ergab im Vergleich zu Normalcolibakterien keinerlei verwertbare Resultate (Stöckle). In einer neuen Versuchsserie zeigten Braun, Resemann und Stöckle, daß sowohl die Stämme der Gruppe O 55 wie O 111, als auch die Stämme der Gruppe O 26 und O 86 weder bei der Verfütterung an säugende Mäuse noch an ältere Mäuse irgendwie besonders pathogen waren.

Vielversprechend schienen *Versuche an jungen Kälbern* zu sein, nachdem die Veterinäre schon lange nachgewiesen hatten, daß bestimmte Colistämme bei peroraler Gabe an das Kalb hochpathogen seien (Pöls, Christiansen [1], Jensen [2], Lovell). Wegen der Kostspieligkeit und der schwierigen Organisation dieser Versuche stehen bisher nur wenige Untersuchungen zur Verfügung, die von Boehm-Aust sowie von Braun, Resemann und Stöckle durchgeführt wurden. Boehm-Aust verfütterte Dyspepsiecoli O 111:B4 an 2 junge Kälber. Das eine war 8 Tage alt, bekam in den ersten 2—3 Tagen etwas dünnere Stühle, erholte sich aber bald wieder. Im Stuhl konnten nie Dyspepsiecolibakterien nachgewiesen werden. Das andere Tier erhielt vom 2. Lebenstag an massive Keimdosen von E. coli 111:B4. Am

3. Tag erkrankte es mit einer schweren Dyspepsie und mußte präfinal getötet werden. Im Stuhl und Darminhalt befanden sich massenhaft Dyspepsiecolibakterien. Es zeigte am Darm schwere pathologisch-anatomische Veränderungen. BRAUN, RESEMANN und STÖCKLE prüften je einen Stamm der Gruppe 55 sowie 111 an einem 3 Tage alten Kalb. Es handelte sich um frisch aus dem Stuhl dyspeptischer Kinder gezüchtete Dyspepsiecolistämme. Die Tiere bekamen 3—4cm³ Bouillonkultur (24 Std. bebrütet) mit der Flasche verabreicht. Sie blieben aber völlig darmgesund. Nun darf aus diesen Versuchen ebenfalls nicht allzuviel geschlossen werden. Die Dyspepsiecolibakterien scheinen natürlicherweise beim Kalb überhaupt äußerst selten vorzukommen, so daß sie sicher nicht identisch sind mit den Erregern der sog. Kälberruhr. So darf es nicht verwundern, wenn die Dyspepsiecolibakterien im Experiment keine besonderen Erscheinungen (in unseren Versuchen) auslösten. Es handelt sich eben um streng menschenpathogene Keime, die anscheinend für den Darm der Tiere bedeutungslos sind[1]. So ist ja auch z. B. der Typhus nur für den Menschen pathogen und verursacht beim Tier keinerlei Krankheitserscheinungen.

Auf der Suche nach anderen brauchbaren Versuchsanordnungen stießen BRAUN, RESEMANN und STÖCKLE auf eine Methode von BINGEL [1], die dieser zwecks Studien über die Pathogenese der Ruhr ausgearbeitet hatte. Er wählte als Infektionsort die Blasenschleimhaut des Meerschweinchens, und es gelang ihm durch Einbringung von Ruhrbakterienkulturen in die Blase eine klinisch und histologisch nachweisbare Cystitis hervorzurufen (sog. „Meerschweinchenblasenversuch“). BINGEL [1] prüfte bei diesen Versuchen zur Kontrolle auch 7 Colistämme. Bei 5 aus dem Darm gezüchteten Stämmen waren die Befunde vollkommen negativ. Bei 2 aus Pyelitisharn gezüchteten Stämmen glückte der Nachweis der Bakterien bis zum 7. Tage, was bei den normalen Colistämmen nicht möglich war. Klinische Erscheinungen konnten zwar im Gegensatz zu den Ruhrbakterien nicht hervorgerufen werden, jedoch kam es zu histologischen Veränderungen an der Blase, die denen der Ruhrinfektion ähnlich waren. Danach mußte auch bei Fehlen schwerer klinischer Erscheinungen aus der längeren Persistenz der Colikeime in der Blase zusammen mit den histologischen Befunden angenommen werden, daß auch diese beiden Colistämme eine der Ruhr ähnliche Wirkung entfalteten. Wir haben nun diese Versuchsanordnung auf die Dyspepsiecolibakterien übertragen (O 55 und O 111, sowie O 26 und O 86). Als Kontrolle dienten einmal Stämme aus den Stühlen dyspeptischer Kinder, die aber keine Dyspepsiecolibakterien waren. Daneben wurde eine Reihe normaler Colistämme aus den Stühlen darmgesunder Kinder geprüft. Klinische Erscheinungen im Sinne einer Cystitis mit eitrigem Harn sahen wir nur bei dem Colistamm der Gruppe 86. Sonst konnten als positive Befunde neben der langen Persistenz der instillierten Keime in der Blase (bis zu 12 Tagen) Hyperämie und rundzellige Infiltrationen der Submucosa der Blasenschleimhaut sowie Epitheldesquamation erhoben werden, Befunde, wie wir sie bei den Normalcolistämmen nicht feststellen konnten. Die stärkste Wirkung zeigte wieder der Stamm aus der Gruppe 86. Bezüglich der histologischen Befunde kamen ihm die geprüften Stämme der Gruppe O 55 gleich, besonders ein frisch aus dem Stuhle gezüchteter Stamm. Etwas schwächer in der Wirkung waren die Stämme der Gruppe O 111 und O 26. Das gleiche galt auch für die anderen, aus den Stühlen dyspeptischer Kinder gezüchteten Colistämme, die zum Teil ebenfalls eine entzündungserregende Wirkung hatten. Mit der angewandten Methode war es also möglich, einen Unterschied zwischen Dyspepsiecolistämmen und Normalcolistämmen herauszufinden, wenngleich die entzündungserregende Wirkung für die Dyspepsiecolibakterien nicht streng spezifisch war, sondern auch einer Reihe weiterer Colibakterien aus Stühlen dyspeptischer Kinder bis zu einem gewissen Grade zukam.

Schließlich haben BRAUN, RESEMANN und STÖCKLE bei jungen Meerschweinchen (etwa 250 g Gewicht) Dyspepsiecolibouillonkulturen nach Laparotomie ins untere Ileum injiziert. Etwa 25% der Tiere starb nach 3—4 Tagen an einer schweren, nekrotisierenden Enteritis. Jedoch wurden auch mit Normalcolistämmen gleichartige Erscheinungen, wenn auch in etwas geringerem Prozentsatz, erhalten.

Überblickt man die bisherigen Ergebnisse der Bemühungen um einen brauchbaren Tierversuch, so muß man zugestehen, daß die Befunde dürftig sind und daß es bisher nicht gelang, irgendwelche besonders auffallende Wirkungen der Dyspepsiecolibakterien im Tierversuch herauszustellen, wenngleich sich auch die Stämme der Gruppe O 86 in mancherlei Hinsicht als besonders toxisch erwiesen haben. Das Ziel jedoch, bei Tieren auf physiologischem, d. h. peroralem Wege eine Enteritis mit den Dyspepsiecolibakterien zu erzeugen, ist bisher noch nicht erreicht worden. Hieraus Schlüsse gegen die Erregernatur der Dyspepsiecolistämme ableiten zu wollen, ist jedoch, wie wir bereits ausführten, nicht möglich.

---

[1] Siehe allerdings die Ergebnisse von FEY, Fußnote 1, S. 132.

Trotzdem wäre zum Studium zahlreicher theoretischer Fragen das Vorhandensein eines brauchbaren Tierversuches sehr erwünscht, weswegen die Bemühungen in dieser Richtung nicht aufgegeben werden sollten.

e) Die Menschenpathogenität der Dyspepsiecolibakterien.

Da die Pathogenität der Dyspepsiecolibakterien sowie ihre spezielle Wirkung im Vergleich zu den anderen Colibakterien im Tierversuch bisher nicht erwiesen werden konnte, sind wir auf entsprechende Versuche am Menschen selbst angewiesen. Die bisherigen Ergebnisse verlangen wegen ihrer grundsätzlichen Bedeutung eine ausführliche Besprechung. Entsprechende Versuche am Säugling, nur um unsere Kenntnisse zu erweitern, sollten wegen ihrer Gefährlichkeit nicht ausgeführt werden. Immerhin liegen solche Versuche vor, die teils unfreiwillig, teils auf experimentellem Wege zustande kamen. Nachdem Scheer [5, 6] festgestellt hatte, daß die Colistämme aus den Stühlen dyspeptischer Kinder einen hohen antagonistischen Index hatten, beabsichtigte er (1927), durch perorale Zufuhr solcher Stämme (in Analogie zu der Mutaflortherapie von Nissle) an gesunde Säuglinge eine Resistenz derselben gegen die sog. endogene Infektion zu erreichen. Bei seinen Versuchen verwandte er Colistämme aus dem Duodenalinhalt schwer dyspeptischer oder toxischer Kinder, indem er in einer Flasche je 1 Tropfen einer Kulturabschwemmung (etwa 100 Mill. Keime) gab. Scheer konnte zwar das ursprüngliche Ziel nicht erreichen, sah aber das Auftreten schwerer Dyspepsien bei den Probanden. Seine Ergebnisse waren die folgenden: Unter 11 Säuglingen, denen saccharose-positive Colistämme verabreicht wurden, erkrankten 4 an einer schweren Dyspepsie, 2 Kinder hatten einen älteren Laborstamm erhalten. Diese beiden erkrankten nicht. Verwertet man nur die Kinder, die mit einem frisch gezüchteten Stamm infiziert worden waren, so erkrankten 4 von 9 Kindern. Von den 7 Kindern, die saccharose-negative Colistämme erhielten, erkrankte nur eines an einer Dyspepsie. Die abgebildeten Krankenkurven entsprechen in ihrem Verlauf bezüglich Gewichtssturz und Fieber den Bildern, die wir von der Colienteritis her gewohnt sind. Auch Erbrechen und dünne Stühle waren vorhanden. Die ersten klinischen Erscheinungen traten nach einer Inkubationszeit von 3 bis etwa 8 Tagen auf. Insgesamt sind 6 Stämme überprüft worden. Leider hat nun Scheer keine ausreichenden biochemischen Untersuchungen der verabreichten Colistämme vorgenommen, sondern nur Saccharose, Indol und Sorbit geprüft, so daß wir nicht sagen können, ob es sich hier wirklich um echte Dyspepsiecolibakterien gehandelt hat. Immerhin war auffällig, daß fast alle wirksamen Stämme Saccharose vergoren haben. Wir möchten daher für wahrscheinlich halten, daß es sich um Dyspepsiecolibakterien handelte.

Ein Versuch mit dem Dyspepsiecoli 111:B4 an einem 2 Monate alten Säugling mit multiplen kongenitalen Defekten, inklusive des Gehirns, ist von Neter und Shumway mitgeteilt worden. Das Kind, das vorher keine derartigen Keime im Stuhl hatte, bekam nach Verabreichung von etwa 100 Mill. Keimen mit der Flasche innerhalb 24 Std. eine schwere Diarrhoe mit Gewichtssturz. Am folgenden Tage waren die verabreichten Keime in geringer Zahl im Rachenabstrich und in großer Menge im Stuhl nachweisbar. Nach Behandlung mit Terramycin verschwanden die klinischen Erscheinungen sowie die Keime innerhalb 48 Std. aus dem Stuhl. Ein Kontrollcolistamm, vor dem eigentlichen Versuch verabreicht, hatte keine Wirkung.

Nun kann als sicher angesehen werden, daß die Verabreichung normaler Colistämme an Säuglinge, jedenfalls in nicht allzu großen Mengen, keinerlei Krankheitserscheinungen auslöst. Die häufig zitierten Versuche von Mertz (1920) mit dem Mutaflorcoli von Nissle hatten zwar bei einigen Säuglingen zu schweren Ernährungsstörungen geführt, jedoch nur, wenn sehr hohe Dosen, etwa der Erwachsenendosis entsprechend, wiederholt verabreicht wurden. Nach Reduzierung der Keimzahl auf ein dem Säuglingsalter entsprechendes Maß erwiesen sich die Mutaflorcolikeime als völlig harmlos. BRAUN gab den Mutaflorcoli (75000—300 Mill. Keime) mit der Flasche 2 darmkranken und 7 darmgesunden Säuglingen. In keinem Fall jedoch wurde irgendeine schädliche Wirkung gesehen. KLEIN (1920) verabreichte einen Colistamm, der sich durch besondere Malachitgrünfestigkeit auszeichnete, an darmkranke und gesunde Säuglinge. Es traten keinerlei klinische Folgen auf, obwohl der Stamm bis zu 17 Tagen im Stuhl nachweisbar war. Diese experimentellen Untersuchungen stehen in Übereinstimmung, mit den Ergebnissen von JASCHKE, die trotz starker Verunreinigung der Flaschennahrungen mit Colibakterien bei Säuglingen außerhalb der Klinik keine Dyspepsien auftreten sah.

Es läßt sich also mit einiger Reserve sagen, daß die Dyspepsiecolistämme beim Säugling auch auf dem Wege künstlicher Infektion pathogen wirken, während dies mit normalen Colistämmen verschiedener Provenienz nicht möglich ist. Die Einschränkungen müssen allerdings darin gesehen werden, daß in den Versuchen von SCHEER [5, 6] nicht bewiesen ist, daß es sich tatsächlich um Dyspepsiecolibakterien handelte; in den Versuchen von NETER und SHUMWAY liegen die Schwierigkeiten in der Beurteilung darin, daß es sich bei dem Probanden um ein schwer congenital geschädigtes Kind handelte, von dem aus nicht ohne weiteres Schlüsse auf normale Kinder gezogen werden dürfen.

Mehr Beweiskraft kommt daher den *Versuchen an freiwilligen Erwachsenen* zu, wobei man wohl von der Voraussetzung ausgehen darf, daß Colistämme, die für den Erwachsenen im Experiment pathogen sind, für den Säugling die gleiche Wirkung besitzen.

Derartige Versuche sind bisher von KIRBY u. a., BRAUN und HENCKEL [2], BRAUN und RESEMANN sowie von FERGUSON und JUNE gemacht worden. Die Versuche von KIRBY u. a. hatten folgendes Ergebnis: Sie verwandten den Stamm D 433 (111:B4), der 11 Monate vorher aus dem Stuhl eines schweren Falles von Gastroenteritis gezüchtet worden war. Der Stamm war zwei verschiedene Wege gegangen. Stamm A war eine Subkultur des über lange Intervalle bei Zimmertemperatur auf Agarplatten fortgezüchteten Ausgangsstammes. Stamm B war eine Subkultur der bei Eisschranktemperatur gehaltenen Dauerkultur. Die angewandten Dosen betrugen etwa 2 Milliarden Keime. Die Verabreichung erfolgte in Milch etwa 1—2 Std. vor den Mahlzeiten. Die erste Versuchsserie betraf 9 Freiwillige. 3 bekamen den Stamm A, 3 den Stamm B und 3 das unbeimpfte Nährmedium als Kontrolle. Die einzelnen Gruppen blieben in Unkenntnis über die Art des verabreichten Materials. Von der 1. Gruppe bekamen 2 Personen Leibgrimmen am selben Abend, 1 Person hatte auch dünne Stühle. Am nächsten Tag hatten alle Personen Leibgrimmen und Diarrhoe. Es bestand eine mäßige Anorexie, aber kein Erbrechen. Am folgenden Tag waren alle Personen wieder gesund. In den Stühlen befand sich der verabreichte Colistamm in großen Mengen. Die zweite Gruppe erhielt den Stamm B (alte Dauerkultur). Von diesen Versuchspersonen erkrankte keine, 2 bekamen aber einen positiven Stuhlbefund. Auch die Kontrollgruppe blieb erscheinungsfrei. Weder bei den Erkrankten noch bei den Nichterkrankten wurden im Blutserum verwertbare Agglutinintiter nachgewiesen. Bei einer zweiten Versuchsserie mit dem Stamm A (D 433) sowie mit einem Stuhlcolistamm ohne biochemische oder serologische Beziehungen zu D 433 erkrankte von 3 Probanden mit dem Stamm A eine Person an Erbrechen und Diarrhoe, die 2 anderen Versuchspersonen sowie 6 weitere, die den Kontrollcolistamm erhalten hatten, blieben gesund.

Ähnliche Versuche mit E. coli 55:B5 und 111:B4 wurden von BRAUN und HENCKEL [2] mitgeteilt. Die Keimzahlen waren hierbei wesentlich geringer als in den Versuchen von KIRBY u. a. und betrugen nur etwa 30 Mill. Keime (1 Tropfen einer 24stündigen Bouillonkultur). Die Verabreichung erfolgte nach vorheriger Abstumpfung der Magen-HCl mit Natrium-Bicarbonat in Milch oder Tee. 3 Personen erhielten E. coli 111:B4 (etwa 11 Monate alter Laborstamm). Von diesen 3 Personen bekam eine Vp. am Abend des Versuchstages heftiges Leibgrimmen, sonst keine Erscheinungen. Die beiden anderen Vp. blieben frei von Erscheinungen. Bei der leicht erkrankten Vp. sowie bei einer weiteren erschien der verabreichte Stamm am nächsten Tag auch im Stuhl. Er war bei einer Vp. bis zu 4 Tagen nachweisbar. Die nächste Gruppe von 3 Versuchspersonen erhielt E. coli 55:B5. 1 Vp. bekam am Abend des gleichen Tages heftiges Leibgrimmen mit mehreren durchfälligen Stühlen in der folgenden Nacht und am anderen Tage. Nach 24 Std. waren die Krankheitserscheinungen verschwunden. Die Erreger waren in Reinkultur im Stuhle nachweisbar. 1 weitere Vp. bekam am nächsten Tage etwas dünnere Stühle, jedoch konnten die Erreger im Stuhle nicht nachgewiesen werden.

Eine 3. Vp. blieb ohne Krankheitserscheinungen und Erregernachweis im Stuhl. Bei keiner der Vp. konnten Agglutinine im Blutserum nachgewiesen werden.

Die 3 Personen, die den Kontrollcolistamm erhielten, blieben ganz gesund (als Kontrollstamm diente der Mutaflorcoli von Nissle). Bei 2 dieser Personen war etwa das 100fache der Keimzahlen verabreicht worden, die wir in den Dyspepsiecoliversuchen anwandten. Die Versuchspersonen wurden jedesmal in Unkenntnis darüber gelassen, ob sie zur Kontrollgruppe gehörten oder nicht.

In den interessanten Versuchen von Ferguson und June mit dem Dyspepsiecoli 111:B4 wurden sicherere Ergebnisse erzielt als in den eben erwähnten Untersuchungsreihen. (Die Versuche wurden an 58 Insassen eines Gefängnisses ausgeführt, 56 dienten als Kontrolle. Es bestand für die Versuchspersonen Isolierungsmöglichkeit in Einzelzellen.) Es konnte nachgewiesen werden, daß eine direkte Beziehung besteht zwischen der Höhe der verabreichten Dosis und der Schwere des klinischen Erscheinungsbildes. Ferguson und June haben die in Tabelle 12 zusammengefaßten Resultate erhalten.

Interessanterweise konnten in den Seren erkrankter Personen während der Rekonvaleszenz Agglutinintiter, teilweise von beträchtlicher Höhe, festgestellt werden. Dabei zeigte sich eine gewisse Abhängigkeit der Titerhöhe von der Größe der verabreichten Keimdosis. Je höher die infizierende Dosis, desto größer die Regelmäßigkeit des Agglutininnachweises und die Titerhöhe.

Nach den vorliegenden Versuchen kann also wohl mit Sicherheit gesagt werden, daß die *Colistämme der Gruppe 55 und 111 im Experiment am Erwachsenen eine pathogene Wirkung gezeigt* haben, die mit normalen Colistämmen nicht zu erzielen ist. Wohl braucht man hierzu, wie in den Versuchen von Kirby u. a. oder Ferguson und June relativ hohe Dosen, doch haben die Versuche von Ferguson und June sowie unsere eigenen Versuche gezeigt, daß auch mit geringeren Keimzahlen noch Krankheitserscheinungen ausgelöst werden können. Daß nicht regelmäßig alle Probanden erkrankt sind, war wohl bei solchen Versuchen von vornherein zu erwarten. Wir dürfen nur daran erinnern, daß in den bereits erwähnten Versuchen von Hormaeche, Peluffo und Aleppo mit S. typhimurium von 5 Personen nur eine erkrankte (4 Mrd. Keime verabreicht!). Ähnlich verhält es sich mit den Versuchen von McCollough und Weslly Eisele mit S. anatum, S. meleagridis, S. newport und S. pullorum. Sie wiesen noch besonders auf die von Stamm zu Stamm wechselnde infektiöse Dosis hin. Auch hier ging die Häufigkeit der klinischen Erscheinungen mit der Höhe der verabreichten Dosis parallel.

Man muß also das Auftreten von Krankheitserscheinungen mit so relativ kleinen Zahlen wie 30 Mill. Keimen (bei Ferguson und June sogar nur 7 Mill. Keime!) für sehr bemerkenswert ansehen. In diesem Zusammenhang ist auch die von Braun und Resemann vorgenommene Prüfung des Colistammes der Gruppe 86 interessant, der sowohl in Heidelberg als auch in London von Taylor aus den Stühlen dyspeptischer Kinder gezüchtet wurde (s. S. 110). Wir verabreichten an 4 Versuchspersonen 30 Mill. Keime (nach vorheriger Abstumpfung der Magen-HCl) in Milch oder Tee, eine weitere Versuchsperson erhielt den unbeimpften Nährboden, wobei die einzelnen Vp. wieder in Unkenntnis über die Art des verabreichten

Tabelle 12. *Versuche an freiwilligen Erwachsenen mit E. coli* 111:B4 (von Ferguson u. June).

Keimzahl	Erkrankungen
9 Milliarden	3mal schwere Enteritis
	7 „ mäßige „
	2 „ geringe „
6,5 Milliarden	5 „ schwere „
	2 „ mäßige „
	4 „ geringe „
530 Millionen	0 „ schwere „
	1 „ mäßige „
	7 „ geringe „
	4 „ keine „
7 Millionen	0 „ schwere „
	0 „ mäßige „
	7 „ geringe „
	4 „ keine „
Kontroll-Stamm 9 Milliarden	11mal keine Krankheit

Materials blieben. Zwei der Versuchspersonen erkrankten innerhalb 12 Std. an einer schweren Enteritis mit zahlreichen dünnen, wäßrigen Stühlen sowie Erbrechen und Fieber bis zu 39°C. Nach 48 Std. waren die Krankheitserscheinungen wieder verschwunden, es bestand aber noch für einige Tage ein Schwächegefühl. Eine weitere Versuchsperson bekam Leibgrimmen und wenige dünne Stühle. Bei allen 3 traten die Keime in Reinkultur im Stuhle auf. Die 4. Vp. sowie die Kontroll-Vp. blieben ohne Krankheitserscheinungen und ohne Erregernachweis im Stuhl. Agglutinine konnte bei keiner der erkrankten Vp. nachgewiesen werden. Eine zweite Versuchsreihe von 4 weiteren Personen erhielten denselben Keim ohne vorherige Abstumpfung der Magen-HCl (ebenfalls 30 Mill.). Hierbei erkrankte nur eine Versuchsperson leicht an Leibgrimmen und dünnen Stühlen, die anderen 3 blieben erscheinungsfrei. Bei der erkrankten Vp. sowie bei zwei weiteren konnten die Keime im Stuhl nachgewiesen werden. Auch ein Stamm der Gruppe O 26:B6 wurde mit einer Dosis von 30 Mill. Keimen an 3 freiwilligen Erwachsenen geprüft. Hierbei traten keinerlei Krankheitserscheinungen auf. Wenn auch zur endgültigen Beurteilung der Erregerfrage der Stämme dieser Gruppe noch weitere Untersuchungen, vor allem mit größeren Keimzahlen, notwendig wären, so möchten wir doch auf Grund der bisher vorliegenden Untersuchungsergebnisse die Pathogenität der Stämme dieser Gruppe noch offen lassen, während sie uns für die Stämme der Gruppe 86 ebenso wie die Stämme der Gruppe 55 und 111 erwiesen erscheint.

Die geschilderten Versuche am Säugling sowie am Erwachsenen sind unseres Erachtens von grundsätzlicher Bedeutung, da hiermit die HENLE-KOCHschen Postulate (Nachweis *derselben* Keime bei den Erkrankten, Reinzüchtung auf festen Nährböden, Erzeugung des gleichen Krankheitsbildes mit dem reingezüchteten Keim bei Mensch oder Tier) vollständig erfüllt wurden. Auch vor Ausführung dieser Versuche hatten die lückenlosen Infektketten gestattet, die dritte Bedingung von HENLE-KOCH als erfüllt anzusehen, so daß jetzt die Epidemiologie gewissermaßen ihre experimentelle Bestätigung erfahren kann. Freilich sind damit noch nicht alle Probleme gelöst und die Erregernatur noch nicht endgültig geklärt, da natürlich auch gegen die Versuche an den Erwachsenen mancherlei Einwände gemacht werden könnten. Jedoch kann zumindestens für den Erwachsenen, mit der gleichen Sicherheit wie bei den Salmonellen, die anerkanntermaßen als pathogen gelten, gesagt werden, daß es sich bei den Dyspepsiecolibakterien um echte pathogene Darmkeime handelt.

Die Frage, warum gerade diesen Colitypen im großen Kreis des Genus Escherichia eine krankmachende Wirkung zukommt, kann noch nicht beantwortet werden. Bis jetzt ist weder der Nachweis eines besonderen biochemischen noch eines besonderen biologischen Verhaltens der Keime im Tierexperiment gelungen. Die von ADAM und Mitarbeitern angenommene spezifische Epithelaffinität der Dyspepsiecolibakterien ist auch nur ein Erklärungsversuch, sagt uns aber nichts über das Wesen der Pathogenität aus. Die alten Versuche, die Pathogenese der Coliinfektion durch die Bildung biogener Amine (KELLER [2], ROSKE, RÖTHLER, SCHIFF und KOCHMANN) zu erklären, können zur Erklärung der Pathogenität der Dyspepsiecolibakterien natürlich ebenfalls nicht herangezogen werden, da die Aminbildung nicht allein für diese Colibakterien spezifisch ist. Das gleiche gilt auch für die Theorien, die sich um das Coliendotoxin ranken (BESSAU u. a.), da auch dieses bei allen gewöhnlichen Colibakterien vorhanden ist. So müssen wir zugeben, daß uns das Wesen der Pathogenität — wie übrigens bei den meisten anderen pathogenen Mikroorganismen — noch verschlossen ist. Hier werden vielleicht erst sehr komplizierte biochemische und fermentchemische Untersuchungen einmal eine Aufklärung schaffen können.

f) Infektbahnung.

Der Nachweis der Pathogenität der Dyspepsiecolibakterien beim Menschen löst indessen nicht alle klinischen und epidemiologischen Probleme. Letztlich ist auch nach den vorliegenden Versuchen nicht 100%ig sicher, ob diese Keime wirklich das primäre Agens bei der Auslösung der Dyspepsie sind. So ist doch z. B. von der Schweinepest, die eine Virusinfektion ist, bekannt, daß eine strenge Symbiose des spez. Virus mit S. cholerae suis besteht (BADER [1]). Ein weiteres Beispiel aus der Veterinärmedizin wäre die Symbiose zwischen dem Maul- und Klauenseuchen-Virus und den Breslaubakterien (KÖBE und HEINIG, WITTE, WOLF [1]). Auch beim Scharlach wird von BINGEL [2] angenommen, daß die hämolytischen Streptokokken nur eine obligate Begleiterscheinung einer primären Virusinfektion seien. So ist von verschiedenen Autoren der Gedanke geäußert worden, daß auch die Dyspepsiecolibakterien möglicherweise nur als Begleiterscheinung einer primären Virusinfektion aufzufassen wären (BRAY, GILES und SANGSTER, BUTTIAUX u. a. [2]). Dieser berechtigte Einwand kann bis jetzt nur auf Grund spärlicher Versuche entkräftet werden. TAYLOR u. a. zitieren Versuche von McCALLUM, der mit Ultrafiltraten aus den Organen verstorbener Kinder (Gehirn, Dünndarm, Darminhalt) bei Mäusen Ratten, Meerschweinchen und jungen Schweinen, z. T. nach intracerebraler Passage an Mäusen, keinerlei Anhaltspunkte für die Existenz eines Virus auffinden konnte. Desgleichen kamen auch GILES und SANGSTER, die mit Faecalfiltraten an jungen Mäusen und Kücken arbeiteten, zu negativen Ergebnissen. So möchten wir glauben, die gleichzeitige Existenz einer spezifischen Virusinfektion ablehnen zu können, zumal nach unseren bisherigen Kenntnissen über die Pathogenität der Dyspepsiecolibakterien in Reinkultur keine zwingende Notwendigkeit zur Annahme eines Virus besteht und auch die anfänglich an eine Virusinfektion erinnernde Übertragungsweise inzwischen aufgeklärt werden konnte. Trotzdem müßten zur endgültigen Entkräftung dieser Theorie weitere Versuchsanordnungen wie die von LIGHT und HODES am Kalb oder die von REIMANN, PRICE und HODGES an freiwilligen Erwachsenen durchgeprüft werden (s. S. 160).

Wegen des jahreszeitlichen Zusammenfallens von Grippeerkrankungen und epidemischen Säuglingsenteritiden, wurde verschiedentlich die Vermutung geäußert, daß das Grippevirus selbst das ursächliche Agens sei, etwa im Sinne der „Grippetoxikose" (KÜPPER) oder der „enteralen Grippe" (DUKEN u. a.). Für die Dyspepsiecoliinfektionen wird man eine solche Möglichkeit sicher ablehnen können, da man sonst eine *strenge Korrelation* zwischen Enteritis und grippalen Infekten auffinden müßte. Es konnte jedoch von BRAUN und HENCKEL [1,2] sowie von SMITH, GALLOWAY und SPEIRS gezeigt werden, daß eine solche strenge Korrelation nicht besteht. Das Zusammentreffen von Coliinfektionen und grippalen Infekten kam nicht häufiger vor als bei den darmgesunden Kindern oder den gewöhnlichen Dyspepsien. Die gleiche Feststellung wurde auch schon früher bei der epidemischen Neugeborenen-Diarrhoe gemacht (v. CANON).

Diese Feststellungen berühren jedoch nicht die Frage der *unspezifischen Infektbahnung durch die grippalen Infekte*. Klinisch wird immer wieder der Eindruck gewonnen, daß diese eine solche Rolle übernehmen können. Die Bedeutung der Grippe bei der Bahnung bakterieller Darmerkrankungen ist von BALLOWITZ experimentell studiert worden. Durch kombinierte Infektion von Influenzavirus mit Paratyphus B oder Bang-Bakterien gelang es eine Enteritis bei weißen Mäusen zu erzeugen. Bei der Infektion mit den Einzelkomponenten (Virus oder Bakterien) waren weder makroskopisch noch mikroskopisch Veränderungen am Darm nachweisbar. BALLOWITZ schloß aus diesen Versuchen, daß unter dem Einfluß der

Grippeinfektion sonst für die Maus per os apathogene oder indifferente Keime krankmachend wirken. Räumt man den grippalen Infekten bei der infektiösen Colienteritis eine solche Bedeutung ein, so wird man die merkwürdige jahreszeitliche Häufung der Dyspepsiecoliinfektion leichter verstehen können. Das zeitliche Zusammentreffen der Enteritisepidemien mit der Grippe erklärte sich somit durch eine Erhöhung der Disposition durch Infektbahnung und eine erleichterte Übertragbarkeit der Erkrankung bei vermehrter Abgabe der Keime an die Luft bei Hustenstößen und Niesen. Freilich müßte man bei der Richtigkeit einer solchen Annahme ebenfalls eine mathematische Korrelation zwischen Colienteritis und Grippe verlangen, wogegen die erwähnten Untersuchungen von BRAUN und HENCKEL [1, 2] sowie SMITH, GALLOWAY und SPEIRS zu sprechen scheinen. Das Material dieser Autoren ist aber zur Entscheidung einer solchen Frage, vor allen auch zur Aufdeckung einer nur geringfügigen Korrelation, sicher noch nicht groß genug.

Neben den grippalen Infekten wird man *auch anderen Krankheiten* z. B. seitens der Ohren, der Lunge und der Harnwege eine *infektbahnende Wirkung* zuerkennen müssen. Hierdurch erscheint der Begriff der sog. parenteralen Dyspepsie in einem anderen Licht. Nach dieser Auffassung würde es sich also bei den parenteralen Dyspepsien nicht um eine Fernwirkung vom Focus auf den Darm handeln, entweder durch Vermittlung bakterieller Toxine oder des vegetativen Nervensystems (STENGER [1, 2]), sondern um eine unspezifische Infektbahnung, die die Widerstandskraft des Makroorganismus gegen pathogene Darmkeime herabsetzt. Die Verminderung der humoralen Abwehrkräfte des Magen-Darm-Kanals (Bactericidie), die von BRAUN und LEHNERT bei einer Reihe von parenteralen Erkrankungen nachgewiesen wurde, ist nur ein faßbarer Indikator dieses Geschehens. Auch äußere Einflüsse, wie Änderung der Nahrung oder des Milieus (z. B. bei Entlassung aus der Klinik) können offenbar infektbahnende Wirkung haben.

Die Auffassung von ADAM [6] von der infektiösen Entstehung der parenteralen Dyspepsie erhält durch diese Verhältnisse eine gute Stütze. Sie erfährt aber eine Einschränkung dadurch, daß von einer Infektbahnung natürlich nur bei infektiösen Enteritiden gesprochen werden kann. Wir möchten noch einmal betonen, daß wir obige Auffassungen über die parenterale Dyspepsie nur in diesem Sinne verstanden haben wollen. Bei der großen Anzahl gewöhnlicher parenteraler Dyspepsien, ohne Nachweis pathogener Darmkeime im Stuhl, bleiben alle Erklärungsmöglichkeiten im früheren Sinne nach wie vor offen. Allerdings muß die Zahl der parenteralen Dyspepsien eine gewisse Einschränkung erfahren, da wir glauben, daß manches, was früher als parenterale Dyspepsie angesehen wurde, in Wirklichkeit Coliinfektionen gewesen sind.

Die Anerkennung der Bedeutung einer unspezifischen Infektbahnung vermag die Tatsache, daß die Dyspepsiecolibakterien pathogene Darmkeime sind, in keiner Weise abzuschwächen, sie stützt sie vielmehr, da hiermit eine weitere wichtige Parallele zu vielen bekannten Infektionskrankheiten, vor allem aber wieder zu den Salmonellosen aufgezeigt wird. Die Bedeutung der unspezifischen Infektbahnung im Bereich der Salmonellosen tritt am deutlichsten bei dem auch sonst in epidemiologischer Hinsicht außerordentlich interessanten Paratyphus C zutage (BADER [3]). Hier fiel schon früh auf, daß dieser in einer großen Anzahl von Fällen nicht als selbständige Krankheit, sondern vorwiegend im Gefolge von Infektionen, besonders Malaria, Rückfallfieber, Ruhr, Typhus, Fleckfieber u. a. auftritt, wobei ebenfalls eine unspezifische Infektbahnung auf der Grundlage der allgemeinen Resistenzminderung angenommen wurde (BADER [3]). Bestätigt wird diese Ansicht durch die Beobachtung von BIELING, daß auch Injektionen von Pyrifer und Vaccinen zum Ausbruch des Paratyphus C führen können (zit. nach Bader [1]). Niemand wird aus solchem Verhalten einen Zweifel an der Erregernatur der Parathyphus C-Bakterien in Erwägung ziehen wollen. Wir glauben nun zwar nicht, daß die Gesetzmäßigkeiten der Infektbahnung bei der infektiösen Colienteritis so streng sind wie beim Paratyphus C, halten aber diese Möglichkeit doch bei vielen Fällen für gegeben.

VIII. Therapeutische Probleme.

Die Fortschritte in der Erkenntnis der Coliinfektionen des Säuglingsalters liegen nicht nur auf theoretischem Gebiet, sondern auch in der Therapie auf der Hand. Ja, hier sind gerade in den letzten Jahren durch die Einführung der Antibiotica so große Erfolge erzielt worden, daß man heute vor der Lösung des Problems der optimalen Therapie der Säuglingsenteritiden überhaupt steht. Man geht sicher nicht zu weit, hierin einen der größten Fortschritte der Pädiatrie der neueren Zeit zu erblicken. Freilich bahnt sich hier eine neue Auffassung an, die in einem gewissen Gegensatz zu den Auffassungen der letzten Jahrzehnte steht, die es geradezu als besondere Errungenschaft ansah, daß die Zeit der medikamentösen Behandlung der Dyspepsie durch eine optimale diätetische Therapie überwunden war (Czerny). Nun sind zwar durch diese zweifellos große Erfolge erzielt und in theoretischer Hinsicht ist die Säuglingsheilkunde stark befruchtet worden. Sie hat natürlich auch heute noch ihre volle Geltung, und es kann auf sie trotz der Therapie mit Antibioticis nicht verzichtet werden. Trotzdem vereinfacht sich die Diätetik durch die gleichzeitige spezifische Behandlung ganz wesentlich, und vieles, was früher als wichtig angesehen wurde, kann heute eine Einschränkung erfahren. Es kann nicht Aufgabe dieser Arbeit sein, auf das ganze therapeutische Rüstzeug der akuten Dyspepsien und damit der infektiösen Colienteritiden einzugehen. Hier sollen nur die Probleme berührt werden, die die Bekämpfung der Infektion und ihres spezifischen Erregers zum Ziele haben.

Die Therapie mit Antibioticis ist weitgehend eine spezifische, wie die Versuche in vitro und die klinischen Erfolge bei der infektiösen Colienteritis zeigen. Demgegenüber sind heute andere spezifische Verfahren in den Hintergrund getreten. Hierher gehört z. B. die in früherer Zeit öfters versuchte, aber nie mit eindeutigem Erfolg durchgeführte Serumtherapie mit antitoxischem Coliserum (Hamburger), auch in der Form eines spez. Antidyspepsiecoliserums (Adam u. Chen Hung Ta). Die bei der epidemischen Neugeborenen-Diarrhoe von High, Anderson und Nelson versuchte Therapie mit γ-Globulin blieb völlig ohne Erfolg. Auch die von Scheer und Abraham vorgeschlagene Therapie mit Colivaccinen dürfte heute keinerlei Bedeutung mehr haben, es sei denn, daß die von Adam versuchte Prophylaxe mit Dyspepsiecolivaccinen sich von Wert erweisen sollte. Von Eckstein und Dogramaci wurden bei Sommerdurchfällen in der Türkei günstige Erfolge von Bakteriophagen gesehen, aber auch dieser Weg hat heute keine nennenswerte praktische Bedeutung mehr. So seien die folgenden Ausführungen Gegenstand der spezifischen antibakteriellen Therapie mit Chemotherapeuticis und Antibioticis.

a) Chemotherapie.

Die großen Erfolge der *Sulfonamidtherapie* der Ruhr der Erwachsenen ermutigten dazu, diese auch auf dem Gebiet der akuten Ernährungsstörungen des Säuglings anzuwenden. Die Bedeutung der Colibakterien bei dieser Erkrankung — sei es nun im Sinne der endogenen oder der spez. Dyspepsiecoliinfektion — ließ es als aussichtsreich erscheinen, durch Beeinflussung des bakteriellen Faktors die Ursache auszuschalten, oder doch wenigstens eine Besserung einzuleiten. Die Empfindlichkeit der Colibakterien gegenüber Sulfonamiden wurde von STICKL und GÄRTNER untersucht, die nicht nur eine bakteriostatische Wirkung, sondern ähnlich wie NACCARI, auch einen degenerativen Einfluß der Sulfonamide im Sinne des Verlustes biochemischer Funktionen feststellen konnten. Auch die Untersuchungen von ARLOING u. a. sowie KAUFFMANN und SCHMITT ergaben die Wirksamkeit der Sulfonamide gegenüber B. coli, wobei nach ersteren das Sulfapyridin, nach letzteren besonders das Sulfathiazol besonders wirksam sein soll. Nach THEMANN ist die wachstumshemmende Wirkung des Globucids noch größer als die des Sulfathiazols. Elektronenoptisch konnte er degenerative und morphologische Veränderungen der Keime unter Sulfonamideinwirkung feststellen. Durch diese Untersuchungen schien die klinische Prüfung der Sulfonamide bei den Säuglingsenteritiden durchaus sinnvoll. Die erzielten Erfolge sind jedoch nicht eindeutig. Günstiges wurde bei den nichtepidemischen Gastroenteritiden von MURANO (Sulfathiazol), MONTERO und RODRIGUEZ (Sulfadiazin, Sulfathiazol) gesehen. MENGER erreichte bei schweren Intoxikationen durch Sulfathiazol eine Senkung der Letalität um 41 %. MEYER ZU HÖRSTE [1] wiederum konnte eine Wirkung des Supronals nur bei den parenteralen, jedoch nicht bei den alimentären Dyspepsien feststellen. Völlig negative Resultate wurden von COOPER u. a. mit Sulfathiazol und von KLOSE mit Pyrimal erhalten. Etwas einheitlicher in der Beurteilung sind die infektiösen Säuglingsenteritiden, bei denen im allgemeinen das Sulfathiazol günstig wirken soll (ANDERSON, LEFF, SCHIMANSKY, WUNDERWALD, GOETERS, ROBERT).

Bessere Ergebnisse versprach man sich von der Verwendung *schwerlöslicher Sulfonamidpräparate*, da diese infolge ihrer geringen Resorbierbarkeit weniger toxisch wirken und am Orte der Erkrankung im Darm eine höchste Konzentration entfalten (MARSHALL u. a.). Die bisher bekannt gewordenen Präparate sind das Sulfaguanidin, das Formo-Sulfathiazol, das Phthalylsulfathiazol sowie das Succinylsulfathiazol. Alle wirken stark auf die Darmflora, das Succinylsulfathiazol soll jedoch die stärkste Wirkung entfalten (SCHOLTEN). Günstige Erfolge bei verschiedenen, auch schweren Säuglingsdyspepsien, wurden auch mit diesen Präparaten berichtet (STICCA und ROSSI, HENDERSON, ANDERSON und NELSON, HOTTINGER, AUENMÜLLER und HUNGERLAND, LEVY, COCOZZA und FEROLA, NITSCH und ADAMEK, ABDEL-KALEK u. a.). WEIHE hinwiederum fand das Succinylsulfathiazol bei Intoxikationen völlig wirkungslos. Nach FORNARA, SCHOLTEN sowie BLATT u. a. soll überhaupt kein Unterschied in der Wirkung zwischen den gewöhnlichen und den schwerlöslichen Sulfonamiden bestehen. Wir möchten dieser Meinung beipflichten, handelt es sich doch bei den Darminfektionen nicht nur um einen Prozeß innerhalb des Darmlumens, sondern auch innerhalb der tiefen Schichten der Darmschleimhaut (ADAM und FROBOESE, ILGNER). Man kann sich also gut vorstellen, daß die Wirkung der Sulfonamide vom Blut her ebenso wichtig ist wie vom Darmlumen aus, bei den schwerlöslichen Präparaten aber wird möglicherweise der Prozeß in der Darmschleimhaut selbst nicht optimal beeinflußt. Die günstigen Erfahrungen der Sulfathiazoltherapie bei der Bakterienruhr sprechen für diese Auffassung. Das gleiche Problem besteht schließlich auch für die schwer vom Darm aus resorbierbaren Antibiotica wie das Streptomycin. Wir sehen in der schlechten Resorbierbarkeit daher nicht unbedingt einen Vorteil. Im ganzen gesehen kann man wohl sagen, daß die Wirkung der Sulfonamide bei den Säuglingsdyspepsien nicht so überzeugend ist, daß damit die therapeutischen Probleme gelöst werden könnten. Von allen

Autoren wird die gleichlaufende strenge diätetische Therapie als erforderlich angesehen. Diese Erfahrungen decken sich mit denen aus der Heidelberger Klinik.

Ob die Wirkung der Sulfonamide bei der Säuglingsdyspepsie ausschließlich eine antibakterielle ist, kann nicht sicher gesagt werden. Wohl haben Schwarz und Bonezzi eine „Normalisierung" der vorher „krankhaften" Darmflora gefunden, unter der Behandlung wichen die atypischen Colibakterien den typischen Formen. Nitsch und Adamek konnten feststellen, daß unter der Sulfaguanidintherapie die Saccharosevergärer und Gelatineverflüssiger aus dem Stuhl verschwanden, gleichzeitig wurde auch der Duodenalsaft frei von Colibakterien. Neben diesen antibakteriellen Wirkungen sollen auch noch pharmakologische Effekte wirksam sein. Enders konnte zeigen, daß Cibazol und Eubasin eine Hemmung der Peristaltik des Kaninchendarmes in situ zur Folge haben, während Albucid, Debenal und Tibatin diesen Effekt erst bei höheren Konzentrationen hervorriefen. Da die Darmbeeinflussung auch am isolierten Darm auftritt, wird angenommen, daß sie peripherer Natur ist. Nassau [1] konnte interessanterweise feststellen, daß dem Cibazol eine wasserbindende Funktion zukommt. Danach wäre es möglich, daß neben den antibakteriellen Eigenschaften der Sulfonamide auch gewisse pharmakologische und physikalische Effekte für die Wirkung bei Darmerkrankungen verantwortlich sein können.

Über die *Wirkung der Sulfonamide auf die Dyspepsiecolibakterien* in vitro und in vivo liegen bis jetzt nur wenige Untersuchungen vor. Gutheil prüfte das Sulfaguanidin an 14 Stämmen der Gruppe 111:B4, die von Kindern stammten, die klinisch nicht gut auf die Sulfaguanidintherapie angesprochen hatten. Nur 1 Stamm erwies sich empfindlich, die anderen waren resistent. Rogers, Koegler und Gerrard fanden die Sulfonamide therapeutisch bei der Infektion mit „B.G.T." völlig wirkungslos. Braun und Henckel [2] prüften das Supronal bei verschiedenen Stämmen der Gruppe 55 und 111 und fanden bei einzelnen Stämmen eine gewisse Empfindlichkeit, andere waren völlig resistent. Dem entsprach auch manchmal der Eindruck einer gewissen klinischen Wirkung, die aber bei weitem nicht an die Erfolge der Antibiotica heranragte. Krepler und Zischka fanden ebenfalls in vitro das Supronal sowie das Badional gegenüber E. coli 111:B4 von einer gewissen Wirksamkeit. Klinisch wurde jedoch, zumindestens bei den schweren Fällen kein überzeugender Effekt gesehen. Nach diesen Ergebnissen lohnen sich wohl weitere Versuche zur Prüfung der Sulfonamide bei der Dyspepsiecoliinfektion nicht, zumal zuverlässigere und weniger schädliche Mittel in den Antibioticis zur Verfügung stehen. Diese Befunde erklären aber auch, warum die Sulfonamide überhaupt einen so zweifelhaften Wert bei den Säuglingsdyspepsien haben. Die wichtigsten Erreger der Säuglingsdyspepsien, die pathogenen Colibakterien, sind eben relativ unempfindlich. So würden die Sulfonamide bei den leichten Formen vorzuschlagen sein, wie dies Cocozza u. Ferola tun, hier aber sind sie gut entbehrlich, da die diätetische Therapie allein genügend wirksam ist. Ergänzend sei hier angeführt, daß sich auch das Pyridin-3-Carbonsäure-oxymethylamid (Bilamid), das gegenüber Colibakterien wirksam sein soll (Acklin), bei den Dyspepsiecolibakterien sowohl in vitro als auch in vivo als völlig wirkungslos erwiesen hat (Braun, unveröffentlicht).

b) Die antibiotische Therapie.

Die antibiotische Therapie der akuten Ernährungsstörungen im allgemeinen sowie der inf. Colienteritiden im besonderen hat bisher so große Erfolge erzielt, daß eine genaue Besprechung derselben erforderlich ist, zumal sie eine wesentliche Stütze des Beweises der Erregernatur der pathogenen Colitypen darstellt.

1. Wirkungen in vitro.

Die für die Bekämpfung der Coliinfektionen des Darmes vorwiegend in Frage kommenden Antibiotica sind das Streptomycin, Aureomycin, Chloromycetin und das

Terramycin. Das Penicillin scheidet aus unseren Betrachtungen aus, da es gegenüber Colibakterien praktisch unwirksam ist. Einige weitere an sich wirksame Antibiotica wie das Neomyxin, Polymycin B, Circulin, Bacitracin und Aerosporin haben bis jetzt in der Behandlung der Säuglingsdyspepsien noch keinen praktischen Eingang gefunden. Das *Streptomycin* hemmt nach SCHATZ, BUGIE und WAKSMAN das Wachstum von Colibakterien in vitro bei 0,3—3,7 γ/cm³. Auch spätere Autoren (BUGGS, BRONSTEIN, HIRSHFELD und PILLING, MURRAY, PAINE und FINLAND, PULASKI und SPRING, DEBRÉ und MOZZICONACCI [1]) konnten bestätigen, daß die große Mehrzahl der Colistämme streptomycinempfindlich sind (bei etwa 8 γ/cm³). Weitere Untersuchungen haben aber gezeigt, daß die Zahl der streptomycin-resistenten Colistämme doch relativ hoch ist. So fanden z. B. SILVER und KEMPE nur 62% der untersuchten Stämme empfindlich zwischen 2—8 γ/cm³. Auch LÖSCHCKE und COCHLOVIUS sowie BRAUN (unveröffentlicht) fanden, daß Colistämme aus den Stühlen kranker Säuglinge etwa zur Hälfte primär resistent gegen Streptomycin zu sein pflegen. Von KNAPP wurde angegeben, daß die Empfindlichkeit von Colibakterien gegenüber Streptomycin durch Kombination mit Sulfonamiden gesteigert werden kann. Gegenüber *Aureomycin* sind fast alle Colistämme hochempfindlich. Bei etwa 1 γ/cm³ und darunter wird Wachstumshemmung erreicht. KAIPAINEN [1] gibt Hemmwerte für B. coli von 1,4 bis 15,6 γ/cm³ an. HARVEY u. a. fanden noch bei 0,75 γ/cm³ empfindliche Colistämme. Auch das *Chloromycetin* hat einen ähnlichen Effekt gegenüber B. coli. SMADEL gibt an, daß E. coli in vitro durch 2,5 γ/cm³ gehemmt wird, nach FISON und SINGER beträgt die Hemmkonzentration für alle Bakterien, die als Gastroenteritiserreger in Frage kommen 0,2—2 γ/cm³. Auch das *Terramycin* wirkt auf E. coli. KAIPAINEN [1, 2] gibt als Hemmdosis für Colibakterien 0,97—3,9 γ/cm³ an. Primär resistente Colistämme gegen die drei letztgenannten Antibioticis gehören zu den Seltenheiten.

Die *Empfindlichkeit der Dyspepsiecolibakterien* in vitro ist bisher nur von wenigen Autoren studiert worden.

GUTHEIL fand unter 14 geprüften Stämmen der Gruppe 111:B4 nur 3, die mehr oder weniger empfindlich gegenüber Streptomycin waren, alle anderen waren völlig resistent. Die Stämme waren aber hochempfindlich gegenüber Aureomycin und Chloromycetin. Auch NETER [2, 3, 4] u. a. fanden unter 12 Stämmen der Gruppe 111:B4 nur 4 empfindlich und 2 mäßig empfindlich gegenüber Streptomycin. In der Gruppe 55 waren beide der geprüften Stämme streptomycinempfindlich. Gegenüber Aureomycin, Chloromycetin und Terramycin waren alle Stämme hochempfindlich, gegenüber Bacitracin und Penicillin unempfindlich. Die von GRÖNROOS geprüften Stämme der Gruppe 111 (D 433) waren resistent gegen Streptomycin, jedoch empfindlich gegen Aureomycin und mäßig empfindlich gegen Sulfathiazol. Zur Frage der Streptomycinempfindlichkeit der Dyspepsiecolibakterien der Gruppe 111 wurde von FERGUSON und Mitarbeitern ein interessanter Beitrag geleistet. Sie fanden, daß die salicinpositiven Varianten dieser Gruppe alle streptomycinempfindlich seien, während die salicinnegativen Varianten völlig resistent waren. Gegenüber Aureomycin, Chloromycetin und Terramycin waren zwar alle Stämme empfindlich, die salicinnegativen waren aber etwas resistenter. Bei Neomycin, Polymyxin B und Circulin wurden keine derartigen Beziehungen gefunden. Sie waren durchweg wirksam gegen die geprüften Stämme der Gruppe 111:B4. Nun sind auch von PAINE und FINLAND bei Klebsiella pneumoniae derartige Beziehungen gefunden worden, indem dulcitvergärende Varianten streptomycinempfindlich waren, während die streptomycinunempfindlichen Varianten das Dulcit nicht angriffen. Nach NEWCOMB und NYHOLM ist die Streptomycinresistenz von Colibakterien verbunden mit der Vergärung von Maltose, Xylose, D-Galaktose und L-Arabinose. Auch durch GEIGER ist bekannt geworden, daß Zusammenhänge zwischen der Streptomycinempfindlichkeit bestimmter Bakterienstämme und ihrer Stoffwechselaktivität bestehen, auf die hier nicht näher eingegangen werden kann. Die von FERGUSON und Mitarb. gemachten Beobachtungen sind an unserer Klinik von SACKREUTHER nachgeprüft worden. Bei 20 Stämmen der Gruppe 111:B4 fand sich, in Übereinstimmung mit KAUFFMANN und DUPONT, keiner, der das Salicin nicht angriff. Alle diese Stämme waren streptomycinresistent, nur der ebenfalls salicinpositive Stamm „Stoke W" (111:B4) wurde durch 12,5 γ/cm³ Streptomycin gehemmt. Von

27 Stämmen der Gruppe 55, die alle salicin-negativ waren, waren 7 streptomycinresistent, die übrigen empfindlich zwischen 12,5 und 3,1 γ/cm³. Auch bei einer größeren Anzahl weiterer, nicht zur Dyspepsiecoligruppe gehörender Colistämme, konnten keine Beziehungen festgestellt werden zwischen Salicinvergärung und Streptomycinempfindlichkeit. Damit können die Ergebnisse von Ferguson nicht bestätigt werden, eine Orientierung über die Streptomycinresistenz der Dyspepsiecolistämme mit Hilfe der Salicinvergärung ist leider nicht möglich. Im übrigen wurde von Sackreuther auch die Empfindlichkeit gegenüber Penicillin, Aureomycin und Chloromycetin geprüft. Es zeigte sich, daß die Mehrzahl der Stämme der Gruppe 111:B4 und 55:B5 penicillinresistent sind, etwa ¼ der Stämme jeder

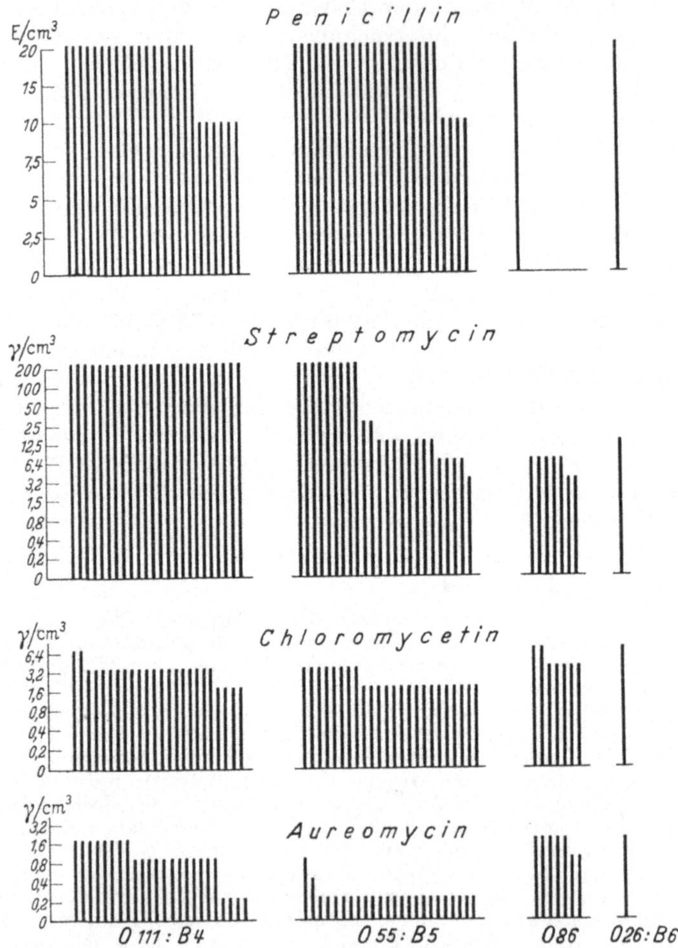

Abb. 5. Resistenzbestimmungen bei den Dyspepsiecolibakterien der Gruppen O 111:B4, O 55:B5, O 86 und O 26:B6 gegenüber Penicillin, Streptomycin, Chloromycetin und Aureomycin. (Nach Sackreuther.) Die Striche geben die geprüften Stämme wieder, die Zahlen bedeuten γ/cm³.

Gruppe wurde durch 10 E/cm³ zwar gehemmt, was aber in klinischer Hinsicht ebenfalls einer Resistenz gleichkommt. Gegen Chloromycetin und Aureomycin waren alle Stämme hochempfindlich, wobei die Empfindlichkeit gegenüber Aureomycin in Übereinstimmung mit den Ergebnissen von Neter [2, 3, 4] u. a. am größten war. Ein Stamm der Gruppe 26:B6 erwies sich ebenfalls als resistent gegen Penicillin, jedoch empfindlich gegen Streptomycin, Aureomycin und Chloromycetin. Bei den von Ørskov untersuchten Stämmen der Gruppe 26:B6 ergaben sich die gleichen Verhältnisse gegenüber Aureomycin und Chloromycetin, während das Streptomycin nicht überprüft wurde. Auch gegenüber Sulfathiazol und Terramycin waren die Stämme empfindlich. SACKREUTHER prüfte auch 7 Stämme der Gruppe 86 und fand sie empfindlich gegenüber Streptomycin, Aureomycin und Chloromycetin, jedoch resistent gegen Penicillin. In der Abb. 5 sind die Ergebnisse von SACKREUTHER zusammengefaßt wiedergegeben.

Es ergibt sich also die interessante Tatsache, daß das Streptomycin nach dem Ausfall der Resistenzprüfungen für die Therapie der infektiösen Colienteritis sehr ungeeignet ist, da mit einer großen Anzahl resistenter Stämme, besonders in der Gruppe 111:B4 gerechnet werden muß. Dies steht in voller Übereinstimmung mit der klinischen Wirkung (s. später). Als *hochwirksam* können *Aureomycin*, *Chloromycetin* und *Terramycin* angesehen werden, von denen das Aureomycin offenbar das wirksamste ist (NETER [2, 3, 4] u. a., BRAUN u. a.).

Die Entwicklung einer Resistenz der Colibakterien in vitro sowie in vivo ist besonders gegenüber dem Streptomycin sehr groß. So konnte COCHLOVIUS feststellen, daß Colistämme aus den Stühlen dyspeptischer Kinder, die mit Streptomycin behandelt wurden, bereits am 1. oder 2. Tag nach Beginn der Behandlung resistent sein können. NICHOLS und HERELL sahen die Resistenz eines Colistammes nach 3tägiger Behandlung von 5 γ/cm^3 bis auf über 2000 γ/cm^3 ansteigen. Bei dieser raschen Resistenzentwicklung der Bakterien aus dem Stuhl handelt es sich um die Selektion resistenter Formen, die nach Ausrottung der empfindlichen Colivarianten in der Stuhlflora erscheinen. Dies konnte BRAUN (unveröffentlicht) dadurch zeigen, daß bei einem Vergleich zwischen einem empfindlichen Colistamm vor der Streptomycinbehandlung und einem resistenten Stamm nach der Behandlung beide Stämme serologisch nicht identisch waren. Die Entwicklung der Resistenz ein und desselben Stammes geht durch Mutation vor sich, die Mutationsrate ist aber unabhängig von der Streptomycineinwirkung selbst (NEWCOMBE und McGREGOR, SILVER und KEMPE, ALEXANDER, BORNSCHEIN u. a.). Auch bei der Resistenzentwicklung in vitro handelt es sich um die Selektion schon vorher vorhandener, primär streptomycinresistenter Varianten (SELIGMANN und WASSERMANN). Gegenüber dem Chloromycetin und dem Aureomycin sowie dem Terramycin ist eine Resistenzentwicklung in vitro möglich, wie KAIPAINEN [1] zeigen konnte. In einer neueren Arbeit fand KAIPAINEN [3] aber, daß in vitro die Resistenzentwicklung gegenüber Aureomycin nur zustande kommt, wenn die Aureomycinkonzentrationen so schwach sind, daß sie das Wachstum nicht hemmen. Wenn das Aureomycin in bakteriostatischen Konzentrationen angewandt wird, kommt es nicht zu einer Resistenzsteigerung. Bei der klinischen Behandlung unserer Fälle von inf. Colienteritis haben wir bis jetzt noch keine Resistenz gegenüber einem dieser 3 Antibioticis auftreten sehen. Auch nach FINLAND, COLLINS und PAINE soll während der Therapie mit Aureomycin eine Resistenzentwicklung praktisch nicht vorkommen, sie ist jedoch bei einem Fall von KOCH beobachtet worden. Eine Vermehrung der Resistenz gegenüber Aureomycin, Chloromycetin und Terramycin soll parallel laufen, d. h. die Resistenzvermehrung gegenüber einem der 3 Antibioticis ist von einer Resistenzvermehrung gegenüber den beiden andern gefolgt (PANSY u. a., HERELL, HEILMANN und WELLMANN). Von KAIPAINEN [1] wurde festgestellt, daß die Resistenzentwicklung gegenüber Streptomycin einerseits und Aureomycin, Chloromycetin und Terramycin andererseits ein gegensätzliches Verhalten zeigen. (Da KAIPAINEN auch den Stamm D 433 in seine Untersuchungen mit einbezog, verdienen sie hier besonderes Interesse.) Die Steigerung der Resistenz gegenüber Terramycin Aureomycin und Chloromycetin in vitro war gleichzeitig mit einer Verminderung der Resistenz gegenüber Streptomycin verbunden. Eine Erhöhung der Streptomycinresistenz bedingte eine verminderte Resistenz gegenüber den 3 anderen Antibioticis. KAIPAINEN sieht in der Kombination verschiedener Antibioticis eine Möglichkeit, die Entwicklung einer Resistenz zu verhindern oder zu verlangsamen. In der Verbindung von Terramycin, Aureomycin oder Chloromycetin mit Streptomycin konnte die Entwicklung einer Streptomycinresistenz vollkommen verhindert werden, während die Resistenzentwicklung bei je einem der 3 anderen Antibiotica wesentlich abgeschwächt war.

Die Wirkung des Streptomycins sowie des Aureomycins, des Chloromycetins und Terramycins gegenüber Colibakterien ist vorwiegend bakteriostatisch. Dennoch sind bei Colibakterien schwere Veränderungen der Zellmorphologie und -Funktion gefunden worden. PENSO und SCANGA sahen während der Wachstumsphase der Colibakterien unter Streptomycin elektronenoptisch morphologische Veränderungen der Keime mit Schwellung des Zelleibes, Protoplasmaentmischung u. a., während dies in der Ruhephase nicht beobachtet werden konnte. Ähnliche Beobachtungen machten MARTISCHNIG und ORTH, die neben Streptomycin auch Formocibazol und Sulfaguanidin prüften. Bei hohen Konzentrationen konnte einige Male auch echte Lyse der Bakterien gesehen werden. Auch unter Chloromycetin wurden cytochemische und morphologische Veränderungen der Colibakterien festgestellt (SCALFI und BRUGO). Nach WIGHT und BURK verhindert Streptomycin den Sauerstoffverbrauch von E. coli nach der Zugabe einer Reihe von Aminosäuren und Zwischenprodukten des KH-Stoffwechsels. Es unterbindet außerdem die aerobe und anaerobe Desaminierung der Asparaginsäure, sowie die aerobe Desaminierung von Serin und Glutaminsäure. Vielleicht gehören auch die Beobachtungen von THALHAMMER [1] hierher, der unter Streptomycinbehandlung einige wesentliche biochemische Reaktionen der Colibakterien verschwinden und nach Absetzen des Streptomycins wiederkehren sah. Hierbei kann es sich aber auch um die Selektion solcher Formen gehandelt haben, da LARREGIA und Mitarb. gefunden haben, daß die streptomycinresistenten Stämme, die ja durch Selektion in der Stuhlflora auftreten, häufig ein vermindertes Vermögen der KH-Vergärung zeigen.

Die wichtige Frage, ob die *Wirkung der Antibiotica* bei Darmerkrankungen eine rein antibakterielle ist, oder auch auf pharmakologischem Wege zustandekommt, wurde von STRÖDER und SIMON sowie von SIMON und KRÜPE aufgegriffen. Sie konnten zeigen, daß die durch Acetylcholin, Histamin, Colitoxin ausgelöste Reizung des isolierten Darmes von Maus, Ratte und Meerschweinchen sowie bei Versuchen in vivo durch Streptomycin unterdrückt wird. Die Wirkungsträger der pharmakologischen Beeinflussung der glatten Darmmuskulatur sind die Guanidingruppen des Streptidinringes, also die gleichen Gruppen, die auch für die bakteriostatische Wirkung des Streptomycins von Bedeutung sind. SPIESS und HOFFMANN konnten eine gleichartige Wirkung des Streptomycins von der Darmserosa, jedoch nicht vom Darmlumen aus erhalten. Dagegen fand sich, daß das Chloromycetin sowohl von der Serosa als auch vom Lumen aus an Kaninchen- und Meerschweinchendarm die Doryl-, Barium- und Nicotinkontraktion zu unterdrücken vermag. Die hierbei anzuwendenden Dosen entsprechen durchaus denen, die rechnungsmäßig bei peroraler Behandlung von Säuglingen im Darm zu erwarten sind. Die Wirkung des Chloromycetins war quantitativ stärker als die des Streptomycins. Von dem Aureomycin und Terramycin sind bisher ähnliche Wirkungen nicht bekannt geworden. Sicher kommt solchen Effekten des Streptomycins und des Chloromycetins in theoretischer Hinsicht eine große Bedeutung zu, es wäre jedoch falsch, sie in praktischer Hinsicht zu überbewerten. Der pathologische Prozeß besteht ja nicht, wie man für eine solche pharmakologische Wirkung bei dieser Therapie voraussetzen müßte, primär in einer vermehrten Darmmotilität, diese ist vielmehr die Folge eines Enzündungsvorganges in der Darmschleimhaut (ADAM und FROBOESE, ILGNER). Bei der Enteritis der Erwachsenen durch Salmonellen haben die profusen Durchfälle meistens die Reinigung des Darmes von den Erregern zur Folge, worin so etwas wie eine physiologische Abwehrreaktion gesehen werden muß. Ja selbst bei Dauerausscheidern führt gelegentlich ein intercurrenter Durchfall zum endgültigen Verschwinden der Erreger aus dem Darm. Auch die Ruhr wird man nicht etwa mit einem darmlähmenden Mittel behandeln, wie z.B. mit Opiaten, sondern mit Sulfonamiden. Von der Säuglingsdyspepsie wurde seinerzeit von BESSAU schon angenommen, daß der primäre Prozeß bei der Dyspepsie eine Chymusstagnation sei, auf deren Boden es erst zu einer Wucherung der Darmbakterien komme. So möchten wir in einer etwaigen darmlähmenden Wirkung der Sulfonamide (ENDERS) oder Antibiotica (STRÖDER und SIMON, SPIESS und HOFFMANN) eher einen Nachteil, denn einen Vorteil erblicken. Ganz sicher aber beruht, wie denn auch sei, die spezifische Wirkung der Antibiotica auf ihrem antibakteriellen Effekt, was ja allein schon aus der prompten Wirkung auf die schweren Allgemeinsymptome wie auf das Fieber hervorgeht. Diese Wirkung kann ja keinesfalls als Effekt eines darmlähmenden Mittels angesehen werden, da bei Minderung der Darmmotilität der Toxinresorption nur Vorschub geleistet würde. Aus diesen Gründen halten wir zwar die beschriebenen pharmakologischen Wirkungen am Darm für möglich, keinesfalls aber geht es an, damit irgendeinen günstigen Einfluß auf den pathologischen Prozeß verbinden zu wollen.

Von einigen Autoren (z. B. ROMINGER und Mitarbeiter, MARTIN DU PAN und RENS) ist auch ein antitoxischer Effekt des Streptomycins für möglich gehalten worden. Es ist aber nach den experimentellen Untersuchungen von LÖSCHKE [2] (Versuche an weißen Mäusen) unwahrscheinlich, daß ein antitoxischer Effekt des Streptomycins überhaupt vorhanden ist. Nach einer Arbeit von WILDE sieht es sogar so aus, als ob gewisse leicht resorbierbare und schwer ausscheidbare Sulfonamide sowie einige Antibiotica (z. B. Streptomycin) die Toxizität von Colizerfallsprodukten für die Maus eher erhöhen, keinesfalls aber erniedrigen würden. So kann man wohl ausschließen, daß ein antitoxischer Effekt für die Wirkung des Streptomycins verantwortlich sei. Selbst wenn dies aber der Fall wäre, könnte man ihm keine große Bedeutung beimessen, da bis heute ja keineswegs feststeht, ob die Pathogenität der Dyspepsiecolibakterien auf einem besonderen Toxin beruht, worin sie sich etwa von den normalen Colibakterien unterscheiden würden.

2. Die klinische Wirkung.

Streptomycin. Das Streptomycin ist in Deutschland 1948 von LÖSCHKE [1] in die Therapie der akuten Dyspepsien des Säuglings eingeführt worden. Unsere Ausführungen über die Empfindlichkeit der Colibakterien gegenüber diesem Antibioticum zeigten, daß es dazu geeignet erscheinen konnte. Noch eine weitere Eigenschaft macht es zur Bekämpfung enteraler Infektionen besonders wirksam, nämlich daß es im Darm praktisch kaum resorbiert wird.

BUSSE und SPIESS fanden sowohl beim darmkranken wie beim darmgesunden Säugling, als auch im Tierversuch keine nennenswerte Resorption. Nach M. u. H. ROOST-PAULI wird es auch bei rectaler Zufuhr praktisch nicht resorbiert. Dagegen konnten sie nachweisen, daß es im Stuhl weitgehend abgebaut wird, nach 6 Std. fanden sie bis 70% zerstört. Man sollte nun erwarten, daß die Stuhlflora durch das Streptomycin bei peroraler Verabreichung wenigstens im Anfang weitgehend verdrängt wird. Nach den Untersuchungen von REIMANN, PRICE und ELIAS sowie KANE und FOLEY an Erwachsenen ist dies auch für die Colibakterien weitgehend der Fall. Nach MAKOWSKY u. a. sollen gramnegative und grampositive Stuhlkeime in gleichem Maße betroffen werden. Bei der Behandlung der Säuglingsdyspepsie mit Streptomycin wird ebenfalls innerhalb weniger Tage, manchmal schon nach 24 Std. ein Rückgang der gramnegativen Darmflora festgestellt, die bis zum völligen Schwund der Colibakterien führen kann (COCHLOVIUS, MARTISCHNIG u. KREJCI, ZIERHUT und SEMENITZ, eigene Beobachtungen). Von NITSCH und ADAMEK wurde außerdem ein Rückgang der Saccharosevergärer und der Gelatineverflüssiger beobachtet. Im Gegensatz hierzu stehen die Beobachtungen von LOCKWOOD u. a. sowie DOERKS, ROMINGER u. a., die keine nennenswerte Beeinflussung der Darmflora fanden. Nun haben DENKELWATER u. a. sowie GEIGER u. a. festgestellt, daß Cystein die Wirkung des Streptomycins aufheben kann. GRAFFAR [1] konnte tatsächlich zeigen, daß nach Neutralisierung des Streptomycins in Stuhlaufschwemmungen die Colibakterien zwar nicht verschwinden, aber trotzdem ihre Zahl deutlich reduziert wird. Man wird also die widersprechenden Angaben in der Literatur so deuten dürfen, daß die Fortwirkung des unzerstört in der Stuhlprobe enthaltenen Streptomycins bei längerem Liegenlassen der Stühle das völlige Verschwinden der Colibakterien im Darm vortäuschen kann. Trotzdem kann ein echter Effekt des Streptomycins auf die Darmflora nicht geleugnet werden, was z. B. auch aus den Untersuchungen von MÜLLER hervorgeht; er sah als brauchbaren Indicator der Beeinflussung der Darmflora durch das Streptomycin den Rückgang des enteral entstandenen, als Harnindican ausgeschiedenen Indols an. Von GRAFFAR sowie von NITSCH und ADAMEK konnte fernerhin festgestellt werden, daß die Colibesiedlung des Dünndarmes bei Streptomycingabe rasch vollkommen zurückgeht.

Die klinische Behandlung der akuten Gastroenteritis des Säuglings mit Streptomycin hat im allgemeinen nicht das gehalten, was man sich ursprünglich davon versprochen hatte. Wohl liegt eine ganze Reihe von günstigen Erfolgsberichten vor (LÖSCHKE und COCHLOVIUS, JAMES und KRAMER, PULAS und ANSPACHER, GOETTSCH u. a., PULASKI und SEELEY, DIWANY u. a., BANNURAH, WUNDERWALD, CASTELLANOS u. a., MARTIN DU PAN und RENS, WEINGÄRTNER [2]). DEBRÉ und MOZZICONACCI [2] sowie BEYER u. a. äußerten sich jedoch sehr zurückhaltend. Die

Sterblichkeit der von Michaličkova behandelten Toxikosen ging zwar von 81,8 % auf 32 % zurück, ein Erfolg, der jedoch im Vergleich zur Aureomycintherapie (s. diese) als unbefriedigend bezeichnet werden muß. Manterola u. a. sahen nach Anwendung des Streptomycins immer noch eine Toxicosesterblichkeit um 50 %, also praktisch keinen Effekt. Sacrez u. a. fanden die Streptomycintherapie nur bei etwa der Hälfte der Fälle schwerer Dyspepsien wirksam, während sich das Aureomycin (s. später) bei fast allen beobachteten Fällen sehr bewährte. Bei einer von Scott, Brown und Kessler beobachteten Epidemie schweren Neugeborenen-Durchfalls war Streptomycin völlig wirkungslos, was sich erklären ließe, wenn die Epidemie — was allerdings nicht untersucht wurde — durch resistente Dyspepsiecolistämme hervorgerufen war. Einige Autoren beobachteten zwar einen günstigen Einfluß auf die enteralen Dyspepsieformen, fanden aber das Streptomycin bei den parenteralen Dyspepsien wirkungslos (Grislain und Audineau, Doerks, Rominger u. a., Martischnig [1], Nitsch und Adamek, Zierhut und Semenitz). Leisti allerdings behauptete, daß auch die parenteralen Dyspepsien gut ansprächen. Die bisherigen Erfolge sind jedenfalls im Vergleich zu den Resultaten mit Aureomycin und Chloromycetin recht bescheiden. Dies mag einmal seine Ursache in der relativ raschen Heranzüchtung resistenter Stämme haben; zum anderen aber liegt es sicher auch z. T. daran, daß gerade die Darminfektionen des Säuglings par excellence, die Coliinfektionen, durch Erreger hervorgerufen werden, die häufig streptomycinresistent sind. Rogers, Koegler und Gerrard fanden in ihren Fällen, die durch „B.G.T." (111:B4) hervorgerufen waren, das Streptomycin völlig wirkungslos, ebenso konnten Holzel, Martyn und Apter keine Wirkung feststellen. Unsere eigenen Versuche mit Streptomycin bei der inf. Colienteritis mit E. coli 111:B4 hatten ebenfalls ein völlig negatives Resultat, die in der Streptomycinresistenz der Erreger ihre zwanglose Erklärung fanden. Dasselbe berichten Ocklitz und Schmidt [2]. So kommt es, daß heute das Streptomycin in der Behandlung der kindlichen Ernährungsstörungen in den Hintergrund getreten ist, da wirksamere Mittel zur Verfügung stehen, die zudem auch weniger toxisch sind.

Aureomycin. Bei dem breiten Wirkungsspektrum des Aureomycins und bei seiner besonderen Wirksamkeit gegenüber Colibakterien schien seine Prüfung bei den akuten Dyspepsien besonders lohnenswert. Auch das Aureomycin kann, wie das Streptomycin, peroral verabreicht werden. Es ist aber im Gegensatz zu diesem gut vom Darm aus resorbierbar, so daß genügend hohe Blutspiegelwerte erreicht werden. Hunt u. a. fanden bei peroraler Gabe von 11 mg/kg Körpergewicht beim Säugling $1—2 \gamma/\text{cm}^3$ Serum, also Werte, bei denen die meisten Colibakterien sowie die Dyspepsiecolibakterien gehemmt werden. Trotz dieser guten Resorption werden auch im Darm selbst genügend hohe Konzentrationen erreicht. McVay fand bei oraler Gabe therapeutischer Aureomycindosen an Erwachsene lang anhaltende Darmkonzentrationen. Bei 2 g/Tag wurden 51,2 bis 128 γ Aureomycin/g Stuhlmaterial gefunden. Da nach Hunt u. a. das Aureomycin im Rectum selbst nicht mehr resorbiert wird, entsprechen die Angaben wohl auch den Konzentrationen im unteren Ileum, d. h. am Orte des pathologischen Prozesses, womit die theoretischen Voraussetzungen für eine wirksame Therapie gegeben sind. Hinzu kommt, daß eine Resistenzentwicklung in vivo praktisch kaum beobachtet worden ist (siehe S. 183). Die Stuhlflora soll nach Biermann und Jawetz durch Aureomycin unterdrückt werden, dies ist aber nicht in so starkem Maße der Fall wie bei dem Streptomycin. Nach Martischnig und Krejci wird zwar der Stuhl frei von Colibakterien, doch kommt es unter dem Einfluß des Antibioticums zu Veränderungen des biologischen Verhaltens der Keime, die wohl im gleichen Sinne gedeutet werden müssen, wie die von

THALHAMMER [2] beschriebenen Veränderungen der Coliflora unter der Streptomycintherapie.

Gute *Erfolgsberichte* über die Behandlung schwerer Säuglingsenteritiden sind bisher von BRUYNOGHE, CHEDID u. a., COCOZZA und FEROLA, SACREZ u. a.. SNELLING und JOHNSON, CHOREMIS u. a., PAUL sowie von MARTISCHNIG [2,4] mitgeteilt worden, wobei Aureomycin als das Mittel der Wahl bei schweren Ernährungsstörungen angesehen wurde. Auch die Breslauinfektion des Säuglings wird nach FÜLLING und ERNST sehr günstig beeinflußt. Bei der Colienteritis geben die bisherigen Erfolgsberichte zu Enthusiasmus Anlaß. Aureomycin wurde hierbei zuerst von MAGNUSSON und Mitarbeitern sowie BRAUN und HENCKEL [1] angewandt, die eine schlagartige Besserung der schwer erkrankten Kinder mit promptem Verschwinden der Erreger aus dem Stuhle verzeichnen konnten. Diese Beobachtungen sind auch von den späteren Autoren immer wieder bestätigt worden (NETER u. a. [2—4], BUTTIAUX u. a. [2], KREPLER und ZISCHKA, KUNDRATITZ, OCKLITZ und SCHMIDT [2]). Schon nach den ersten Gaben des Antibioticums pflegt sich das Allgemeinbefinden zu heben, der Appetit kehrt wieder, gleichzeitig bessert sich auch der Kreislauf, und der Meteorismus geht zurück. Die Temperaturen fallen an demselben oder an dem nächsten Tage zur Norm ab, die Gewichtskurve steigt wieder an. Die Stühle werden innerhalb der nächsten Tage fest und verlieren ihren spezifischen Geruch. Einige Male war die vollständige Normalisierung der Stühle etwas verzögert, ohne daß dies auf das Allgemeinbefinden einen Einfluß gehabt hätte.

Die Erreger verschwinden innerhalb eines Zeitraumes von 1—8 Tagen aus dem Stuhl (LAURELL, MAGNUSSON u. a., BRAUN und HENCKEL [1]), in manchen Fällen bereits innerhalb 24 Std. (BUTTIAUX u. a. [2]), im Mittel dauert es etwa 2—3 Tage. Fast regelmäßig kommt es in dieser Phase zu einem vorübergehenden Auftreten von Proteusbakterien (BRAUN [4], LAURELL, MAGNUSSON u. a.), manchmal auch anderer aureomycinunempfindlicher Keime wie Monilia albicans oder Ps. aeruginosa.

Die Dosierung des Aureomycins an unserer Klinik beträgt 50 mg/kg Körpergewicht und Tag, Verteilung auf 5 Einzelgaben mit den Mahlzeiten. Eine 5 tägige Verabreichung hat sich uns als ausreichend erwiesen. Bei kürzerer Therapiedauer muß nach KREPLER und ZISCHKA mit dem Auftreten von Rezidiven gerechnet werden. Die von einigen anderen Autoren vorgeschlagene Dosierung von nur 25 mg/kg und Tag (MAGNUSSON u. a., KREPLER und ZISCHKA) soll sich nach der Ansicht von OCKLITZ und SCHMIDT [2] nicht bewähren, da mit einer solchen Dosierung nicht bei allen Säuglingen Keimfreiheit des Stuhles erzielt werden kann. Bei 50 mg/kg und Tag wurden praktisch alle Säuglinge keimfrei, eine Erfahrung, die wir nur bestätigen können.

Eine kleine technische Schwierigkeit der Aureomycinverabreichung besteht darin, daß sich das Mittel schlecht löst. OCKLITZ und SCHMIDT [2] überbrücken diese Schwierigkeit dadurch, daß sie den Kapselinhalt von 250 mg Areomycin in 25 cm³ Aqua dest. und einer halben Citrette in Lösung bringen. Damit soll sich das Aureomycin gut lösen. Die von NETER u. a. vorgeschlagene parenterale Anwendung scheint uns keine Vorteile zu bieten, da sie nur die Kinder belästigt und die perorale Therapie optimal wirksam ist.

Chloromycetin. Etwa die gleichen Erfolge wie mit dem Aureomycin können mit dem Chloromycetin erreicht werden. Auch dieses ist vom Darm aus gut resorbierbar, so daß genügend starke Blutspiegelkonzentrationen erreicht werden. Bei Säuglingen und Kindern wurden mit 44 mg/kg 20—30 γ/cm³ Serum erhalten (HUNT u. a.). Sicher wird dabei auch im Darm selbst eine genügend hohe Konzentration geschaffen, da nach HUNT u. a. rectal nur 50% des Chloromycetins resorbiert werden. Auch das Chloromycetin soll die Stuhlflora unterdrücken (Biermann und Jawetz, Weisse), jedoch nicht in demselben Maße wie das Streptomycin (Martischnig und Krejci). Häufig kommt es unter der Therapie zu einem Auftreten von Proteusbakterien im Stuhl. Es sind also grundsätzlich die gleichen Vorbedingungen gegeben wie bei dem Aureomycin. Die etwas geringere Empfindlichkeit der Dyspepsiecolibakterien kann durch eine höhere Dosierung ausgeglichen werden.

Die bisher mitgeteilten Erfahrungsberichte über die Chloromycetintherapie sind zahlreicher als die der Aureomycintherapie. Bei den akuten Ernährungsstörungen, besonders deren schweren Formen, wurden ausgezeichnete Erfolge gesehen (Nassi, Clément u. a., Smellie, Toscano, Weisse, Colombo, Cocozza und Ferola, Piette und Vézina, Pierret, Breton u. Ratel, Signorini, Weingärtner, Dobrochotowa u. Worotynzewaa). Auch bei den Salmonelleninfektionen der Säuglinge bewährte sich das Chloromycetin ausgezeichnet (Pierret u. a.), wobei es allerdings nicht immer gelang, die Salmonellen aus dem Stuhl auf die Dauer zu entfernen. Weisse, die nicht epidemische alimentäre und parenterale Dyspepsien behandelte, fand das Mittel bei beiden Formen gleichermaßen wirksam. Von den meisten Autoren wird die kritische Wendung des schweren Krankheitsbildes und die Überlegenheit über die Streptomycin- und Sulfonamidtherapie gerühmt.

Bei den inf. Colienteritiden wurde das Mittel zum ersten Male von Rogers, Koegler und Gerrard angewandt. Die Erfolge waren ausgezeichnet. Die späteren Erfahrungen von Braun und Henckel [1] Adam und Aust, Cerutti und Scarzella, Buttiaux u. a. [2], Smith u. a., Krepler und Zischka, Kundratitz ergaben ein grundsätzlich gleiches Urteil. Wir haben immer den Eindruck gehabt, daß das Aureomycin etwas besser in der Wirkung sei, daß vor allem der Erfolg schneller auftrete. Auch Neter u. a. [4] sowie Ocklitz und Schmidt [2] empfahlen das Aureomycin als bestes Antibioticum. Kundratitz hinwiederum findet das Chloromycetin besser. Der Enderfolg bleibt jedenfalls bei beiden Mitteln einigermaßen gleich. Die pathogenen Colikeime verschwinden nach Krepler und Zischka innerhalb 2—3 Tagen, spätestens nach 6 Tagen aus dem Stuhl. Nach Absetzen des Mittels sollen sie aber mitunter nach 1—5 Tagen wieder erscheinen. Wir konnten diese Beobachtung, genau wie bei dem Aureomycin, nur in ganz seltenen Fällen machen, im übrigen hatten wir manchmal den Eindruck, daß die Dyspepsiecolibakterien etwas langsamer aus dem Stuhl verschwinden als unter dem Aureomycin. Ein Auftreten von Rezidiven nach Ansetzen des Chloromycetins haben Krepler und Zischka gesehen. Wir dosieren z. Z. 100 mg/kg Körpergewicht und Tag, etwa 5 Tage lang, eine Dosierung wie sie auch von Weisse vorgeschlagen wurde. Die höheren Chloromycetindosen wie 165 mg/kg (Smellie, Rogers, Koegler und Gerrard) scheinen uns entbehrlich zu sein, ebenso auch die von Neter u. a. vorgeschlagene parenterale Therapie.

Terramycin. Das Terramycin scheint in der Therapie der Dyspepsiecoliinfektion gleich gute Resultate zu ergeben (eigene Beobachtungen; Neter u. a. [4]). Dem entspricht auch die gute Empfindlichkeit der Dyspepsiecolibakterien in vitro (Ferguson u. a., Neter u. a. [4]). Trotz guter Resorption vom Darm aus mit Erreichung ausreichender Blutspiegel kommt es auch hier zu einer beträchtlichen Konzentration des Antibioticums im Stuhl (Kreuziger und Hildebrandt. Linsell und Fletscher). Die Coliflora wird durch das Terramycin vollkommen unterdrückt. Statt dessen treten Staphylokokken, Pseudomonas, Hefe, vor allem auch wieder Proteusbakterien im Stuhl auf (Baker und Pulaski, Dearing u. a., di Caprio und Rantz, Rivera und Sborov). Resistenzentwicklung der Erreger wird praktisch nicht beobachtet, nur bei einigen Colibakterien scheint das langsam und schrittweise vorzukommen (Linsell und Fletscher, di Caprio und Rantz). Größere klinische Erfahrungen auf dem Gebiet der Säuglingsdyspepsien mit

Terramycin sind bisher noch nicht bekannt geworden. Lediglich ROGERS u. a. haben Beobachtungen über die Anwendung von Terramycin an einem kleinen Material von Säuglingsenteritis, teilweise durch Dyspepsiecoli O 111:B4, publiziert. Die erzielten Ergebnisse waren aber nur zum Teil günstig, Rückfälle, mit Wiedererscheinen der Erreger im Stuhl, nicht selten.

Andere Antibiotica. Gegenüber den genannten haben sich andere Antibiotica bis jetzt nicht in die Therapie der akuten Ernährungsstörungen der Säuglinge eingebürgert. Das Penicillin ist wenig wirksam (WEINGÄRTNER) oder völlig wirkungslos (ALLEN u. a., CHOREMIS u. a., SACREZ). Die Dyspepsiecolibakterien sind resistent gegen Penicillin (SACKREUTHER, NETER u. a. [4]). KADISON und BOROVSKY haben eine Kombination von Neomycin und Bacitracin, das sog. „Neobacin", mit gutem Erfolg bei den Säuglingsdyspepsien angewandt. Bei den Dyspepsien durch Dyspepsiecolibakterien darf man sich hiervon nicht allzuviel versprechen, da zwar das Neomycin gegen E. coli 111:B4 wirksam ist (FERGUSON u. a.), das Bacitracin jedoch keine Wirkung entfaltet (NETER u. a. [4]). Schließlich haben KYRKI u. a. bei 7 Fällen mit E. coli 111:B4 das Aerosporin angewandt. 2 Kinder starben, bei den andern 5 trat eine prompte Wirkung ein.

3. Nebenwirkungen der antibiotischen Therapie.

Ernste schädliche Wirkungen von der antibiotischen Therapie in der beschriebenen Form haben wir bis jetzt praktisch nie beobachtet. Dies deckt sich mit den Angaben von SMELLIE, der keinerlei Komplikationen bei der Chloromycetintherapie sah. Wenn Nebenwirkungen auftreten, sind sie im allgemeinen geringfügig und können gut angegangen werden. ROGERS, KOEGLER und GERRARD sahen 4mal eine generalisierte Dermatitis, die nach 2 Wochen wieder verschwand. Hautaffektionen nach einer 10tägigen Behandlung mit Aureomycin wurden auch von LAURELL, MAGNUSSON u. a. gesehen. Die Haut wurde trocken und infiltriert, intensiv gerötet mit Neigung zu Nässen. Sie waren nur in wenigen Fällen generalisiert, sonst beschränkten sie sich auf die Genital- und Analregion. PIETTE und VÉZINA beobachteten bei der Chloromycetintherapie in etwa der Hälfte der Fälle 1 Woche nach Beginn der Behandlung ein Ekzem, 2mal kam es zu einer Erythrodermie. Nach Absetzen des Mittels verschwanden die Hautreaktionen. Auch TOMASZEWSKI berichtete über ähnliche Nebenwirkungen des Aureomycins und Chloromycetins bei Erwachsenen, gleichzeitig sah er auch Veränderungen in der Mundhöhle in Form einer hypertrophischen Glossitis mit bräunlich verfärbter Zunge. Auch von dem Terramycin sind ähnliche Nebenwirkungen bekannt geworden (KREUZIGER und HILDEBRANDT). Die Hauterscheinungen sind nach TOMASZEWSKI eine Folge von Vitamin B-Mangel, hervorgerufen durch die zeitliche Unterdrückung der Darmflora. Sie können mit Vitamin B-Komplex gut beeinflußt werden (LAURELL, MAGNUSSON u. a.). Wir haben im allgemeinen die Verabreichung von Vitamin B-Komplex nicht für notwendig gehalten, da diese Erscheinungen bei der kurz dauernden Therapie nicht zur Beobachtung kamen. Auch LAURELL, MAGNUSSON u. a. geben an, daß erst bei 10tägiger Verabreichung die beschriebenen Erscheinungen auftreten. Gelegentlich sahen BRAUN und HENCKEL [2] bei jungen Frühgeborenen und Dystrophikern in den ersten Behandlungstagen (Aureomycin) eine mäßige meteoristische Auftreibung des Leibes, die ebenso wie eine gewisse Kollapsneigung der Therapie zur Last gelegt werden konnte, weshalb wir in solchen Fällen zu einer niedrigeren Dosierung übergingen (25 mg/kg). CLÉMENT u. a. [2] sahen ähnliche, sogar wesentlich stärkere Erscheinungen bei der Chloramphenicolbehandlung. GORDONOFF injizierte zur Klärung der Frage der Kreislaufwirkung verschiedener Antibiotica einer Katze 20 mg Terramycin in Äthernarkose. Er erhielt hierbei eine 50%ige Blutdruckreduzierung. Das Aureomycin hingegen verhielt sich gefäßinaktiv. Mit Chloromycetin sind keine Versuche gemacht worden. Die Kreislaufwirkung des Terramycins wird allerdings nicht auf das Antibioticum selbst, sondern auf Verunreinigungen zurückgeführt. Neuerdings wird von verschiedenen Seiten (Claudon und Holbrook, Smiley u. a., Sturgeon, Hawkins u. a.) auf das Vorkommen schwerer aplastischer Anämien als Folge der Chloromycetintherapie hingewiesen. Wenn wir auch nicht glauben, daß diese bei der kurzen Behandlungsdauer und bei dem frühen Alter der Kinder zu erwarten sind, so sollte man doch bei der Chloromycetinverabreichung entsprechende Vorsicht walten lassen und lieber Aureomycin und Terramycin anwenden.

Zuweilen haben wir bei Kindern und Säuglingen, die nicht wegen einer Enteritis antibiotisch behandelt wurden, etwas dünnere Stühle bei der Aureomycintherapie auftreten sehen, so wie es von Rave und Ernst beschrieben wurde. Eine gleichartige Beobachtung konnte auch von Laurell, Magnusson u. a. gemacht werden. Dem entspricht die Beobachtung von Siegel, Nickerson und Cook, daß bei rectaler Verabfolgung von Aureomycin eine lokale Schleimhautreizung auftritt (rectoskopische Beobachtung). Entsprechende Beobachtungen sind von Chewning auch bei der oralen Verabreichung von Aureomycin und Chloromycetin rectoskopisch gemacht worden. Es handelt sich demnach offenbar um eine unmittelbare Wirkung des Antibioticums auf die Darmschleimhaut. Die Stühle bessern sich in solchen Fällen nach Absetzen des Mittels (Laurell, Magnusson u. a.). Choremis u. a. sahen nach Aureomycingabe zuweilen Erbrechen auftreten. Hier half die Verabreichung des Antibioticums in verdünnter Lösung und fraktionierten Dosen. Störungen der Leberfunktion nach intravenöser Behandlung mit Aureomycin, jedoch nicht nach peroraler Gabe, wurden bei Menschen und im Tierversuch von Lepper u. a. beschrieben. Derartige Störungen konnten bei der peroralen Behandlung der Säuglingsdyspepsie bis jetzt nicht aufgedeckt werden (Rave und Ernst). Von Santo [1, 2] wurde eingewandt, daß die vollkommene Zerstörung der Darmflora für den Menschen nicht gleichgültig sein könne. Er belegte diese Anschauung mit dem Nachweis komplementbindender und flockender Antikörper gegen Antigene aus degenerierten Colibakterien, wie sie unter antibiotischem Einfluß auftreten. Die Vitamin B-Mangelerscheinungen an der Haut sowie eine nach der Streptomycintherapie beobachtete Senkung des Prothrombinspiegels mit erhöhter Blutungsbereitschaft (Giannico und Pronini) scheinen dieser Anschauung von Santo zunächst recht zu geben. Jedoch spielt dieser Gesichtspunkt für die antibiotische Behandlung der Säuglingsenteritis sicher keine Rolle, da es sich hierbei ja um die Beseitigung einer pathologischen, hochpathogenen Darmflora handeln, die vorher schon die normale Darmflora vollkommen verdrängt hatte. So kann also abschließend gesagt werden, daß die Nebenwirkungen der antibiotischen Therapie so gering sind, wenigstens bei der kurzen Applikationszeit, wie sie bei den Säuglingsenteritiden in Frage kommt, daß hieraus keine ernsthaften Bedenken gegen diese Therapie abgeleitet werden können.

4. Sonstige therapeutische Maßnahmen.

Die antibiotische Therapie ist natürlich nicht der Weisheit letzter Schluß. Zwar kommt ohne sie, wie die hohe Letalität der inf. Colienteritis vor der Einführung der Antibiotica in die Therapie zeigt, eine Heilung entweder nicht oder doch erschwert zustande. Mit der Bekämpfung der Krankheitserreger wird aber der pathologische Prozeß an der Darmschleimhaut nicht ausgeheilt. Deshalb ist es — und darüber sind sich fast alle Autoren einig — notwendig, die gleichzeitige diätetische Therapie im klassischen Sinne einzuhalten (SOLÉ). Nur bei den ganz leichten Formen oder bei den eben beginnenden Fällen, bei denen noch nicht mit schweren pathologischen Veränderungen an der Darmschleimhaut gerechnet werden muß, genügt manchmal die antibiotische Therapie allein, den Prozeß im Beginn aufzufangen (BRAUN und HENCKEL [2]).

Auf die diätetische Therapie hier einzugehen, ist nicht Aufgabe dieser Arbeit. Sie weicht in keiner Weise von den bisherigen Forderungen ab. Vielleicht muß betont werden, daß die absolute Nahrungskarenz so kurz wie möglich zu halten ist, da hierbei die bereits durch die Infektion geschädigte Leber (siehe pathologische Anatomie) noch weitere Schädigungen erfahren könnte. Dem sucht ADAM [6] Rechnung zu tragen, wenn er die Dyspepsien mit Aminosäuregemischen und Dextrinpräparaten (Dexamyl), die von Colibakterien nicht angegriffen werden sollen, behandelt. Auch die Forderungen nach parenteralem Flüssigkeitsersatz müssen eingehalten werden, wenngleich bei der gleichzeitigen antibiotischen Therapie der Bedarf hierzu viel geringer ist als sonst bei der Intoxikationsbehandlung. Bei den schweren Enteritisfällen kommt man häufig mit ein- oder zweimaliger Gabe von Ringer-Traubenzuckerlösung, bzw. Serum oder Plasma aus (BRAUN und HENCKEL [2]). Erwähnt sollen schließlich auch die Versuche von DUPONT und KEISER-NIELSEN werden, die Dauerausscheider mit einer Lactobacillusmilch behandelten, in der Vorstellung, daß bei der peroralen Verabreichung von Lactobacillen (Acidophilus) die pathologische Coliflora durch eine dem Brustkind entsprechende acidophile Flora verdrängt wird. Aber nur bei 3 Kindern zeigte sich ein gewisser Erfolg, im übrigen fielen die Versuche negativ aus.

Von MEYER ZU HÖRSTE [2] sowie von SANDMANN ist neuerdings auf das Problem einer sog. *Reinvasionsdyspepsie* hingewiesen worden. Hierunter versteht man die Beobachtung, daß nach Absetzen eines peroral verabreichten Antibioticums (Aureomycin oder Chloromycetin) eine Dyspepsie auftreten kann. Man erklärt sich diese Erscheinung mit dem Wiedereinwandern der vorher durch das Antibioticum aus dem Darm entfernten Darmflora, insbesondere der Coliflora. Hierin könnte man eine Analogie zu der Tatsache sehen, daß auch bei Neugeborenen am Ende der ersten Lebenswoche eine transitorische Diarrhoe mit der Besiedlung des Darmes auftreten kann. Wir haben solche Fälle aber nur äußerst selten beobachten können. Wir möchten annehmen, daß nur bei Säuglingen mit stark verminderter Widerstandskraft z. B. bei schweren Dystrophikern derartige Erscheinungen eine Rolle spielen. SANDMANN empfiehlt zur Verhütung der Reinvasionsdyspepsie die Verabreichung von Acidophilustabletten (Edelweißwerke) und Milchzuckerzulagen und will damit gute Erfolge erzielt haben. Wir selbst pflegen uns in solchen Fällen derart zu verhalten, daß wir dasselbe oder ein anderes Antibioticum wieder verabreichen, wonach die dyspeptischen Erscheinungen sofort wieder verschwinden (dies gehört zum Wesen der Reinvasionsdyspepsie). Beim zweiten Mal schleichen wir uns mit der Dosierung langsam aus, wobei meist kein Rückfall mehr eintritt.

Es braucht wohl nicht betont zu werden, daß *die antibiotische Therapie* natürlich *nur bei Darminfektionen indiziert* ist. Wenn BRAUN und HENCKEL [2] angeben, daß auch solche Dyspepsien, bei denen keine pathogenen Colitypen im Stuhl gefunden werden können, auf die Therapie mit Aureomycin und Chloromycetin gut ansprechen, so kann dies daran liegen, daß bisher noch unbekannte pathogene Darmkeime bzw. Colitypen im Spiele sind. In einer neueren Arbeit kommen auch SHANKS und STUDZINSKI zu dem Schluß, daß die Dyspepsien ohne Dyspepsiecolinachweis im Stuhl genau so gut auf die antibiotische Therapie ansprächen wie die Colienteritiden. Hieraus kann jedoch nicht gefolgert werden, wie SHANKS und STUDZINSKI dies tun, daß die Dyspepsiecolibakterien keine pathogenen Darmkeime seien. Einmal spielen hier sicher noch unbekannte pathogene Colitypen eine Rolle (s. oben), deren Existenz heute schon als sicher angesehen werden kann. Zum anderen werden durch die Antibiotica ja nicht nur die Coliinfektionen, sondern auch andere enterale und vor allen Dingen parenterale Infekte wirksam bekämpft, die als Dyspepsieursache bekanntlich eine große Rolle spielen. So wird das breite Wirkungsspektrum besonders des Aureomycins auch bei den Säuglingsdyspepsien mit ihrer mannigfaltigen Ätiologie verständlich. Hier muß auch die Kritik der antibiotischen Therapie einsetzen. Da nicht alle Dyspepsien durch empfindliche Bakterien oder überhaupt bakteriell ausgelöst werden, muß auch mit eventuellen Mißerfolgen gerechnet werden. In diesem Sinne sind die Berichte von Shanks sowie Hartung zu verstehen. Shanks wandte Chloramphenicol und Aureomycin bei 92 Säuglingen während einer 6monatigen Beobachtungsperiode an. Im Vergleich zu den mit Penicillin und Sulfonamiden behandelten Kontrollfällen sahen sie keinen speziellen Effekt der angewandten Antibiotica. Schon aus der Jahreszeit (April—Oktober) geht hervor, daß sich wohl nicht viele Colienteritiden unter diesem Material befunden haben werden. Ähnliches muß auch von dem Material von Hartung angenommen werden, der mit Chloromycetin keinerlei Verbesserung der Intoxikationsbehandlungserfolge sah. Die Wirkung der Antibiotica erstreckt sich demnach doch wohl in erster Linie auf die inf. Enteritiden, von denen die Colienteritiden den größten Anteil stellen. Ob sie wirklich bei allen Dyspepsieformen, gleichgültig welcher Genese, wirksam sind, muß abgewartet werden.

IX. Schlußfolgerungen und Ausblick.

Die Ausführungen über die inf. Colienteritis haben gezeigt, daß das Problem der Pathogenität der Colibakterien heute aus dem Stadium der Spekulation herausgetreten ist und greifbare Formen angenommen hat. Die Erregernatur der beschriebenen Colitypen kann auf Grund der Epidemiologie, der Erfüllung der Henle-Kochschen Postulate am Säugling und am Erwachsenen, nicht zuletzt auch auf Grund der strengen Parallelität zwischen der Empfindlichkeit der Erreger in vitro gegenüber bestimmten Antibioticis und der prompten klinischen Wirkung derselben Antibiotica als erwiesen angesehen werden. Wichtige Parallelen zu den Infektionen mit den Salmonellen-Enteritiskeimen konnten sowohl in epidemiologischer als auch in pathogenetischer Hinsicht aufgezeigt werden. Es handelt sich bei der infektiösen Colienteritis nach allen bisherigen Untersuchungen um eine echte Infektionskrankheit, die zwar für die Pädiatrie nicht neu ist, deren Erreger aber erst jetzt als sicher erkannt angesehen werden können. Die Epidemiologie ist auf Grund dieser Erkenntnisse weitgehend aufgeklärt worden, wenngleich auch wesentliche epidemiologische Probleme, vor allem außerhalb der Klinik, noch offen sind. Ihre Lösung hängt ab von der Entwicklung geeigneter Anreicherungsverfahren zum Nachweis geringer Bakterienmengen in den Darmausscheidungen, ferner auch von der Ausarbeitung brauchbarer Immunitätsreaktionen zum Studium der Durchseuchung einer Population. Daß es sich bei der inf. Colienteritis um eine Erkrankung des Säuglings *und* des Erwachsenen handelt, kann ebenfalls als erwiesen angesehen werden. Der Unterschied zwischen beiden, sowohl was den Schweregrad der Infektion als auch die andersartige Infektionsweise betrifft, liegt nicht in den Erregern selbst, sondern in der verschiedenartigen Disposition der einzelnen Altersstufen. Diese bestehen bei den Salmonellen und den pathogenen Colitypen in gleicher Weise.

Mit diesen Ergebnissen kann der alte Streit besonders in der pädiatrischen Forschung um die Pathogenität der Colibakterien als beendet angesehen werden.

Es ist in Zukunft müßig, auf Grund einzelner biochemischer Eigenschaften, wie z. B. der Vergärung von Lactose oder Saccharose, das Pathogenitätsproblem zu diskutieren, diese Frage kann nur von der Epidemiologie her, im Verein mit den moderen serologischen Identifizierungsmethoden gelöst werden. Dies darzustellen, war der Sinn unserer Ausführungen. Wir haben wegen der Wichtigkeit dieser Fragen bewußt darauf verzichtet, andere Problemgebiete der Colibakterien und ihrer Pathogenität, wie z. B. das der Colipyurie oder das der sept. Colibacillosen, zu diskutieren, da hierbei — worauf wir eingangs hinwiesen — das Pathogenitätsproblem wesentlich weniger Schwierigkeiten bereitet. Auch die wichtige Frage der Bedeutung der Colibakterien für den menschlichen Stoffwechsel, vor allem den Vitaminstoffwechsel, wurden aus dem gleichen Grund nicht behandelt.

Wir können diese Arbeit jedoch nicht abschließen, ohne spekulative Ausblicke sowohl für die Bakteriologie als auch für die Klinik zu geben.

Bisher galt es als Regel, die pathogenen von den apathogenen, gramnegativen Darmkeimen durch das Merkmal der Lactosevergärung voneinander abzugrenzen. Dies ist heute nicht mehr möglich. Die pathogenen Colitypen unterscheiden sich in ihrer Bedeutung als Krankheitserreger in nichts von den Salmonellen, weder im Säuglings- noch im Erwachsenenalter. Man wird daher in Zukunft fordern müssen, daß die bekannten und noch neu aufzufindenden pathogenen Colitypen mit derselben Sorgfalt in die Routinediagnostik aufgenommen werden müssen wie etwa die Salmonellen oder die Ruhrbakterien. Die technischen Schwierigkeiten werden wegen des Wegfalles des wichtigsten Unterscheidungsmerkmals zwischen pathogenen und apathogenen Darmkeimen, der Lactosevergärung, zu einem großen, zunächst kaum tragbaren Arbeitsaufwand führen. Diesen zu vereinfachen, wird nunmehr Aufgabe der Bakteriologen sein, und sicher wird man Mittel und Wege finden, die sich bietenden Probleme zu lösen.

Aber auch für die Kliniker ergeben sich wesentliche Erschütterungen des bisherigen Systems der Säuglingsdyspepsien im alten Sinne von CZERNY. Die Rolle der Infektionen bei der Entstehung der akuten Enteritiden der Säuglinge ist offenbar wesentlich größer, als dies bisher angenommen wurde, was erst neuerdings auch von KISS betont worden ist. Die Colienteritiden sind anteilmäßig hierbei am stärksten vertreten, nach unseren bisherigen Kenntnissen dürften *wenigstens 30%, wahrscheinlich aber bis 50% aller Dyspepsien durch die bisher bekannten Colitypen hervorgerufen werden.* Die Auffindung neuer pathogener Typen wird diese Zahl wahrscheinlich noch vergrößern. Hierzu kommen Infektionen des Darmes durch Proteusbakterien, Staphylokokken, Ps. aeruginosa, Enterokokken usw. Auch die Virusinfektionen des Darmes dürften mit in das Gewicht fallen, wenngleich wir uns bisher keine Vorstellung darüber machen können, wie häufig diese unter Säuglingen vorkommen. Häufiger, als man dies gemeinhin annimmt, kommt auch den Salmonellen und Shigellen ein nicht unerheblicher Anteil in der Ätiologie der Säuglingsdyspepsien zu. Dies ist allerdings regional sehr verschieden.

Einige Zahlen sollen dies beweisen: Nach D'ALESSANDRO und BURGIO wurden in Palermo (Ital.) bis zu 20% der Säuglingsdyspepsien durch Shigellen hervorgerufen, nach BOCCIA und CHIEFFI (Neapel) in 24% durch Salmonellen. BALABAN und CHOCHOL (Rußland) fanden in 24% „toxischer Dyspepsien" Ruhr- oder Paratyphusbakterien, KOUTSCHER u. a. (Rußland) fanden sogar in 52% der Sommerdurchfälle Ruhrbakterien. Auch in Österreich sollen nach Jóo bei den Sommerdurchfällen sehr häufig Ruhrbakterien gefunden werden. Von GRAFFAR[1] in Belgien (Brüssel) wurden in 16% der Säuglingsdiarrhoen Ruhrbakterien, in 8,5% Salmonellenenteritiskeime festgestellt. Wir verzichten auf die Wiedergabe außereuropäischer Zahlen, da sich hierdurch noch wesentlich stärkere regionale Unterschiede ergeben würden. Sicher werden bei uns in Deutschland die entsprechenden Zahlen nicht so hoch sein, wie die hier angeführten. Nach einer Aufstellung aus der Heidelberger Klinik (aus 7 Jahren) ergibt sich eine Häufigkeit von Darminfektionen (Shigellen und Salmonellen) von nur 3,25% aller Dyspepsien. Doch kann man vermuten, daß es auch bei uns in Deutschland Gegenden gibt, wo mit einem häufigeren Vorkommen dieser Keime gerechnet werden muß. Nicht zuletzt werden sich auch hier die modernen Nachweismethoden für pathogene Darmkeime stark bemerkbar machen.

Es ergibt sich nach diesen Feststellungen aber, daß ein großer Teil *wenigstens die Hälfte aller Säuglingsdyspepsien durch bekannte pathogene Darmkeime (Salmonellen, Shigellen, Dyspepsiecoli) hervorgerufen* werden. Wenn man bedenkt, daß die sog. parenteralen Dyspepsien auch letztlich durch Infekte, wenn auch parenteraler Natur hervorgerufen werden, und daß diese Form der Dyspepsie sicher recht häufig vorkommt, so erkennt man, wie wenig von dem ursprünglich so stark herausgestellten Begriff der „alimentären Dyspepsie" übrig geblieben ist. Diese Diagnose wird man in Zukunft nur nach ganz offensichtlichen und groben Ernährungsfehlern stellen dürfen. Denn die größte Empfindlichkeit der Säuglinge liegt nicht auf dem Gebiete der Ernährung, sondern in der dem Erwachsenen gegenüber außerordentlich starken Empfänglichkeit und Empfindlichkeit gegen enterale und parenterale Infekte.

Nachtrag zum Literaturverzeichnis.

Dahlstroem, Laurell and Magnusson: Mixed infection with Staphylococcus aureus and B. coli neapolitanum in a ten-day-old infant. Ann. paediatr. (Basel) **179**, 124 (1952).

De Luca e Cutroneo: Indagini coproculturali nei lattanti in considerazioni normali e pathologiche. Pediatria (Napoli) **60**, Nr. 5—6 (1952).

Hawkins and Lederer: Fatal aplastic anaemia following chloramphenicol administration. Brit. Med. J. **1952** II, 423.

Hoffmann, Bentkowski, Pofelis u. Prokulewicz: Weitere Untersuchungen über den Isoantagonismus von E. coli und seine Bedeutung bei Säuglingsdiarrhoe. Pediatr. polska **26**, 1116 (1951).

Rappaport and Henig: Media for the isolation and differentiation of pathogenic Esch. coli (Serotypes O 111 and O 55). J. Clin. Path. **5**, 361 (1952).

Rogers, Saddington and Smallwood: Terramycin in the treatment of infective diarrhoea in infants. Lancet **263**, 1106 (1952).

Seeliger: Ein wenig bekannter Escherichia-Typ als wahrscheinliche Ursache ruhrähnlicher Erkrankungen. Z. Hyg. **135**, 526 (1952).

Schmidt, Ocklitz u. Husslein: Zur Frage der Übertragung des Dyspepsicoli in der Klinik. Arch. Kinderheilk. **145**, 222 (1952).

Zischka: Bakteriologie der Enteritis. Wien. klin. Wschr. **64**, 749 (1952).